U0185211

洞庭湖区
非常洪水蓄洪减灾 对策研究

沈新平　施勇　刘晓群　宋平　栾震宇　赵文刚　等　著

长江出版社
CHANGJIANG PRESS

图书在版编目（CIP）数据

洞庭湖区非常洪水蓄洪减灾对策研究 / 沈新平等著 .
—武汉 ： 长江出版社，2022.9
ISBN 978-7-5492-8511-2

Ⅰ . ①洞… Ⅱ . ①沈… Ⅲ . ①洞庭湖 – 湖区 – 防洪 – 研究 Ⅳ . ① TV87

中国版本图书馆 CIP 数据核字 (2022) 第 169753 号

洞庭湖区非常洪水蓄洪减灾对策研究
DONGTINGHUQUFEICHANGHONGSHUIXUHONGJIANZAIDUICEYANJIU
沈新平等　著

责任编辑：郭利娜
装帧设计：彭微
出版发行：长江出版社
地　　址：武汉市江岸区解放大道 1863 号
邮　　编：430010
网　　址：http://www.cjpress.com.cn
电　　话：027-82926557（总编室）
　　　　　027-82926806（市场营销部）
经　　销：各地新华书店
印　　刷：湖北金港彩印有限公司
规　　格：787mm×1092mm
开　　本：16
印　　张：16.5
字　　数：360 千字
版　　次：2022 年 9 月第 1 版
印　　次：2022 年 10 月第 1 次
书　　号：ISBN 978-7-5492-8511-2
定　　价：128.00 元

　　洞庭湖是径流量巨大的湖泊,是唯一分流吐纳长江的湖泊。洞庭湖区是我国中部内陆地区重要的工农业生产基地,也是长江中下游防洪体系的重要组成部分;洞庭湖是分泄长江洪水的重要通道与超额洪水调蓄场所,为长江中下游地区防洪保安发挥着重要作用;同时,洞庭湖也是洪涝灾害频繁且严重的区域。

　　目前,长江中下游形成了以堤防为基础,以三峡工程为骨干,辅以分蓄洪工程及支流水库、河道整治工程以及非工程措施组成的综合防洪体系,同时也标志着长江中下游防洪工程系统建设进入了新的阶段。长江中下游的防洪能力随之得以显著提高,遇一般洪水和大洪水,可大幅度减少城陵矶附近地区的分洪量和土地淹没;遇千年一遇或类似 1870 年洪水,通过采取拦洪、蓄洪和分洪等综合措施可使沙市水位不超过 45m,从根本上避免了荆江南北堤防溃决的毁灭性灾害的发生。由于上游洪水得到较好控制,提高了防洪调度的灵活性,对长江中下游的防洪安全起到保障作用。但是,对于洞庭湖来说,湖南境内"四水"(湘江、沅江、澧水、资江)汛期年均入湖水量为 700 亿 m^3 左右,而"四水"所建水库的防洪库容为 40 亿 m^3,调峰、拦洪能力有限,加上与长江上游洪水可能出现的不利组合,洞庭湖的防洪情势依然不容乐观。

　　以三峡水库为中心的长江上游梯级群逐渐运用后,下泄泥沙进一步减少,河道长程冲刷强度加大,不仅改变了河道断面的水位流量关系,而且也改变了河道纵向水面比降水位,使得洪水传播规律及其高洪水位的分布发生变化。若再遇 1954 年

前 言

典型洪水,三峡水库及其上游水库群联合运用后,城陵矶附近区仍有超过 200 亿 m^3 的超额分洪量,启用部分洞庭湖蓄洪垸和洪湖蓄洪垸,能够使得长江中游安全度汛。若再遭遇 1870 年、1935 年和 1998 年等全流域或局部区域洪水,洞庭湖洪水情势如何演变,如何实现安全度汛,是本书研究的核心。

本书的主要作者为:湖南省洞庭湖水利事务中心沈新平、周北达、汤小俊,水利部交通运输部国家能源局南京水利科学研究院施勇、栾震宇、金秋;湖南省水利水电科学研究院刘晓群、盛东、赵文刚;湖南省水利水电勘测设计规划研究总院有限公司宋平、郑颖、黎昔春。全书由沈新平统稿。

因编者水平有限,疏漏和不妥之处难免,恳请读者批评指正。

作 者

2022 年 8 月

目　录

第1章 绪 论

1.1 洞庭湖区的防洪问题与任务

湖南境内"四水"汛期年均入湖水量 700 亿 m^3 左右,而"四水"所建水库的防洪库容 40 亿 m^3,调峰、拦洪能力较为有限。即便是长江上游的洪水得到很好控制,洞庭湖的防洪情势依然不容乐观。洞庭湖的防洪标准是否仍采用长江流域 1954 年典型洪水,若继续采用 1954 年典型洪水,洞庭湖的防洪重点在哪里是值得深入研究的问题。

由于洞庭湖区洪水来源非常复杂,划分非常洪水定义仍存在争议。目前是按照长江流域 1954 年典型洪水为防御标准洪水,以 1954 年典型洪水螺山站 30d/60d 洪量、宜昌—汉口区间来洪量来综合划分标准洪水与非常洪水。因此本书论述的非常洪水,是指螺山站 30d/60d 洪量或宜昌—汉口区间来洪量大于 1954 年的洪水,称为非常洪水(也称超标准洪水),否则称为标准或标准内的洪水。

洞庭湖区水文情势非常复杂,其影响因素具有明显的互馈性和系统性,主要包括长江上游来水来沙变化、江湖关系及其调蓄能力互馈变化、不同洪水的复杂组合、洪水涨落率、下游变动回水的顶托等。洞庭湖的洪水不仅组成复杂,而且还与长江洪水相互作用。因此,洞庭湖区洪水演进及其蓄洪垸分洪过程必须纳入长江中游防洪系统来考虑。针对洞庭湖区内不同层级的防洪问题,采用整体宏观把握与局部重点区域精细模拟相结合的建模思路,即在长江中游洪水演进系统模型框架下,针对蓄洪垸吐纳洪水特点,建立局部蓄洪垸二维溃坝洪水演进数值模型,并将其嵌入长江中游洪水演进模型中,开展洪水演进及其分蓄洪调度数值试验研究,分析洪水的演进路线、高洪水位时空分布,评价蓄洪垸启用效果。

本书所述研究内容以洪水江湖演进及蓄洪垸洪水调度模型为核心,以管理应用为先导,以基础信息为支撑,以网络通信为保障,建设面向管理和决策层的可视化动态蓄洪垸分洪运用试验平台。据此,开展各种非常洪水调度方案试验,定量数值模拟非常洪水对长江中游及洞庭湖区防洪情势的影响及其对策方案,为洞庭湖治理提供科学依据,且为推动洞庭湖信息化建设、提升湖区防洪减灾管理能力奠定基础。

1.2 研究内容

围绕非常洪水长江中游洞庭湖区防洪情势分析计算,研究内容主要包括:建立蓄洪垸二维洪水演进数学模型并嵌入长江中游洪水演进整体模型中、三峡及上游水库调节后的非常洪水减灾对策研究和蓄洪垸分洪运用可视化平台示范。

(1)蓄洪垸二维洪水演进数学模型研究

在长江中游洪水演进模型基础上,以宜昌来流为上边界、武汉汉口站水位流量关系为下边界,建立长江中游宜昌—汉口一、二维混合数学模型,其中,长江干流、"四口"河系河网采用一维模式,洞庭湖采用二维模式。在 24 个蓄洪垸水文、地形、社会经济资料调查收集整理分析的基础上,选择 9 个重要蓄洪垸和 4 个一般蓄洪垸开展蓄洪垸数值化及二维网格剖分,采用有限体积法建立蓄洪垸分洪调度二维洪水演进计算模块。将洞庭湖区蓄洪垸分洪调度模块嵌入宜昌—汉口一、二维混合的洪水演进数学模型中,深入研究非常洪水及洞庭湖蓄洪垸分洪过程及其时空分布,在江湖关系变化背景下定量分析遭遇非常洪水下洞庭湖的防洪情势。

(2)三峡及上游水库调节后的非常洪水减灾对策研究

针对三峡及上游水库调节后的 1870 年、1935 年、1954 年、1996 年、1998 年等洪水,在长江中游洪水演进模型框架下,数值试验非常洪水演进流路,分析洞庭湖区各主要河道洪水位、流量变化,评估各主要河道泄洪能力和防洪风险;通过洞庭湖区各蓄洪垸分洪运用的二维数值模拟,计算出蓄洪垸分洪后垸内洪水演进和水位分布,结合安全区位置、转移道路通行能力,提出蓄洪垸分洪调度等非工程对策;初步评估湖区堤防的防洪能力,提出非常洪水的防洪蓄洪初步对策。

(3)蓄洪垸分洪运用可视化平台示范

以江南陆城垸为试点、以 GIS/RS 技术为支持、以建立的蓄洪垸实时洪水调度模型为技术核心、以管理应用为先导、以基础信息为支撑、以网络通信为保障,建设面向管理和决策层的可视化动态蓄洪垸分洪运用应急管理系统并推广应用到 13 个重要和一般蓄洪垸,为蓄滞洪保留区预留接入端口。开展洞庭湖区洪水实时演进模拟、蓄洪垸实时调度计算,并实时分析方案调度效果。据此,实现对蓄洪垸洪涝灾害的动态模拟和分析其所造成的危害程度及其影响区域,开展各种减灾方案与减灾措施的模拟计算和方案比选分析,为管理和决策层选择可行的减灾方案提供决策支持。

1.3　研究方法

在长江中游洪水演进模型框架下,建立洞庭湖蓄洪垸二维洪水演进数学模型。采用无结构任意三角形或多边形网格剖分蓄洪垸,可以生成高质量的网格,精确概化蓄洪垸地形及平面形态;采用具有守恒性良好的有限体积法对水流微分方程组进行数值离散,建立洪水演进数值模型。进一步通过数值化蓄洪垸调度方式,建立蓄洪垸分洪调度模块,嵌入洞庭湖蓄洪垸洪水演进数学模型,形成洞庭湖蓄洪减灾数值模拟模型。据此模型,开展洞庭湖 1870

年、1935年、1954年、1996年、1998年等典型和非常洪水数值模拟,深入研究洞庭湖区24垸蓄洪调度过程,定量分析洞庭湖遭遇非常洪水的防洪情势。

在分析洞庭湖区非常洪水的基础上,对于标准以下洪水,在考虑湖泊和河流的自然调蓄的基础上,按照重要蓄洪垸、一般蓄洪垸、蓄洪保留区对24个蓄洪垸依次启用,分析"四口"河系河网区、湖泊区、"四水"河网区等不同分布区域的蓄洪垸对不同组合洪水的作用;对于非常洪水,在荆江分洪区分洪运用后,分析湖区行洪通道洪水位变化、泄流能力及蓄洪垸运用的作用和效果,结合各蓄洪垸社会经济数据,提出非常洪水的减灾方案及对策。

以江南陆城垸为试点,将蓄洪垸分洪调度模块与长江中游实时洪水预报模型集成,实现国家控制站、地方控制站洪水预报与蓄洪垸分蓄洪调度模块综合运用,并以长江中游洪水演进及其蓄洪垸二维模型为内核,在计算机网络环境支持下,有机融合了GIS/RS技术、软件开发技术、数据库技术、网络技术等,将洪水监测信息、洪水调度机制集成,结合社会经济数据,开发蓄洪垸洪涝灾害可视化系统,通过设置蓄洪垸不同分洪运用方式、不同分洪时机、不同分洪口门,进行蓄洪垸运用模拟和灾害评估,并推广应用到13个重要和一般蓄洪垸,为蓄滞洪保留区预留接入端口。研究路线图见图1.3-1。

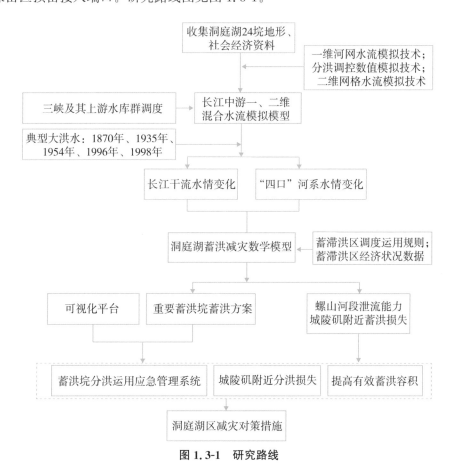

图1.3-1 研究路线

1.4 主要创新成果

创新成果主要包括以下三点：

（1）非常洪水减灾对策

针对 1870 年型长江来水为主的非常洪水，荆江河段分洪 46.74 亿 m^3，洪湖分洪区分洪 36.40 亿 m^3，洞庭湖区蓄洪垸分洪 36.25 亿 m^3，城陵矶附近区分洪 72.65 亿 m^3，其中三大垸共双茶垸、钱粮湖垸、大通湖东垸分别分洪 13.62 亿 m^3、17.39 亿 m^3、6.24 亿 m^3。该工况下由于蓄洪垸的启用，莲花塘最高水位 34.41m。

（2）数值模拟集成技术

长江中游江河湖泊洪水演进整体模型与蓄洪垸吐纳洪水的局部模型的耦合集成方法，涉及河网河道三级河网算法与蓄洪垸口门闸坝或溃口堰流河段方程耦合隐式联算；蓄洪垸蓄洪调度模式与蓄洪洪水演进时空分布于一体的数值模拟的耦合方法，涉及一维河网算法与二维有限控制体积算法混合，并与堰流河段方程耦合联算。

（3）防洪蓄洪

在江湖关系新格局下，遭遇 1954 年标准洪水，当上游水库群调蓄，蓄洪垸不启用，莲花塘最高水位可达 36.25m；当上游水库群调蓄、莲花塘水位按照 34.9m 控制，城陵矶附近区分洪 130.50 亿 m^3，洞庭湖区启用西官垸、共双茶垸、城西垸、钱粮湖垸、大通湖东垸"三大两小"5 座重要蓄洪垸；当上游水库群调蓄、莲花塘水位按照 34.4m 控制，城陵矶附近区分洪 203.70 亿 m^3，洞庭湖区需增加启用围堤湖垸、九垸、澧南垸、民主垸、城西垸、建设垸、江南陆城垸 7 座蓄洪垸；研究结果揭示了江河湖泊蓄泄关系以及 24 个蓄洪垸的逐次启用对非常洪水的蓄洪效果，量化了湖区行洪通道防洪情势及其影响。

第 2 章　研究区域概况

　　洞庭湖承接城陵矶以上长江干支流 130 万 km² 汇流面积的水量,是我国过境水量最大的湖泊,是吞吐长江的洪水调蓄湖泊和国际重要湿地,被喻为"长江之胃"和"长江之肾",对保障长江流域防洪安全、生态安全、供水安全作用巨大,其所在的荆江河段更是长江防洪的重点,俗有"万里长江,险在荆江,难在洞庭"之说。因其位于典型的亚热带季风气候区、三面环山的地貌特征,江、湖洪水相互遭遇的随机性、可能性较大,易产生局部乃至影响长江中下游的大洪水。目前,随着长江上中游水库群的综合运用、补偿调度,结合湖区自身的堤垸、蓄洪垸等建设,标准以内的洪水基本得到有效控制。但随着气候变化及人类活动的影响,针对2016 年、2017 年、2020 年等典型洪水,水库群调度后的洪水过程坦化,使得洪量在洞庭湖集中调蓄,城陵矶出口高洪水位持续时间延长,区域内的防洪形势不容乐观。

2.1　自然地理

　　洞庭湖流域北缘濒临长江荆江段,与广袤的江汉平原通过华容隆起隔江相望,最高点雷打岩海拔为 380m,是荆江与洞庭湖的分水岭。君山、墨山、石首残丘和黄山头等大小不同的孤山残丘勾勒出洞庭湖区的大致轮廓。湖盆内为"四水"及湖泊冲湖积平原地貌,平原宽阔平坦,河湖交错相连,水流平缓,是湖南省地势最低的地区(图 2.1-1)。现有湖泊面积2625km²,分成东洞庭湖、南洞庭湖、西洞庭湖,对应面积分别为 1313 km²、905 km²、407km²,洞庭湖容积 167 亿 m³(对应城陵矶水位 33.5m)。湖泊水位—水面—水量关系见表 2.1-1。

表 2.1-1　　　　　　　　　　　洞庭湖水位—水面—水量关系

城陵矶水位 (吴淞,m)	面积 (km²)	容积 (亿 m³)	城陵矶水位 (吴淞,m)	面积 (km²)	容积 (亿 m³)
24	824	11.3	30	2443	82.2
25	1002	15	31	2531	104.2
26	1215	20.7	32	2586	129.5
27	1521	30.3	33	2602	154.3

城陵矶水位 (吴淞,m)	面积 (km²)	容积 (亿 m³)	城陵矶水位 (吴淞,m)	面积 (km²)	容积 (亿 m³)
28	1920	44.1	34	2631	180
29	2252	61.9	35	2638	206.4

图 2.1-1　洞庭湖地理位置

2.2　水系概况

洞庭湖位于长江中游荆江河段右岸,南汇"四水",北纳长江松滋、太平、藕池、调弦(1958年已建闸控制)"四口",东接汨罗江和新墙河,由城陵矶注入长江,形成以洞庭湖为中心的辐射状水系,涉及湖南、湖北、重庆、贵州、广西、江西等 6 省(自治区、直辖市),主要位于湖南省。湖南省 96.7%的国土面积属洞庭湖水系(图 2.2-1)。

2.2.1　长江干流

长江干流湖南段上起华容县五马口,下至临湘市铁山嘴,河长 163km,岸线长159.85km,一线防洪干堤长 142km,沿线 5 个县(市、区、场),保护耕地 135 万亩、人口158 万人,以及京广铁路、京广高铁、蒙华铁路、京珠高速、京珠复线高速、杭瑞高速等重要基础设施。

2.2.2　四口水系

长江四口水系由松滋河、虎渡河、藕池河和华容河组成,总长 956.3 km,其中湖南省境内 559 km。

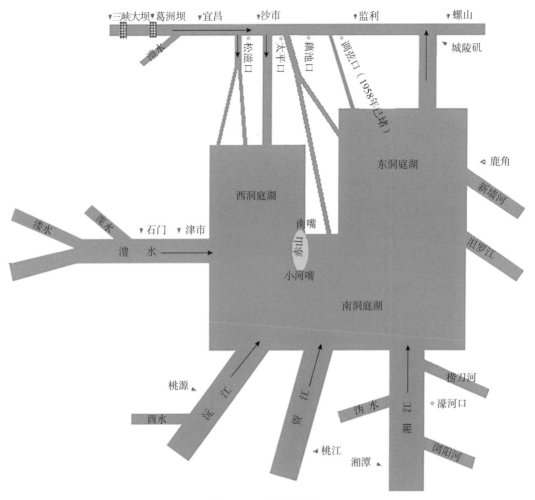

图 2.2-1 水系概化图

(1)松滋河

松滋河于 1870 年荆江南溃形成,口门位于长江枝城以下约 17km 的陈二口,流经湖南、湖北 2 省,河道总长 401.8km(其中湖南境内 166.9km),湖北境内分为东、西两河,湖南境内分为东、中、西三支,又称大湖口河、自治局河与官垸河,3 支合流后,于新开口与虎渡河合流。陈二口到松滋大口(规划建闸处)河段长度为 22.7km,在大口分为东、西两河,松西河在湖北省内自大口经新江口、狮子口到湖南省杨家垱,长约 82.9km;松东河在湖北省境内自大口经沙道观、中河口、林家厂到新渡口进入湖南省,长约 87.7km。松西河、松东河进入湖南省后,在尖刀咀附近由葫芦坝串河(瓦窑河)相连,长约 5.3km,高洪时连成一片。松西河在青龙窖分为松滋西支(官垸河)和松滋中支(自治局河),松滋西支经青龙窖、官垸、濠口、彭家港于张九台汇入中支(自治局河),长约 36.3km;松滋中支经三岔脑、自治局、张九台于小望角汇入东支(大湖口河),长约 33.2km;松滋东支(大湖口河)由新渡口经大湖口、小望角在新开口汇入松滋河、虎渡河合流段,长约 49.5km。松滋河、虎渡河合流段由新开口经小河口于肖家湾汇入澧水洪道,长约 21.2km。松滋河系共 7 条串河,除瓦窑河外,另外 6 条串河分别为:沙道观附近西支与东支之间的串河莲支河,长约 6km;南平镇附近西支与东支之间的串河苏支河,长约 10.6km;曹咀垸附近松东河串河官支河,长约 23km;中河口附近东支与虎渡河之间的串河中河口河,长约 2km;官垸河与澧水洪道之间分别在彭家港、濠口附近的两条串河,分别长约 6.5km、14.9km。

(2)虎渡河

虎渡河口门位于沙市上游约 15km 处的太平口,经弥陀寺、黄金口、黑狗垱,于黄山头南闸进入湖南省安乡县,经大杨树、陆家渡至新开口与松滋河汇合,全长 136.1km,其中流经安乡境内 44.9km。1952 年修建荆江分洪区时,在黄山头附近修建节制闸——南闸,控制虎渡河下泄流量不超过 3800m³/s。

(3)藕池河

藕池河于 1860 年荆江南溃形成,口门位于沙市下游约 72km 处的藕池口(受泥沙淤积影响,主流进口已上移到沙市下游约 20km 处的郑家河头),流经湖南、湖北两省,河道总长 332.8km(其中湖南 274.3km),包括藕池东支、中支、西支等三支,以及东支汊河沱江、鲇鱼须河及中支汊河陈家岭河等三条汊河。东支为主流通道,自藕池口经管家铺、黄金咀、梅田湖、注滋口入东洞庭湖,全长 94.3km;西支亦称安乡河,从藕池口经康家岗、下柴市与中支合并,长 70.4km;中支由黄金咀经下柴市、厂窖,至茅草街汇入南洞庭湖,全长 74.7km。东支支汊沱江,自南县城关至茅草街连通藕池东支和南洞庭湖,河长 41.2km,已在进出口建闸坝封堵,后称为内河,建成三仙湖平原水库;东支支汊鲇鱼须河,起于华容县殷家洲,止于南县九都,长 27.9km;中支支汊起于南县陈家岭,止于南县葫芦咀,长 24.3km。

(4)华容河

华容河口门位于湖北省石首市调关镇附近的调弦口,全长 85.6km,其中湖南省境内 72.9km。华容河包括 1 条主支(北支)和 1 条支汊河道(南支)。主支于蒋家进入湖南省华容县,经潘家渡、君山区罐头尖至六门闸入东洞庭湖,长约 60.9km,其中湖南省境内 48km;南支均位于湖南境内,自治河渡从主支分流而出,经层山镇至罐头尖再汇入主支,长 24.9km。1958 年,经湖南、湖北两省协议,中央批准,分别在上游入口(调弦口)建调弦口闸,在下游出口(旗杆嘴)建六门闸控制,形成一条内河。

2.2.3 湘、资、沅、澧"四水"

(1)湘江

湘江是湖南最大河流,有两源:一源发源于广西东北部兴安、灵州、灌阳、全州等县境内的海洋山,一源发源于永州市蓝山县境内的野狗岭,在湖南省永州市区汇合,开始称湘江,向东经永州、衡阳、株洲、湘潭、长沙,至湘阴县濠河口入洞庭湖后归长江,湘江是洞庭湖水系中最大的一条河流,是长江的五大支流之一,干流河长 856 km,其中湖南境内 670 km;流域面积为 9.47 万 km^2,其中湖南境内面积 8.54 万 km^2。

(2)资江

资江是"四水"中最清的河流,含沙量少,水质清澈。资江有左、右两源,左源为郝水,右源为夫夷水,于邵阳县双江口交汇。夫夷水发源于广西资源县,流入湖南新宁县,往北流至邵阳县双江口。郝水为资江正源,发源于城步县北茅坪镇(原资源乡)黄马界,流经武冈、洞口,先后纳蓼水与平溪,至隆回纳辰水,至邵阳县双江口汇纳南来的夫夷水,经邵阳市纳邵水,新化以下纳石马江、大洋江、渠江,安化以下纳敷溪、伊溪、沂溪等支流,于益阳以下甘溪港注入洞庭湖。全长 653km,流域面积 2.81 万 km^2,湖南境内 2.67 万 km^2。

(3)沅江

沅江是"四水"中最长的河流,发源于贵州东南部,有南、北二源,以南源为主。南源龙头江源出贵州都匀市斗篷山北中寨,又称马尾河,流至贵州凯里市汉河口与北源重安江汇合后,称清水江,在贵州銮山入湖南芷江县境,东流至洪江市黔城镇与潕水汇合,始称沅江。沅江在湖南境内流经芷江、怀化、会同、洪江、溆浦、辰溪、泸溪等县,至沅陵折向东北,经桃源、常德德山注入洞庭湖。全长 1028km,流域面积 8.98 万 km^2,湖南境内 5.22 万 km^2。

(4)澧水

澧水是"四水"中最陡的河流,河床坡比大,洪水陡涨陡落。有北、中、南三源,以杉木界北源为主。三源在桑植县南岔汇合后,往南经桑植、永顺,再向东流,纳入茅溪,经张家界至慈利,纳溇水,至石门纳渫水,经临澧至澧县纳道水、涔水,至津市小渡口注入洞庭湖。全长 388km,流域面积 1.85 万 km^2,湖南境内 1.55 万 km^2。

2.2.4 汨罗江、新墙河

汨罗江发源于江西省修水县,在平江县进入湖南省,至屈原管理区磊石山注入洞庭湖。河长 233 km,流域面积 5770 km^2,湖南省境内 5495km^2。新墙河发源平江县宝贝岭,至岳阳县筻口与油港河汇合,在岳阳县荣家湾入洞庭湖,河长 108km,流域面积 2359km^2。

2.3 气象水文

2.3.1 气候降水

洞庭湖区地处中北亚热带湿润气候区,三面环山、北面"缺口"的地形地貌,为冷空气进入的咽喉。受太阳辐射、大气环流等因素的综合作用,冬季高空受南北支西风急流辐合点阴影区的影响,地面受蒙古高压所散发的干冷气流控制,除受准静止锋面及气旋活动影响,带来一定的雨雪天气外,一般属全年中少雨较冷季节;春季,高空西风南支急流减弱,地面南北气流对峙,气旋及锋面活动频繁,雨水较多,天气多变;夏季,高空西风带北移,副热带高压脊北跳西伸,南支急流消失,受副热带高压控制或热带海洋气团支配,盛行偏南风,蒸发旺盛,晴燥少雨,高温伏旱;秋季,是从夏入冬的过渡季节,高空西风南支急流建立,并逐步加强,地面蒙古高压以秋风扫落叶之势,一举将副热带高压势力驱逐出大陆,控制广大地区,受偏北气流影响,形成秋高气爽天气。年降水量 1100～1400mm,由外围山丘向内部平原减少,4—6 月降雨占年总降水量的 50% 以上,多为大雨和暴雨,若遇各水洪峰遭遇,易成洪、涝、渍灾。

2.3.2 洪水特性

长江洪水主要由暴雨形成,洪水发生的时间和地区分布与暴雨一致,一般是中下游洪水早于上游,江南早于江北。洞庭湖区洪水主要来自洞庭湖"四水"和荆江"三口"分流洪水,"四水"和"三口"洪水在时间上存在一定差异,但洪水遭遇概率大,且湖区洪水位和洪水下泄受到干流洪水的顶托影响。"四水"洪水中,从发生时间来看,资江比湘江晚、沅江比资江晚,澧水又比沅江稍晚。湘江每年 4—9 月为汛期,年最大洪水多发生于 4—8 月,其中 5、6 月出现次数最多,多为肥胖单峰型洪水;资江每年 4—9 月为汛期,主汛期为 6—8 月,洪水在 7 月 15 日之前多为峰高量大的复峰,7 月 15 日之后多为峰高量小的尖瘦型,单峰居多;沅江洪水一般发生在 4—10 月,年最大洪水多发生在 5—7 月,一般是峰高量大历时长的多峰型洪水;澧水洪水一般发生在 4—10 月,大多出现在 6、7 月,洪峰持续时间短,峰型尖瘦。"三口"分流洪水,特性同长江上游来水一致,洪峰主要出现在 5—10 月,最多为 7 月,其次为 8 月。从洞庭湖出口城陵矶看,洪峰出现时间为 4—11 月,最多 7 月,其次为 6 月,其洪水特性反映了"四水"和长江的综合特性。

(1)径流

根据多年实测(1956—2019 年)平均出湖年径流量 2751 亿 m³,其中"四水""四口"及区间来水分别为 60%、29% 和 11%。三峡工程蓄水运用后(2003—2019 年),平均出湖年径流量 2430 亿 m³,主要是"四口"来水大幅减少,其中"四水""四口"及区间来水分别占 66%、20% 和 14%。

(2)洪峰流量

由于洞庭湖河网交错,长江和"四水"特性各异,洪水组合随机变化很大,各站的洪水排序各不相同,根据实测资料,长江洪水中基本以 1954 年洪水最大;"四水"中,湘江以 2019 年最大,1994 年次之,资江以 1955 年最大,1996 年次之,沅江以 1996 年最大,1969 年次之,澧水以 1998 年最大,2003 年次之,西洞庭湖、南洞庭湖以 2003 年最大,1998 年次之,东洞庭湖以 2017 年最大,1996 年次之。1996 年洪水主要来自资江和沅江,1998 年洪水主要来自长江和澧水,1999 年洪水主要来自沅江和长江,2002 年洪水主要来自资江,其次是湘江,2003 年洪水主要来自澧水,其次是湘江和沅江。需要说明的是,1935 年洪水为调查还原数据,未纳入统计(表 2.3-1)。

表 2.3-1 长江中游及洞庭湖区主要站前 5 位年最大洪峰流量排序

河名	站名	1		2		3		4		5	
		日期	流量	日期	流量	日期	流量	日期	流量	日期	流量
长江	宜昌	1981-07-18	70800	1954-08-07	66800	1998-08-16	63300	1989-07-14	62100	1987-07-23	61700
	螺山	1954-08-07	78800	1999-07-22	68300	1998-07-26	67800	1996-07-21	67500	2002-08-24	67400
	汉口	1954-08-14	76100	1998-08-19	71100	1996-07-22	70300	2002-08-24	69200	1999-07-22	68800
湘江	湘潭	2019-07-20	26400	1994-06-18	20800	1968-06-27	20300	2017-07-04	19900	2003-05-18	19500
资江	桃江	1955-08-27	15300	1996-07-16	11600	1995-07-02	11500	1954-07-25	11300	2017-07-01	11000
沅江	桃源	1996-07-17	29100	1969-07-17	29000	1999-06-30	27100	1995-07-2	25800	2014-07-17	25300
澧水	石门	1998-07-23	19900	2003-07-09	18700	1980-08-02	17600	1991-07-06	16100	1983-06-27	15100
西洞庭湖	石龟山	1998-07-24	12300	2003-07-10	12200	1991-07-07	10700	1964-06-30	10600	1980-08-02	10400
	小河嘴	2003-07-11	23100	1998-07-24	22200	1999-07-01	22100	2014-07-18	20000	2004-07-22	18600
	南嘴	2003-07-11	19000	1998-07-24	18000	1999-07-01	16400	1996-07-21	14600	1954-07-31	14400
南洞庭湖	草尾	2003-07-11	5620	1998-07-24	5080	1999-07-01	5010	1996-07-21	4820	1979-06-27	4640
东洞庭湖	城陵矶（七里山）	2017-07-01	49400	1996-07-21	43900	1954-08-02	43400	1964-07-04	39600	1969-07-19	38600

注：根据各水文站逐日径流成果整理。

（3）水位

洞庭湖区水位因受水面积巨大、江河汇流影响复杂多变。以江河汇流的莲花塘水位为例，其受下游螺山卡口下泄能力、洞庭湖来水及长江上游的来水影响，历史最高水位35.8m（1998年8月20日）。洞庭湖水位西高东低，汛期枯期水位、水面变幅大，素有"洪水一大片，枯水几条线""霜落洞庭干"之说。城陵矶（七里山）水文站为洞庭湖出湖水文监测站，多年平均水位24.79m，历史最高洪水位达35.94 m（1998年8月20日）；南洞庭湖控制站沅江历史最高洪水位37.09m（1996年7月21日）；西洞庭湖石龟山站最高洪水位41.89m（1998年7月24日）；"四水"尾闾控制站历史最高水位分别为41.95m、44.44m、47.37m、62.66m，发生年份分别为1994年、1996年、2014年、1998年（表2.3-2）。

（4）洪水传播

区域内洪水传播的因素主要受暴雨中心位置和强度、干支流洪水大小和遭遇时间等影响，其中，暴雨中心起主导作用，可分为上、中、下游三种类型。受其影响，洪水传播时间不同，但特殊组合极少，80%的年份洪水传播时间变动不大，50%的年份变动范围更小。多数情况下传播时间大致变动范围见图2.3-1、表2.3-3。

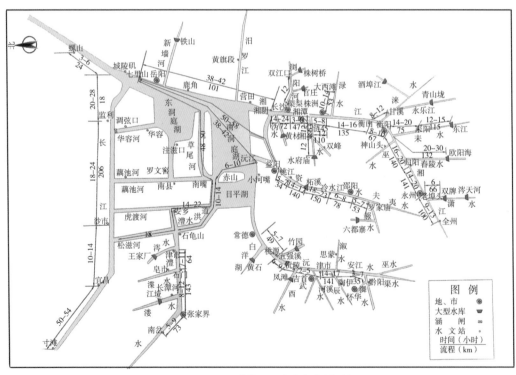

图2.3-1 "四水"及干流洪水传播时间

表2.3-2

长江中游及洞庭湖区主要站前5位年最高洪水位排序

河名	站名	1		2		3		4		5	
		日期	洪水位(吴淞,m)	日期	洪水位(吴淞,m)	日期	洪水位(吴淞,m)	日期	洪水位(吴淞,m)	日期	洪水位(吴淞,m)
长江	沙市	1998-08-17	45.22	1999-07-21	44.74	1954-08-07	44.67	1949-07-09	44.49	1981-07-19	44.47
	莲花塘	1998-08-20	35.80	1999-07-22	35.54	1996-07-22	35.01	2002-08-24	34.75	2020-07-28	34.59
	汉口	1954-08-18	29.73	1998-08-20	29.43	1999-07-23	28.89	2020-07-12	28.77	1996-07-22	28.66
湘江尾闾河道	湘潭	1994-06-18	41.95	2019-07-10	41.42	1976-07-13	41.26	2017-07-03	41.24	1982-06-19	41.23
	长沙	2017-07-03	39.51	1998-06-27	39.18	1994-06-19	38.91	2010-06-25	38.46	2002-08-22	38.38
	湘阴	1996-07-21	36.66	1998-07-31	36.35	1999-07-22	36.25	2017-07-03	36.25	2002-08-23	35.97
资江尾闾河道	桃江	1996-07-17	44.44	1995-07-02	44.31	2002-08-21	44.31	2017-07-01	44.13	1998-06-14	43.98
	益阳	1958-07-18	35.95	1996-07-21	39.48	2017-07-01	39.14	1995-07-02	39.04	2002-08-21	39.03
沅江尾闾河道	沙头	1996-07-21	38.15	2017-07-02	37.68	1995-07-03	37.32	2002-08-21	37.24	1998-07-31	37.08
	桃源	2014-07-17	47.37	1996-07-19	46.90	1999-06-30	46.62	1998-07-24	46.03	1995-07-02	45.86
	常德	1996-07-19	42.49	2014-07-18	42.20	1999-06-30	42.06	1998-07-24	41.72	1995-07-02	41.50
	牛鼻滩	1996-07-19	40.57	1999-07-01	40.06	1998-07-24	40.02	2014-07-18	39.89	2017-07-03	39.70
	周文庙	1996-07-20	38.79	1998-07-24	38.33	1999-07-01	38.09	2017-07-03	37.99	2003-07-11	37.87
澧水尾闾	石门	1998-07-23	62.66	2003-07-10	62.31	1961-03-03	62.16	1980-08-02	62.00	1991-07-06	61.58
	津市	2003-07-10	45.02	1998-07-24	45.01	1991-07-07	44.01	1993-07-24	43.48	1980-08-02	43.32
西洞庭湖	石龟山	1998-07-24	41.89	2003-07-11	41.85	1991-07-07	40.82	1983-07-08	40.43	2020-07-08	40.22
	小河嘴	1996-07-21	37.57	1998-07-25	37.04	2017-07-03	36.64	1999-07-18	36.60	2002-08-24	36.25
	南嘴	1996-07-21	37.62	1998-07-25	37.21	1999-07-22	36.83	2017-07-03	36.51	2003-07-11	36.5

续表

河名	站名	1		2		3		4		5	
		日期	洪水位(吴淞,m)	日期	洪水位(吴淞,m)	日期	洪水位(吴淞,m)	日期	洪水位(吴淞,m)	日期	洪水位(吴淞,m)
南洞庭湖	沅江	1996-07-21	37.09	1998-07-31	36.58	1999-07-22	36.43	2017-07-03	36.43	2002-08-23	36.08
	营田	1996-07-22	36.54	1998-07-31	36.26	1999-07-22	36.15	2017-07-04	35.89	2002-08-23	35.76
	草尾	1996-07-21	37.37	1998-07-25	36.96	1999-07-22	36.61	2017-07-03	36.37	2002-08-24	36.22
东洞庭湖	鹿角	1998-08-20	36.14	1999-07-23	35.91	1996-07-21	35.73	2017-07-04	35.31	2002-08-24	35.24
	岳阳	1998-08-20	36.06	1999-07-22	35.76	1996-07-21	35.39	2002-08-24	35.07	1954-08-03	34.82
	城陵矶(七里山)	1998-08-20	35.94	1999-07-22	35.68	1996-07-22	35.31	2002-08-24	34.91	2020-07-28	34.74

注：根据各水文站逐日径流成果整理。

表 2.3-3　　　　　　　　　　　　　　　　　湖区洪水传播时间

	河段	河长 (km)	传播时间(h)	河段名称	河长 (km)	传播时间 (h)
洞庭湖	湘潭—城陵矶	220	66~72	全州—老坞头	100	9~13
	桃江—城陵矶	192	56~62	老坞头—归阳	141	14~20
	桃源—城陵矶	279	76~82	归阳—衡阳	134	16~20
	石门—城陵矶	247	90~96	衡阳—衡山	67	8~10
	新江口—南嘴	183	36~46	衡山—株洲	135	14~16
	新江口—石龟山		26~34	株洲—湘潭	45	5~8
	新江口—安乡	129	19~27	湘潭—长沙	47	3~6
	桃源—南嘴	153	28~32	双牌—老坞头	66	6
	石门—南嘴	178	34~47	欧阳海—衡阳	132	16~20
	石龟山—南嘴	52	22~28	神山头—衡阳	35	7
	安乡—南嘴	53	14~22	东江—耒阳	115	12~15
	南嘴—沅江		6~10	耒阳—衡阳	75	14~20
	湘阴—城陵矶	101	38~42	甘溪—衡山	27	8~12
资江	罗家庙—邵阳	53	5~7	大西滩—株洲	53	10~14
	邵阳—冷水江	78	6~8	水府庙—湘乡		12
	冷水江—新化	29	4	南岔—张家界	73	5~9
	新化—柘溪	151	14~19	张家界—石门	143	8~12
	柘溪—桃江	140	14~17	石门—津市	64	7~11
	桃江—益阳	34	5~7	江垭—石门	107	7~10
	益阳—城陵矶	166	50~58	长潭河—石门	53	4~5
沅江	黔城—安江	63	5~7	皂市—石门	14	1~2
	安江—浦市	141	14~17			
	浦市—五强溪		2~5			
	五强溪—桃源	77	6~9			
	桃源—常德	49	5~7			
	常德—南嘴	104	20~28			
	陶伊—浦市	82	10			
	溆浦—浦市	69	8			
	河溪—沅陵	106	8			
	凤滩—沅陵	33	3			

注：湘江列中第4~13行的河段归属为"湘江"；第14~21行归属为"澧水"。

15

（5）洪水遭遇

基于长江宜昌站、洞庭湖城陵矶（七里山）站、湘江湘潭站、资江桃江站、沅江桃源站、澧水石门站实测流量过程，统计其 1d、3d、7d、15d、30d 的洪量情况，按照统计洪量时段的一半以上时间重合，即为洪水过程遭遇，分析长江与"四水"发现：长江与澧水遭遇最常发生，30d 洪量遭遇概率达到 32%，尤其三峡水库群运用后，长江与湘江、资江、沅江及"四水"组合遭遇的情况得到改善，但长江与澧水长时间洪水过程遭遇概率显著增大，可能由于三峡水库群运用后汛期洪水过程坦化，长江洪水过程削峰效果显著，但高水位持续时间延长，遭遇澧水洪水的可能性提高（表 2.3-4）。

表 2.3-4 　　　　　　　　　　　　长江与"四水"洪水遭遇情况

年份	长江+"四水"组合					长江+湘江					长江+资江					长江+沅江					长江+澧水				
	1d	3d	7d	15d	30d	1d	3d	7d	15d	30d	1d	3d	7d	15d	30d	1d	3d	7d	15d	30d	1d	3d	7d	15d	30d
1959	0	0	0	0	0	0	0	0	0	0	0	0	0	0	0	0	0	0	0	0	0	0	0	0	0
1960	0	0	0	0	0	0	0	0	0	0	0	0	0	0	0	0	0	0	0	0	0	0	0	0	0
1961	0	0	0	0	0	0	0	0	0	0	0	0	0	0	0	0	0	0	0	0	0	0	0	0	0
1962	0	0	0	0	0	0	0	0	0	0	0	0	0	0	0	0	0	0	0	0	0	0	0	0	0
1963	0	0	0	0	0	0	0	0	0	0	0	0	0	0	0	0	0	1	0	0	0	1	1	1	1
1964	0	0	0	0	0	0	0	0	0	0	0	0	0	0	0	0	0	0	0	0	0	0	0	0	0
1965	0	0	0	0	0	0	0	0	0	0	0	0	0	0	0	0	0	0	0	0	0	0	0	0	0
1966	0	0	0	0	0	0	0	0	0	0	0	0	0	0	0	0	0	0	0	0	0	0	0	0	0
1967	0	0	0	0	0	0	0	0	0	0	0	0	0	0	0	0	0	0	1	0	0	0	0	1	1
1968	0	0	0	0	1	0	0	0	0	1	0	0	0	0	0	0	0	0	1	0	0	0	0	0	1
1969	0	0	0	1	0	0	0	0	0	0	0	0	0	0	1	0	0	1	1	0	0	0	0	0	1
1970	0	0	0	0	0	0	0	0	0	0	0	0	0	0	0	0	0	0	0	0	0	0	0	0	0
1971	0	0	0	0	0	0	0	0	0	0	0	0	0	0	0	0	0	0	0	0	0	0	0	0	0
1972	0	0	0	0	0	0	0	0	0	0	0	0	0	0	0	0	0	0	0	0	0	0	0	0	0
1973	0	0	0	0	0	0	0	0	0	0	0	0	0	0	0	0	0	0	0	0	0	0	0	0	0
1974	0	0	0	0	0	0	0	0	0	0	0	0	0	0	0	0	0	0	0	0	0	0	0	0	0
1975	0	0	0	0	0	0	0	0	0	0	0	0	0	0	0	0	0	0	0	0	0	0	0	0	0
1976	0	0	0	1	1	0	0	0	1	1	0	0	0	0	1	0	0	0	1	0	0	0	0	1	1
1977	0	0	0	0	0	0	0	0	0	0	0	0	0	0	0	0	0	0	0	0	0	0	0	0	0
1978	0	0	0	0	0	0	0	0	0	0	0	0	0	0	0	0	0	0	0	0	0	0	0	0	0
1979	0	0	0	0	0	0	0	0	0	0	0	0	0	0	0	0	0	0	0	0	0	0	0	0	0
1980	0	0	0	0	0	0	0	0	0	0	0	0	0	0	0	0	0	0	0	0	0	0	0	0	0
1981	0	0	0	0	0	0	0	0	0	0	0	0	0	0	0	0	0	0	0	0	0	0	0	0	0

续表

年份	长江+"四水"组合					长江+湘江					长江+资江					长江+沅江					长江+澧水				
	1d	3d	7d	15d	30d	1d	3d	7d	15d	30d	1d	3d	7d	15d	30d	1d	3d	7d	15d	30d	1d	3d	7d	15d	30d
1982	0	0	0	0	0	0	0	0	0	0	0	0	0	0	0	0	0	0	0	0	0	0	0	0	0
1983	0	0	0	0	0	0	0	0	0	0	0	0	0	0	0	0	0	0	0	0	0	0	0	0	0
1984	0	0	0	0	0	0	0	0	0	0	0	0	0	0	0	0	0	0	0	0	0	0	0	0	0
1985	0	0	0	0	0	0	0	0	0	0	0	0	0	0	0	0	0	0	0	0	0	0	0	0	0
1986	0	1	1	0	1	0	0	0	0	0	1	1	1	0	1	0	1	1	0	0	0	0	0	0	1
1987	0	0	0	0	0	0	0	0	0	0	0	0	0	0	0	0	0	0	0	1	0	0	0	0	1
1988	0	0	0	0	1	0	0	0	0	0	0	0	0	1	1	0	0	0	0	1	0	0	1	1	1
1989	0	0	0	0	0	0	0	0	0	0	0	0	0	0	0	0	0	0	0	0	0	0	0	0	0
1990	0	0	0	0	0	0	0	0	0	0	0	0	0	0	0	0	0	0	0	0	0	0	0	0	0
1991	0	0	0	0	0	0	0	0	0	0	0	0	0	0	0	0	0	0	0	0	0	0	0	0	0
1992	0	0	0	0	1	0	0	0	0	0	0	0	0	0	1	0	0	0	0	1	0	0	0	0	0
1993	0	0	0	0	0	0	0	0	0	0	0	0	0	0	0	0	0	0	0	0	0	0	0	0	0
1994	0	0	0	0	0	0	0	0	0	0	0	0	0	0	0	0	0	0	0	0	0	0	0	0	0
1995	0	0	0	0	0	0	0	0	0	0	0	0	0	0	0	0	0	0	0	0	0	0	0	0	0
1996	0	0	0	0	1	0	0	0	0	0	0	0	0	0	1	0	0	0	0	1	0	0	0	0	1
1997	0	0	0	1	0	0	0	0	0	0	0	0	0	0	0	0	0	0	0	0	0	0	1	1	1
1998	0	0	0	0	0	0	0	0	0	0	0	0	0	0	0	0	0	0	0	0	0	0	0	0	0
1999	0	0	0	0	1	0	0	0	0	0	0	0	1	1	1	0	0	0	0	1	0	0	0	0	1
2000	0	0	0	0	0	0	0	0	0	0	0	0	0	0	0	0	0	0	0	0	0	0	0	1	0
2001	0	0	0	0	0	0	0	0	0	0	0	0	0	0	0	0	0	0	0	0	0	0	0	0	0
2002	0	0	0	0	0	0	0	0	1	1	0	0	1	1	1	0	0	0	0	0	0	0	0	0	0
2003	0	0	0	0	0	0	0	0	0	0	0	0	0	0	0	0	0	0	0	0	0	0	0	1	1
2004	0	0	0	0	0	0	0	0	0	0	0	0	0	0	0	0	0	0	0	0	0	0	0	0	0
2005	0	0	0	0	0	0	0	0	0	0	0	0	0	0	0	0	0	0	0	0	0	0	0	0	0
2006	0	0	0	0	0	0	0	0	0	0	0	0	0	1	0	0	0	0	0	0	0	0	0	0	0
2007	0	0	0	0	0	0	0	0	0	0	0	0	0	0	0	0	0	0	1	1	0	0	0	1	1
2008	0	0	0	0	0	0	0	0	0	0	0	0	0	0	0	0	0	0	0	0	0	1	0	1	1
2009	0	0	0	0	0	0	0	0	0	0	0	0	0	0	0	0	0	0	0	0	0	0	0	0	0
2010	0	0	0	0	0	0	0	0	0	0	0	0	0	0	0	0	0	0	0	0	0	0	0	1	1
2011	0	0	0	0	0	0	0	0	0	0	0	0	0	0	0	0	0	0	0	0	0	0	0	0	0
2012	0	0	0	0	0	0	0	0	0	0	0	0	0	0	0	0	0	0	0	0	0	0	0	1	1
2013	0	0	0	0	0	0	0	0	0	0	0	0	0	0	0	0	0	0	0	0	0	0	0	0	0

续表

年份	长江+"四水"组合					长江+湘江					长江+资江					长江+沅江					长江+澧水				
	1d	3d	7d	15d	30d	1d	3d	7d	15d	30d	1d	3d	7d	15d	30d	1d	3d	7d	15d	30d	1d	3d	7d	15d	30d
2014	0	0	0	0	0	0	0	0	0	0	0	0	0	0	0	0	0	0	0	0	0	0	0	0	0
2015	0	0	0	0	0	0	0	0	0	0	0	0	0	0	1	0	0	0	0	1	0	0	0	0	1
2016	0	0	0	0	0	0	0	0	0	0	0	0	0	0	0	0	0	0	0	0	0	0	1	0	0
2017	0	0	0	0	0	0	0	0	0	0	0	0	0	0	0	0	0	0	0	0	0	0	0	0	0
2018	0	0	0	0	0	0	0	0	0	0	0	0	0	0	0	0	0	0	0	0	0	0	0	1	1
2019	0	0	0	0	0	0	0	0	0	0	0	0	0	0	0	0	0	0	0	0	0	0	0	0	0
2020	0	0	0	0	0	0	0	0	0	0	0	0	0	0	0	0	0	0	0	0	0	0	0	0	0
小计	0	1	1	2	8	0	0	0	2	3	1	1	3	4	9	0	1	2	3	10	0	1	4	13	20
遭遇概率	0	2	2	3	13	0	0	0	3	5	2	2	5	6	15	0	2	3	5	16	0	2	6	21	32
2002年以前	0	2	2	5	18	0	0	0	5	7	2	2	7	7	18	0	2	5	5	18	0	0	7	16	30
2003年以后	0	0	0	0	0	0	0	0	0	0	0	0	0	6	6	0	0	0	6	11	0	6	6	33	39
概率变化	0	-2	-2	-5	-18	0	0	0	-5	-7	-2	-2	-7	-1	-13	0	-2	-5	1	-7	0	6	-1	17	9

注:d表示天数,0表示未遭遇,1表示遭遇,下同;遭遇概率单位为%。

洞庭湖与"四水"遭遇,以洞庭湖与资江15d洪水过程遭遇概率最大为47%。三峡水库群运用后,洞庭湖与沅江、澧水遭遇的情况得到改善,但洞庭湖与湘江、资江及"四水"组合洪水过程遭遇概率有所增大,可能由于在长江、洞庭湖发生较大洪水时,三峡水库群运用后一定程度上能缓解区域短期的洪峰遭遇,但长期洪水过程遭遇仍不可避免(表2.3-5)。

表2.3-5　　　　　　　　　洞庭湖与"四水"洪水遭遇情况

年份	洞庭湖+"四水"组合					洞庭湖+湘江					洞庭湖+资江					洞庭湖+沅江					洞庭湖+澧水				
	1d	3d	7d	15d	30d	1d	3d	7d	15d	30d	1d	3d	7d	15d	30d	1d	3d	7d	15d	30d	1d	3d	7d	15d	30d
1959	0	0	0	1	0	0	0	0	1	0	0	0	0	0	0	0	0	0	0	0	0	0	0	0	0
1960	0	0	0	0	0	0	0	0	0	0	0	0	0	0	0	0	0	0	0	0	0	0	0	0	0
1961	0	0	0	1	0	0	0	1	1	0	0	0	0	1	0	0	0	0	1	0	0	0	0	0	0
1962	0	0	1	0	0	0	0	0	0	0	0	0	0	1	1	0	0	0	1	0	0	0	0	0	0
1963	0	0	0	0	0	0	0	0	0	0	0	0	0	0	0	0	0	0	0	0	0	0	0	1	1
1964	0	0	0	0	0	0	0	0	0	0	0	0	0	0	0	0	0	0	0	0	0	0	0	0	0
1965	0	0	0	0	0	0	0	0	0	0	0	0	0	0	0	0	0	0	0	0	0	0	0	0	0
1966	0	0	0	0	0	0	0	0	0	0	0	0	0	0	0	0	0	0	0	0	0	0	0	0	0
1967	0	0	0	0	0	0	0	0	0	0	0	0	0	0	0	0	0	0	0	0	0	0	0	0	1
1968	0	0	0	0	0	0	0	0	0	0	0	0	0	0	0	0	0	1	0	0	0	0	0	1	0
1969	0	0	0	0	0	0	0	0	0	0	0	0	0	0	0	0	0	0	0	0	0	0	0	0	0

续表

年份	洞庭湖+"四水"组合					洞庭湖+湘江					洞庭湖+资江					洞庭湖+沅江					洞庭湖+澧水				
	1d	3d	7d	15d	30d	1d	3d	7d	15d	30d	1d	3d	7d	15d	30d	1d	3d	7d	15d	30d	1d	3d	7d	15d	30d
1970	0	0	0	0	0	0	0	0	0	0	0	0	0	0	0	0	0	0	1	0	0	0	0	0	0
1971	0	0	1	1	0	0	0	0	1	0	0	0	0	1	0	0	0	1	1	0	0	0	0	1	0
1972	0	0	0	1	0	0	0	1	1	0	0	0	0	1	1	0	0	0	1	0	0	0	0	0	1
1973	0	0	0	0	0	0	0	0	0	0	0	0	0	0	0	0	0	0	0	0	0	0	0	0	1
1974	0	0	0	0	0	0	0	0	0	0	0	0	0	0	1	0	0	0	0	0	0	0	0	0	0
1975	0	0	0	1	0	0	0	1	1	0	0	0	0	1	0	0	0	0	0	0	0	0	0	0	0
1976	0	0	0	0	0	0	0	0	0	0	0	0	0	0	0	0	0	0	0	0	0	0	0	1	0
1977	0	0	0	0	0	0	0	0	1	0	0	0	0	0	0	0	0	0	0	0	0	0	0	0	0
1978	0	0	0	0	0	0	0	0	0	0	0	0	0	1	1	0	0	0	0	0	0	0	0	0	1
1979	0	0	0	1	0	0	0	0	0	0	0	0	1	1	0	0	0	0	1	0	0	0	0	0	0
1980	0	0	0	0	0	0	0	0	0	0	0	0	0	0	0	0	0	1	1	0	0	0	0	1	0
1981	0	0	0	0	0	0	0	0	0	0	0	0	0	0	0	0	0	0	0	0	0	0	0	0	0
1982	0	0	0	1	0	0	0	0	1	0	0	0	0	0	0	0	0	0	1	0	0	0	1	1	0
1983	0	0	0	0	0	0	0	0	0	0	0	0	0	0	0	0	0	0	0	0	0	0	0	0	1
1984	0	0	0	1	0	0	0	0	0	0	0	0	0	0	1	0	0	0	0	0	0	0	0	1	1
1985	0	0	0	0	0	0	0	0	0	0	0	0	0	0	0	0	0	0	0	0	0	0	0	0	0
1986	0	0	0	1	0	0	0	0	0	1	0	0	0	0	1	0	0	0	0	0	0	0	0	1	1
1987	0	0	0	0	0	0	0	0	0	0	0	0	0	0	0	0	0	0	0	0	0	0	0	0	0
1988	0	0	0	0	0	0	0	0	0	0	0	0	0	0	1	0	0	0	0	0	1	0	1	1	0
1989	0	0	0	0	0	0	0	0	0	0	0	0	0	0	0	0	0	0	0	0	0	0	0	0	0
1990	0	0	0	0	0	0	0	0	0	0	0	0	0	0	0	0	0	0	0	0	0	0	0	0	0
1991	0	0	0	0	0	0	0	0	0	0	0	0	0	0	0	0	0	0	0	0	0	0	0	0	0
1992	0	0	1	1	0	0	0	0	0	0	0	0	0	0	1	0	0	0	1	0	0	0	0	0	0
1993	0	0	1	1	0	0	0	0	0	0	0	1	0	0	1	0	0	1	1	1	0	0	0	0	1
1994	0	0	1	1	0	0	0	1	1	0	0	0	0	0	0	0	0	0	0	0	0	0	0	0	0
1995	0	0	1	1	0	0	0	0	0	0	0	0	1	1	0	0	0	1	1	0	0	0	0	0	0
1996	0	0	1	1	0	0	0	0	0	0	0	0	1	1	1	0	0	1	1	0	0	0	0	0	0
1997	0	0	0	0	0	0	0	0	0	0	0	0	0	0	0	0	0	0	0	0	0	0	0	0	0
1998	0	0	0	0	0	0	0	0	0	0	0	0	0	0	0	0	0	0	1	0	0	0	0	1	1
1999	0	0	0	0	0	0	0	0	0	0	0	0	0	1	0	0	0	0	0	0	0	0	0	0	0
2000	0	0	0	0	0	0	0	0	1	0	0	0	1	1	0	0	0	0	0	1	0	0	0	0	1
2001	0	0	0	1	0	0	0	0	1	0	0	0	0	1	0	0	0	1	1	0	0	0	1	1	1

续表

年份	洞庭湖+"四水"组合					洞庭湖+湘江					洞庭湖+资江					洞庭湖+沅江					洞庭湖+澧水				
	1d	3d	7d	15d	30d	1d	3d	7d	15d	30d	1d	3d	7d	15d	30d	1d	3d	7d	15d	30d	1d	3d	7d	15d	30d
2002	0	0	0	0	0	0	0	0	0	0	0	0	0	1	0	0	0	0	0	0	0	0	0	0	0
2003	0	0	0	1	1	0	0	0	1	1	0	0	0	1	0	0	0	0	1	0	0	0	0	0	0
2004	0	0	0	0	0	0	0	0	0	0	0	0	0	1	1	0	0	0	0	0	0	0	0	0	0
2005	0	0	0	1	0	0	0	0	0	0	0	0	0	1	0	0	0	0	0	0	0	0	0	0	0
2006	0	0	1	0	0	0	0	1	0	0	0	0	0	1	0	0	0	0	0	0	0	0	0	0	0
2007	0	0	0	0	0	0	0	0	0	0	0	0	0	0	0	0	0	0	0	0	0	0	0	0	0
2008	0	0	0	1	0	0	0	0	0	0	0	0	0	1	1	0	0	1	0	0	0	0	0	0	0
2009	0	0	1	0	0	0	0	0	1	0	0	0	0	0	0	0	0	0	0	0	0	0	0	0	0
2010	0	0	1	1	0	0	0	1	0	0	0	0	0	1	1	0	0	1	1	0	0	0	0	0	1
2011	0	0	0	1	1	0	0	0	1	1	0	0	0	1	1	0	0	1	1	0	0	0	0	1	1
2012	0	0	1	0	0	0	0	1	0	0	0	0	0	0	0	0	0	0	0	0	0	0	0	1	1
2013	0	0	1	0	0	0	0	0	0	0	0	0	0	0	0	0	0	0	1	0	0	0	0	0	0
2014	0	0	1	0	0	0	0	0	0	0	0	0	0	1	0	0	0	1	1	0	0	0	0	0	0
2015	0	0	0	0	0	0	0	0	0	0	0	0	1	1	0	0	0	0	0	0	0	0	0	0	0
2016	0	0	0	0	0	0	0	0	0	0	0	0	1	1	0	0	0	0	0	0	0	0	0	0	0
2017	0	0	1	1	0	1	0	1	1	0	0	0	1	1	0	0	0	1	0	0	0	0	0	0	0
2018	0	0	0	1	0	0	0	0	0	0	0	0	0	0	0	0	0	0	0	0	0	0	0	0	0
2019	0	0	1	1	0	0	0	0	0	0	0	0	0	0	0	0	0	0	0	0	0	0	0	0	0
2020	0	0	0	1	0	0	0	0	0	0	0	0	0	1	1	0	0	0	0	0	0	0	0	1	0
小计	0	0	14	23	4	1	0	12	18	3	0	0	13	29	8	0	0	8	22	3	1	0	3	15	15
遭遇概率	0	0	23	37	6	2	0	19	29	5	0	0	21	47	13	0	0	13	35	5	2	0	5	24	24
2002年以前	0	0	16	32	2	0	0	11	25	0	0	0	18	41	9	0	0	14	36	5	2	0	7	27	27
2003年以后	0	0	39	50	17	6	0	39	39	17	0	0	28	61	22	0	0	11	33	6	0	0	0	17	17
概率变化	0	0	23	18	14	6	0	28	14	17	0	0	10	20	13	0	0	−3	−3	1	−2	0	−7	−11	−11

　　"四水"洪水遭遇以资江、沅江30d洪水过程遭遇概率最大,湘江与资江、沅江与澧水遭遇可能性次之,湘江与澧水遭遇的概率最小(表2.3-6)。

表 2.3-6　　　　　　　　　　　"四水"洪水遭遇情况

年份	湘江＋资江					湘江＋沅江					湘江＋澧水					资江＋沅江					资江＋澧水					沅江＋澧水				
	1d	3d	7d	15d	30d	1d	3d	7d	15d	30d	1d	3d	7d	15d	30d	1d	3d	7d	15d	30d	1d	3d	7d	15d	30d	1d	3d	7d	15d	30d
1959	0	0	0	0	0	0	0	0	0	0	0	0	0	0	0	1	1	1	1	1	0	0	0	0	0	0	0	0	0	0
1960	0	0	0	1	1	0	0	0	0	0	0	0	0	0	0	0	0	0	0	0	0	0	0	0	0	0	0	0	0	1
1961	0	0	1	1	1	0	0	1	1	1	0	0	0	0	0	0	0	1	1	1	0	0	0	0	0	0	0	0	0	0
1962	0	1	1	1	1	0	0	0	0	0	0	0	0	0	0	0	0	0	0	0	0	0	0	0	0	0	0	0	0	0
1963	0	0	0	1	1	0	0	0	1	1	0	0	0	0	0	0	0	0	1	1	0	0	0	0	0	0	1	1	0	0
1964	0	0	0	0	0	0	1	0	1	0	0	0	0	0	1	0	0	0	0	0	0	0	0	0	0	0	1	1	0	0
1965	0	0	1	1	1	0	0	1	1	1	0	0	0	0	0	0	0	1	1	1	0	0	0	0	0	0	0	0	0	0
1966	0	0	0	1	0	0	1	1	1	0	0	0	0	1	0	0	1	1	1	1	0	0	0	1	1	0	0	0	1	1
1967	0	0	0	0	0	0	0	0	0	1	0	1	0	0	0	0	1	0	0	0	0	1	0	0	0	0	1	0	1	0
1968	0	0	0	0	0	0	0	0	0	0	0	0	0	1	0	1	1	1	0	0	0	0	0	0	0	0	0	0	1	1
1969	0	1	1	0	0	0	0	0	0	0	0	0	0	0	0	0	0	0	0	0	0	0	0	0	0	0	1	1	1	1
1970	0	0	0	1	1	0	0	0	0	0	0	0	0	0	0	0	0	1	1	1	0	0	0	0	0	0	0	0	0	0
1971	1	1	1	1	1	0	0	0	1	1	0	0	0	1	0	0	0	0	1	1	0	0	0	1	0	0	0	0	0	1
1972	0	0	0	1	1	0	0	0	1	1	0	0	0	0	1	0	0	0	1	1	0	0	0	0	0	0	0	0	0	0
1973	0	0	0	1	0	0	0	0	0	0	0	0	0	0	0	0	0	0	1	0	0	0	1	0	0	1	1	1	1	0
1974	0	0	0	0	1	0	0	1	1	1	0	0	0	0	0	0	0	0	0	0	0	0	0	0	0	0	0	0	0	0
1975	0	0	0	0	0	0	0	0	0	0	0	0	0	0	0	0	0	1	1	1	0	0	0	0	0	0	0	0	0	0
1976	0	1	1	1	1	0	0	0	0	0	0	0	0	0	1	0	0	0	0	0	0	0	0	0	0	0	0	0	0	1
1977	0	0	0	0	0	0	0	0	0	1	0	0	0	0	0	0	0	0	0	0	0	0	1	0	0	0	0	0	0	0
1978	0	0	0	0	1	0	0	0	0	1	0	0	0	0	0	0	0	0	0	0	0	0	0	0	1	0	0	0	0	1
1979	0	0	0	0	1	0	0	0	0	0	0	0	0	0	0	1	1	1	0	1	0	0	0	0	1	0	0	1	1	1
1980	0	0	1	1	1	0	0	0	0	0	0	0	0	0	0	0	0	0	0	0	0	0	0	0	0	0	0	0	1	1
1981	0	0	1	1	1	0	0	0	0	0	0	0	0	0	0	0	0	0	0	0	0	0	0	0	0	0	0	0	0	0
1982	0	0	0	0	0	0	1	1	1	1	0	0	0	1	1	0	0	0	0	0	0	0	0	0	0	0	1	1	1	1
1983	0	0	0	0	0	0	0	0	0	0	0	0	0	0	0	0	0	0	0	0	0	0	0	0	0	0	0	0	0	0
1984	0	1	1	0	1	0	1	1	0	1	0	0	0	0	0	1	1	1	1	1	0	0	0	1	0	0	0	0	1	0
1985	0	0	0	1	1	0	0	0	0	0	0	0	0	0	0	0	0	0	0	0	0	0	0	1	0	0	0	0	0	0
1986	0	0	0	1	1	0	0	0	0	1	0	0	0	0	1	0	1	1	1	1	0	0	0	0	0	0	0	0	0	0
1987	0	0	0	0	0	0	0	0	0	0	0	0	0	0	0	0	0	0	0	0	0	0	0	0	0	0	0	1	1	1
1988	0	0	0	0	0	0	0	0	0	0	0	0	0	0	0	0	0	1	1	0	0	1	0	0	0	0	0	0	1	1
1989	1	1	1	0	0	0	0	0	0	0	0	0	0	0	0	0	0	0	0	1	0	0	0	0	0	0	0	0	0	0
1990	0	0	0	0	0	0	0	0	0	0	0	0	0	0	0	1	1	1	0	1	0	0	0	0	1	0	0	0	0	1

续表

年份	湘江+资江					湘江+沅江					湘江+澧水					资江+沅江					资江+澧水					沅江+澧水				
	1d	3d	7d	15d	30d	1d	3d	7d	15d	30d	1d	3d	7d	15d	30d	1d	3d	7d	15d	30d	1d	3d	7d	15d	30d	1d	3d	7d	15d	30d
1991	1	1	1	1	1	0	0	0	0	0	0	0	0	0	0	0	0	0	0	0	0	0	0	0	0	0	0	0	1	1
1992	0	0	1	0	0	0	0	0	0	0	0	0	0	0	0	0	0	0	1	1	0	0	0	0	1	1	1	1	0	1
1993	0	0	1	1	0	0	0	1	0	0	0	0	0	0	0	0	0	1	0	1	0	0	0	0	0	0	0	0	0	1
1994	0	0	0	0	1	0	0	0	0	0	0	0	0	0	0	0	0	0	0	0	0	0	0	0	0	0	0	0	0	0
1995	0	1	0	1	1	0	0	1	1	1	0	0	0	1	1	1	1	1	0	1	0	0	0	0	1	0	0	0	0	1
1996	0	0	0	0	0	0	0	0	0	0	0	0	0	0	0	0	1	1	0	0	0	0	0	0	1	0	0	0	0	1
1997	0	0	0	0	0	0	0	0	0	0	0	0	0	0	0	0	0	1	0	0	0	0	0	0	0	0	0	0	0	0
1998	0	0	1	1	0	0	0	0	1	0	0	0	0	0	0	0	0	0	1	0	0	0	0	1	0	0	1	1	1	0
1999	0	0	0	0	0	0	0	0	0	0	0	0	0	0	0	0	0	0	0	0	0	1	0	0	0	0	0	0	0	1
2000	0	0	0	1	1	0	0	0	0	1	0	0	0	0	1	0	0	1	0	1	0	0	0	0	1	0	0	0	0	1
2001	0	0	0	1	1	0	0	0	1	0	0	0	0	0	0	0	0	0	0	0	0	0	0	0	0	0	0	0	0	0
2002	0	0	0	0	0	0	0	0	0	0	0	0	0	0	0	0	0	0	0	0	0	0	0	0	0	0	0	0	0	0
2003	0	1	1	1	0	0	0	0	1	0	0	0	0	0	0	0	0	0	1	0	0	0	0	0	0	1	1	1	0	0
2004	0	0	0	0	0	0	0	0	0	0	0	0	0	0	0	0	1	1	1	0	0	1	0	1	0	0	0	0	0	0
2005	0	1	0	1	1	1	1	1	1	1	0	0	0	1	1	0	1	1	1	1	0	0	0	1	0	0	0	0	1	1
2006	0	0	0	0	0	0	0	0	0	0	0	0	0	0	0	0	0	0	1	0	0	0	0	1	0	1	1	1	1	1
2007	1	1	1	1	1	0	0	0	0	0	0	0	0	0	0	0	0	0	0	0	0	0	0	0	0	0	1	1	1	0
2008	0	0	0	0	0	0	0	0	0	0	0	0	0	0	0	1	1	1	1	0	0	0	0	0	0	0	0	0	0	0
2009	0	0	0	0	0	0	0	0	0	0	0	0	0	1	0	0	0	0	0	0	0	0	0	0	0	0	0	0	0	0
2010	0	0	1	1	1	0	0	1	1	1	0	0	0	0	0	0	0	0	1	1	0	0	0	0	0	0	1	0	0	0
2011	0	0	0	1	1	0	0	1	1	1	0	1	1	1	1	0	0	0	1	0	0	0	0	1	0	0	0	0	0	1
2012	0	0	0	0	0	0	0	0	0	0	0	0	0	0	0	0	0	1	0	0	0	0	0	0	0	0	0	0	0	0
2013	0	0	0	1	1	0	0	0	0	1	0	0	0	0	0	0	0	1	0	0	0	0	0	0	0	0	0	0	0	0
2014	0	0	0	0	0	0	0	0	0	0	0	0	0	0	0	0	0	0	0	0	0	0	0	0	0	0	0	0	0	0
2015	0	0	0	0	0	0	0	0	0	0	0	0	0	0	0	1	0	1	1	1	0	0	1	1	0	1	1	1	1	1
2016	0	0	0	0	0	0	0	0	0	0	0	0	0	0	0	0	0	1	1	1	0	0	0	1	0	0	0	0	1	1
2017	0	0	1	1	1	0	0	0	1	1	0	0	0	0	0	0	1	1	0	0	0	0	0	0	0	0	0	0	1	1
2018	0	0	0	0	0	0	0	0	0	0	0	0	0	0	0	0	0	0	0	0	0	0	0	0	0	0	0	0	0	0
2019	0	0	1	1	1	0	0	0	1	0	0	0	0	0	0	0	0	0	1	0	0	0	0	1	0	0	0	0	1	1
2020	0	0	0	0	0	0	0	0	0	0	0	0	0	0	0	0	0	0	0	0	0	0	0	0	0	0	0	0	1	1
合计	4	11	18	32	35	1	5	12	21	25	0	1	1	6	21	8	21	27	28	41	0	2	3	6	24	3	11	18	26	36

年份	湘江+资江					湘江+沅江					湘江+澧水					资江+沅江					资江+澧水					沅江+澧水				
	1d	3d	7d	15d	30d	1d	3d	7d	15d	30d	1d	3d	7d	15d	30d	1d	3d	7d	15d	30d	1d	3d	7d	15d	30d	1d	3d	7d	15d	30d
遭遇频率	6	18	29	52	56	2	8	19	34	40	0	2	2	10	34	13	34	44	45	66	0	3	5	10	39	5	18	29	42	58

2.4 工程现状

洞庭湖区的防洪体系主要由堤垸、蓄洪垸、内湖、撇洪河等组成,在长江上中游水库群综合运用与补偿调度下,通过科学运用洞庭湖防洪体系,保证区域的防洪安全。

2.4.1 堤垸概况

洞庭湖区现有大小堤垸 226 个,一线堤防总长 3471km。其中重点垸 11 个,分别为松澧、安保、安造、沅澧、沅南、育乐、大通湖、长春、烂泥湖、湘滨南湖、华容护城垸,堤防总长 1216km,保护耕地 563 万亩,保护人口 534 万人;蓄洪垸 24 个,分别为钱粮湖、君山、建新、建设、屈原、城西、北湖、义合、江南陆城、集成安合、民主、南汉、南顶、和康、共双茶、围堤湖、澧南、九垸、西官、安澧、安昌、安化、六角山、大通湖东垸,堤防总长 1161km,保护人口 170 万人;其他 191 个一般垸堤长 1094km。

2.4.2 蓄洪垸概况

在国务院 2008 年批复的《长江流域防洪规划》中,为防御 1954 年洪水,考虑三峡工程按初步设计阶段拟定的对城陵矶补偿调度方式,按照蓄滞洪区(蓄洪垸)的启用概率和重要性,将长江中下游蓄滞洪区分为重要、一般和规划保留三类。其中重要蓄滞洪区是使用概率较大(一般在 20 年一遇以下)的蓄滞洪区;一般蓄滞洪区是三峡工程建成后为防御 1954 年洪水,除重要蓄滞洪区外,还需启用的蓄滞洪区;蓄滞洪保留区是三峡工程建成后为防御非常洪水或特大洪水需要使用的蓄滞洪区。根据分类标准,洞庭湖区 24 个蓄洪垸中,重要蓄滞洪区 9 处,一般蓄滞洪区 4 处,蓄滞洪保留区 11 处。9 处重要蓄滞洪区分别为钱粮湖、共双茶、大通湖东、民主、澧南、西官、围堤湖、城西、建设垸,蓄洪容积 84.5 亿 m^3;4 处一般蓄滞洪区分别为九垸、屈原、江南陆城、建新垸,蓄洪容积 28.1 亿 m^3;11 处蓄滞洪保留区分别为集成安合、南汉、和康、安澧、安昌、安化、南顶、六角山、义合、北湖、君山垸,蓄洪容积 51.2 亿 m^3。

2.4.3 内湖、撇洪河概况

内湖、撇洪河是洞庭湖区排涝体系的重要组成部分,承担着调蓄涝水、减少内涝灾害的任务,是湖区经济社会发展的重要保障措施之一。

内湖是指堤垸形成后,垸内原有河道、洼地形成的垸内水域。据统计,洞庭湖区内湖 155

个,其中,面积大于 5000 亩的内湖 74 个,总面积 661 km²;面积大于 10000 亩的内湖 24 个,调蓄水量 11.46 亿 m³。

撇洪河是按高水高排、等高截流的要求修筑的人工河道,洞庭湖区现有撇洪河 304 条,总长 1299 km,撇洪面积 8406 km²,设计撇洪流量 14129 m³/s。其中大中型(撇洪流量＞50m³/s)撇洪河 19 条,长 504 km,撇洪面积 5383 km²,设计撇洪流量 12031 m³/s。

内湖、撇洪河的涝水主要通过排涝泵站排出,截至 2021 年洞庭湖区共有排涝泵站 2924 处 5760 台,总装机容量 89.07 万 kW,其中常德市 785 处 1683 台 28.56 万 kW,益阳市 789 处 1660 台 25.05 万 kW,岳阳市 889 处 1511 台 20.85 万 kW,长沙市 299 处 552 台 8.92 万 kW,湘潭市 82 处 165 台 2.74 万 kW,株洲市 80 处 189 台 2.95 万 kW。湖区已建的装机容量最大的 6 个泵站分别为小渡口泵站(20070kW)、明山泵站(13800kW)、马家吉泵站(11000kW)、大东口泵站(10000kW)、岩汪湖泵站(10000kW)和坡头泵站(7600kW)。

2.5　经济社会

洞庭湖区是指长江荆江河段以南,"四水"尾闾控制站以下,高程在 50 m 以下的广大平原、湖泊水网区,总面积 18780 km²,跨湖南、湖北 2 省。湖南洞庭湖区总面积 15200km²,涉及岳阳、常德、益阳、长沙、湘潭、株洲 6 市 38 个县(市、区),现有耕地 912 万亩,人口 1049 万人。洞庭湖区区域地位独特,经济基础较好,是我国粮食、棉花、油料、淡水鱼等重要农产品的生产基地,初步形成了装备制造、石化、轻工、纺织等支柱产业。

第 3 章　典型历史洪水

长江流域上游型洪水以 1870 年为最大,宜昌站 7 月 20 日洪峰流量达到 $105000\text{m}^3/\text{s}$,30d 洪量 1650 亿 m^3。1935 年洪水是典型暴雨引起的长江中游支流的特大洪水,主要是清江、沮漳河、汉江等区间支流,遭遇洞庭湖沅江、澧水来水形成洪峰。1954 年洪水属于全流域性洪水,暴雨群降雨导致长江流域、洞庭湖流域、鄱阳湖流域等水位全面抬升,四水三口洪水遭遇,城陵矶(七里山)水位受长江下游高水位持续顶托,76d 超警戒水位,洪峰水位 34.55m。1996 年洪水属于以"四水"为主的区域性洪水,沅江、资江出现了超历史纪录的洪水。1998 年洪水是 20 世纪以来仅次于 1954 年的全流域型大洪水,"四水"、湖区与长江洪水遭遇,长江中下游水位普遍偏高,石首、监利、莲花塘、螺山等站均突破了历史最高水位,城陵矶(七里山)站连续 5 次洪峰,8 月 20 日洪峰水位 35.94m。2017 年洪水与 1996 年相似,也属于洞庭湖流域区域性洪水,其中湘江发生超历史最高水位特大洪水,资江、沅江发生超保证水位大洪水,洞庭湖城陵矶(七里山)站水位超保,与历史洪水相比,2017 年"四水"洪峰的入湖时间更为接近,"四水"合成洪峰流量达到 $51400\text{m}^3/\text{s}$(7 月 2 日 2 时),且与洞庭湖区间洪水重叠。2020 年洪水属于长江上游和下游发生较大洪水情况。7 月开始,长江形成 5 次编号洪水,7 月上游形成 3 次编号洪水,8 月中旬集中性强降雨导致长江上游干流、支流均发生较大洪水过程,连续洪水遭遇叠加,干流寸滩站发生 1892 年来历史最高第 2 位的洪水,三峡水库发生建库以来最大入库洪水。同时,鄱阳湖区受连续强降雨影响主要控制站突破最高历史水位,"四水"来水较平稳。

3.1　1870 年洪水

3.1.1　雨水情势

1870 年(清同治九年)洪水是长江上、中游的一次千年一遇的特大洪水。自 1153 年以来的 849 年间,在调查到的 8 次历史大洪水、实测到的 20 世纪 5 次大洪水中,以 1870 年的洪水最大,实属历史上罕见的大洪水。

3.1.1.1　雨情

1870 年 7 月大暴雨前期,6 月在南岭以北、长江以南的广大地区已有连续降雨。6 月中、下旬,暴雨区进入长江上游区。7 月长江上游雨区扩大,主要位于大巴山南坡及长江重庆一宜昌干流区间,尤以嘉陵江中下游及川东地区特别强大,且雨区是沿河流走向回头向东移过三峡。经模拟,整个暴雨过程约为7天,7天暴雨量200mm以上的笼罩面积达16万 km²。其中,7月12日以前主要位于川西、金沙江下段及长江右岸的綦江、赤水河一带。7月13—19日,嘉陵江中下游和长江干流重庆—宜昌区间发生了一次历史上罕见的大暴雨。7月17—19日,暴雨缓慢移到汉江,又东移至宜昌—汉口区间和洞庭湖区。这次暴雨的特点是范围广、强度大、历时长。从时间和地区分布看,大致划分为7月13—17日及18—19日两个过程。第一过程主要集中在嘉陵江地区,第二过程主要集中在川东南地区及长江上游重庆—宜昌区间,其过程见图3.1-1至图3.1-4。

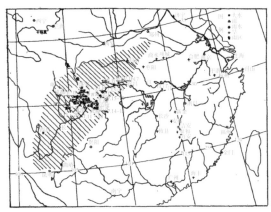 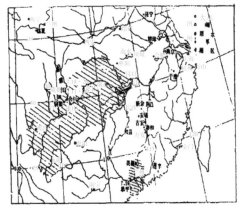

图 3.1-1　1870 年 7 月 13—17 日暴雨过程分布特征　图 3.1-2　1870 年 7 月 18—19 日暴雨过程分布特征图

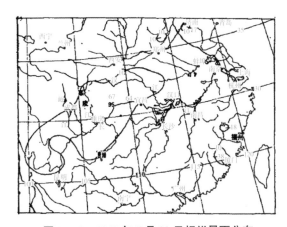 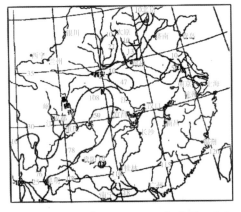

图 3.1-3　1967 年 7 月 20 日相似暴雨分布　图 3.1-4　1974 年 8 月 3—4 日相似暴雨分布

3.1.1.2　水情

1870 年 6 月夏汛期间,长江中游连续降雨,江、湖、洼地底水已丰厚。7 月,随着暴雨进入长江上游地区,嘉陵江发生罕见大水,北碚站洪峰流量达 57300m³/s(1981 年洪水流量为 44700m³/s),嘉陵江大洪水和金沙江洪水在重庆相遇,形成长江干流特大洪水,寸滩站水位达 196.15m,洪峰流量达 100000m³/s(1981 年洪峰水位 191.42m、流量为 85700m³/s),宜昌站水位达 59.50m、洪峰流量达 105000m³/s,15d 洪量为 975.1 亿 m³,30d 洪量为 1650 亿 m³。此后,随着暴雨东移至宜昌—汉口区间和洞庭湖区,洞庭湖区水位抬升。根据洪水调查资料,沙湾站最高水位 33.80m,南嘴站 33.10m,杨柳潭站 34.13m,岳阳站 33.52m,城陵矶(七里山)站 33.25m,螺山最高水位 30.99m(图 3.1-5)。上游洪水与中游洪水恶劣遭遇,泛滥成灾,经过宜昌—汉口区间的江槽、河、湖等调蓄后,汉口站洪峰水位为 27.55m,流量为 66000m³/s,30d 洪量达到了 1576 亿 m³(图 3.1-6、表 3.1-1)。在此过程中,对应宜昌 1870 年 7 月 14 日至 8 月 12 日洪水过程,汉口 7 月 14 日水位为 25.32m,洞庭湖区尚未溃口,相应宜昌—汉口区间容积为 660 亿 m³;8 月 12 日水位为 26.84m,当时已经溃口,相应宜昌—汉口段容积为 1260 亿 m³。因而该时段宜昌—汉口段有效槽蓄量为 600 亿 m³。据出入流水量平衡计算,宜昌 30d 洪量为 1650 亿 m³,相应汉口出流为 1576 亿 m³,宜昌—汉口区间洪水为 526 亿 m³ 左右。

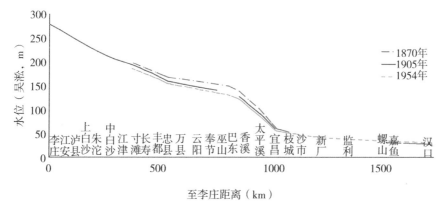

图 3.1-5　1870 年洪水位线

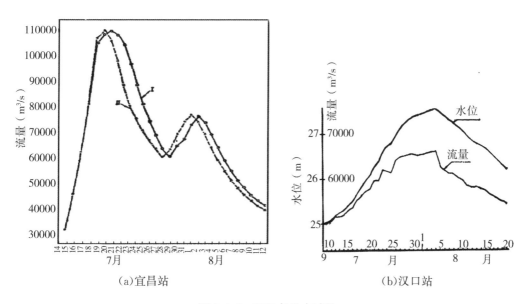

图 3.1-6　1870 年洪水过程

表 3.1-1　　　　　　　　　　　　　　1870 年大水宜昌站洪峰水量过程调查

时间(月-日)	流量(m³/s)	时间(月-日)	流量(m³/s)	不同时段洪量(亿 m³)
7-14	31500	7-29	55600	
7-15	44200	7-30	64600	
7-16	61100	7-31	70300	
7-17	75500	8-1	74900	
7-18	100000	8-2	69600	
7-19	101000	8-3	65100	最大 3d:265
7-20	105000	8-4	60600	最大 7d:537
7-21	88300	8-5	56100	最大 15d:975
7-22	79600	8-6	52500	最大 30d:1650
7-23	72900	8-7	49500	
7-24	68200	8-8	47000	
7-25	64300	8-9	44800	
7-26	62400	8-10	43100	
7-27	62800	8-11	41200	
7-28	57500	8-12	39800	

3.1.2　灾情

1870 年长江特大洪水,灾情十分严重,损失之巨,范围之广,为数百年所罕见。主要受灾地区为四川、湖北、湖南等省。四川省"六月间(农历)川东连日大雨,江水陡涨数十丈,南充、合州(今合川)、江北、巴县、长寿、涪州(今涪陵)、忠州(今忠县)、丰都、万县(今万州)、奉节、云阳、巫山等州县,城垣、衙署、营房、民田、庐舍多被冲淹,居民迁徙不及亦有溺死者"。嘉陵江畔的重庆市合川区"大水入城深四丈余,仅余缘山之神庙、书院、民舍数十间,水连八日,迟半月水始落,房屋倾大半,未倾者污淖充塞,腥腐逼人,历两月之久,稍可居人,满城精华一洗成空,十余年未复元气"。长江干流上的丰都县"全城尽没,水高于城数丈,仓谷漂失,官、民宅半为波涛洗去"。三峡入口处的奉节县"城垣、民舍淹没大半,仅存城北一隅,临江一带城墙冲塌崩陷,人畜死者甚众"。

湖北省长江右岸大堤在松滋市被水冲决形成松滋口,洪水直泻洞庭湖,洪道所及,荡然无存;左岸大堤在监利决口加之汉江决口,荆北及江汉平原一片汪洋,"衙署、庙宇、居民、田禾淹没无算,为数百年未有之奇灾"。全省 30 州县及武昌等广大地区遭受严重洪水灾害。

湖南省饱受长江溃口之害,安乡、华容水从堤头漫过,田禾悉数被淹没,官署民房亦遭漫浸;龙阳、湘阴围堤尽溃,无一存者,田禾淹没,庐舍漂流;临湘、沅江、武陵、益阳等县,或冲淹十余村障,漫溃数十围洲,或漾没数十余垸;湘潭、安化、巴陵、永兴等县皆大水为灾。全省

20 余州县遭受严重洪灾。

江西省萍乡、九江、南昌、鄱阳、德安、瑞昌大水,安徽桐城、宿松、建德、铜陵、寿州、和州、黄池、无为大水,"蛟水冲毁田庐,圩堤漂没一空"。至长江下游的江苏、上海、浙江洪水不大,灾情较轻。从总体上来看,1870 年洪水灾害与 1931 年、1935 年、1954 年洪水灾害相比,范围广、灾情重,为我国历史上所罕见。具体淹没范围见图 3.1-7。

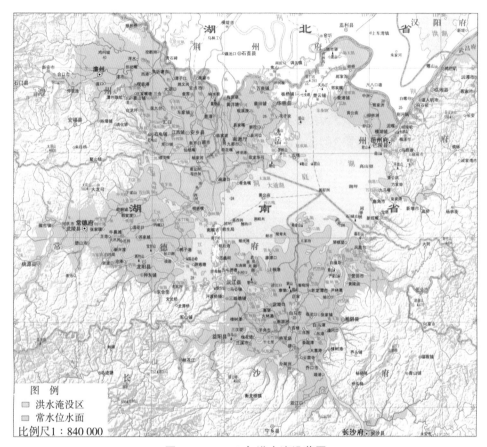

图 3.1-7 1870 年洪水淹没范围

3.2 1935 年洪水

3.2.1 雨水情势

1935 年洪水是一次区域性特大洪水。7 月 3—7 日,长江中游发生一次罕见特大暴雨,暴雨区位于长江中游支流澧水、清江、三峡区间下段小支流及汉江中下游地区,暴雨区范围广,200mm 以上雨区范围 11.94 万 km²,五峰站实测最大雨量 1281.8mm,为全国著名的大暴雨之一。清江、澧水、沮漳河、汉江均发生特大洪水。长江干流宜都—城陵矶河段洪水位超过 1931 年,荆江大堤溃决。

3.2.1.1 雨情

1935年主要暴雨集中在6月下旬和7月上旬;6月下旬的暴雨集中在江西的东北、湖北的东南。根据当年7月初中央气象研究所发表的6月19处雨量记录,其中长沙、常德、岳阳三地6月雨量分别为495mm、438mm、283mm,三地往年平均雨量分别为225mm、138mm、147mm。7月上旬的暴雨集中在湖北西部、河南西南部。7月4日,长江右岸澧水、清江一带的降雨强度普遍达到了高峰。7月5—6日,长江以北、汉江以南地区的降雨量继续加强。7月7日起暴雨分布零乱,雨区向东北方向移动,暴雨基本结束。据资料分析,5d的400mm降雨量等值线包围面积呈南北狭长的哑铃形,南部中心在清江与灌水分水岭南侧的五峰,雨量达1281.8mm。北部中心在兴山,雨量达1084.0mm。5d的200mm等雨量线笼罩湖南、湖北、河南3省共50个县,面积达12万km²,降水总量约达600亿m³。清江流域五峰暴雨区3d(7月3—5日)总降雨量1075.6mm(表3.2-1)。

表3.2-1　　　　　　　　　　1935年7月相关雨量站测量成果　　　　　　　　　　(单位:mm)

站名	日期						
	3	4	5	6	7	8	3—7日
宜昌	197.9	385.8	117.8	204.1	7.7	0.1	963.3
枝江	208.2	119.8	63.4	96.2	10.8		588.4
兴山	95.0	190.5	258.0	343.0	197.5	15.0	1084.0
当阳	162.0	130.0	92.0	220.0	41.0	0	645.0
五峰	422.9	367.7	285.5	176.8	28.9		1281.8
竹山	100.0	49.5	120.8	132.0	70.0		473.0
保康	76.1	126.7	137.7	117.3	34.1	4.0	491.9

3.2.1.2 水情

长江干流万县—宜昌区间下段处于"35·7"暴雨中心地区,区间支流形成很大的洪峰。黄柏河小溪塔洪峰流量达7140m³/s,干流宜昌最大流量达56900m³/s(7月7日),见表3.2-2。宜昌以下支流清江、澧水水位7月3日起涨,7月5日澧水出现最高洪水位,清江、渔洋河、沮漳河均出现于7月6日。搬鱼嘴站出现15000m³/s罕见特大洪峰,枝城站洪峰流量达75200m³/s。与此同时,沮漳河上游山洪暴发,沮河猴子岩、漳河马头砦洪峰流量分别达8500m³/s和4930m³/s。7月7日,宜昌洪峰虽不算大,但与清江、沮漳河洪水遭遇,使沙市河段总入流量达80000m³/s。枝城最高水位达50.24m,超过1931年、1949年最高水位,与1954年最高水位相等;沙市出现当年最高水位44.05m(表3.2-3、表3.2-4、图3.2-1)。在此过程中,澧水流域三江口、皂市、江垭、宜冲桥洪峰流量分别为30300m³/s、11500m³/s、10000m³/s、11200m³/s(图3.2-2)。

表 3.2-2　　　　　　　　1935 年 7 月洪水长江干支流各站逐日流量　　　　　（单位：m³/s）

日期	宜昌	宜昌—枝城区间	河溶	乔家河	常德	益阳	长沙	陆溪口	襄阳	汉口
1	32500	1770	55.5	2420	24700	5400	7920	1140	480	48800
2	43100	578	55.5	1690	17300	3520	7560	362	575	50100
3	39900	465	193	1560	13300	2740	4860	108	661	51500
4	39600	1370	1710	15000	11900	1670	2740	60	686	52700
5	55200	12700	3940	30600	11900	1390	2130	44	3970	54600
6	46600	14100	4750	24800	19300	3400	2370	29	19400	60700
7	56900	13600	6380	12000	19300	4680	3280	100	49300	69600
8	46600	21300	5980	6180	21200	5200	4250	326	47500	77200
9	38800	5390	3190	3390	18200	4310	2800	125	26800	88300
10	34700	3990	1650	2320	13500	2740	2860	47	13900	87300
11	30900	2120	887	1750	8810	2060	2860	24	7650	89800
12	28100	953	465	1210	5480	1800	2800	22	6090	90000
13	24500	375	208	900	4030	1520	2530	22	5320	88500
14	21600	200	251	680	3470	1270	2270	22	4630	84600
15	19100	200	280	550	3020	1110	2300	22	3800	80100

表 3.2-3　　　　　　　　1935 年 7 月洪水长江干支流各站洪峰流量成果

水系	河名	河段名	集水面积（km²）	洪峰流量（m³/s）	洪峰出现日期（日）	洪峰模数 C_P	资料来源	备注
乌江	湘江	黄鱼塘	4605	5760		1.3	贵州省历史洪水汇编	$C_P = \dfrac{Q_{max}}{F}$
	芙蓉江	长坝	5460	7100		1.3	贵州省历史洪水汇编	Q_{max} 为洪峰流量；F 为集水面积
长江中游干流	黄柏河	小溪塔	1817	7060		3.9	长江流域规划办公室	
	沮河	猴子岩	2611	8500		3.3	湖北省水电设计院	
	漳河	马头砦	1444	5100		3.5	湖北省水电设计院	
	香溪河	兴山	1900	2750		1.4	长江流域规划办公室	
清江	清江	鸭子口	13840	12100		0.9	清江历史洪水汇编	
	清江	长阳	15307	14900	4	1.0	清江历史洪水汇编	
	渔洋河	渔洋关	539	1340	5	2.5	清江历史洪水汇编	
	渔洋河	聂家河	1017	2630	6	2.6	清江历史洪水汇编	

续表

水系	河名	河段名	集水面积（km²）	洪峰流量（m³/s）	洪峰出现日期（日）	洪峰模数 C_p	资料来源	备注
澧水	澧水	南岔	2559	8500		3.3	湖南省水文总站	
	澧水	大庸	4627	9100		2.0	湖南省水文总站	
	澧水	原溪口	5695	10000	5	1.8	湖南省水文总站	
	澧水	大沙溪	11946	20300	5	1.7	湖南省水文总站	
	澧水	三江口	15242	30300	5	2.0	湖南省水文总站	
	溇水	王家厂	484	2280	3	4.7	湖南省水文总站	
	溇水	江坪	520	2690	5	5.2	湖南省水文总站	
	溇水	所市	1608	6960	5	4.3	湖南省水文总站	
	溇水	皂市	3276	11000		3.4	湖南省水文总站	
	溇水	鹤峰	628	2640		4.2	湖南省水电设计院	
	溇水	长潭河	4913	11100	5	2.3	湖南省水文总站	
	澹水	西斋	1190	2900	3	2.4	湖南省水文总站	
汉江	堵水	黄龙滩	10668	10000		0.9	汉江历史洪水汇编	
	丹江	荆紫关	7060	6420	6	0.9	汉江历史洪水汇编	
	丹江	白渡滩	14370	13800	7	1.0	汉江历史洪水汇编	
	白河	新店铺	10958	101700		9.8	汉江历史洪水汇编	
	南河	开峰峪	5253	9690	6	1.8	汉江历史洪水汇编	
	蛮河	武镇	1711	4460	6	2.6	汉江历史洪水汇编	
	滚河	张集	2787	2120	6	0.8	汉江历史洪水汇编	
	汉江	襄阳	103261	53000	7	0.5	汉江历史洪水汇编	

表 3.2-4　　　　　　　　　　**1935 年 7 月洪水长江干支流各站洪水特性**

河名	站或区间	集水面积（km²）	洪水起止时段时间（日）	洪水总量（亿 m³）	径流深度（mm）	集水面积占汉口比例（%）	洪水总量占汉口比例（%）
长江	宜昌	1005501	3-16	433		67.5	39.7
	宜昌—枝江区间	18630	3-16	57.9	310.8	1.3	5.3
沮漳河	河溶	6464	3-18	26.1	403.7	0.4	2.4
澧水	乔家河	15363	3-17	87.9	572.5	1.0	8.1
沅江	常德	88874	3-17	137	154.2	6.0	12.5
资江	益阳	28840	5-19	28.3	98.1	1.9	2.6
湘江	长沙	82403	5-20	32.2	39.1	5.5	3.0

续表

河名	站或区间	集水面积（km²）	洪水起止时段时间（日）	洪水总量（亿 m³）	径流深度（mm）	集水面积占汉口比例（%）	洪水总量占汉口比例（%）
陆水	陆溪口	3943	7-21	0.8	20.3	0.3	0.1
汉江	襄阳	103261	3-18	175	169.4	6.9	16.1
	未控制水量的区间	134757		112	83.1	9.1	10.3
长江	汉口	1488036	4-20	1090			

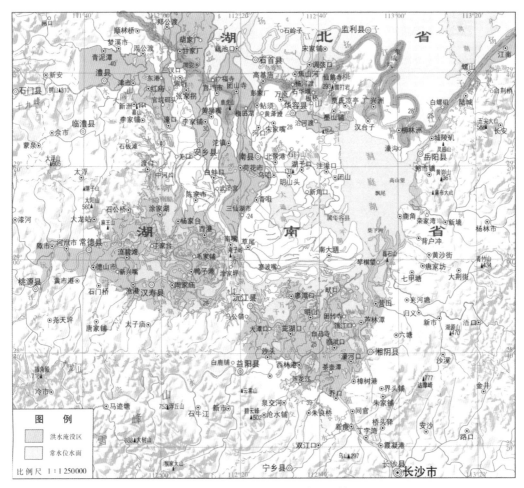

图 3.2-1　1935 年长江大洪水淹没情况

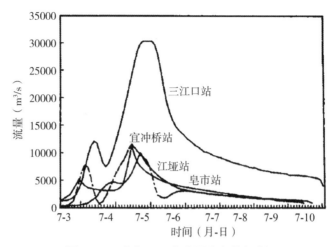

图 3.2-2　澧水 1935 年主要站点洪水过程

3.2.2　灾情

澧水、清江、沮漳河、三峡区间下段以及汉江中下游普遍发生了洪水灾害,灾情甚为严重,洪水淹没范围较大,具体见图 3.2-3。根据当年大水后的调查统计,湖北省有 51 个县(市),湖南省有 37 个县受灾。两省灾民达 1000 万人以上,其中淹死 10 万人以上。洞庭湖受灾面积约 350 万亩,汉江中下游淹没面积约 6640 km^2,襄阳以下汉阳以上成为一片汪洋。

其中,湖北省灾情尤以江陵为重。7 月 4 日,破众志垸、谢古垸,决阴湘城堤;5 日破保障垸,决荆江大堤的横店子,溃口宽 300m,深 3m,堆金台与得胜台亦先后漫溃,其中得胜台溃决宽 600m;7 日大堤下段的麻布拐又溃 1200m。荆州城被水围困,城门上闸,交通断绝,灾民栖身于城墙之上,日晒雨淋,衣食无着。城外"水深及丈",沙市便河两岸顿成泽国,草市则全镇灭顶,人民淹毙者达 2/3,沙市土城以外亦溺死无数,其幸存者,或攀树巅,或蹲屋顶,或奔高埠,均鹄立水中,延颈待食。此时正值青黄不接,存米告罄,四乡难民凡未死于水者,亦多死于饥,竟见有剖人而食者。此次洪灾波及江、荆、潜、监、沔等 10 余县,致荆北大地陆沉,一片汪洋,江陵受灾 35.47 万人,淹死 379 人,倒塌房屋 9707 栋。因东荆河莲花寺溃,南北两水并淹监利,受灾 35.1 万人,倒塌房屋 5153 栋。此次大水致使荆北大地一片汪洋,仅江陵淹去 77%,监利受淹大半,江陵、监利两县合计淹田 14 余万 hm^2。沮漳河流域内死亡数千人。河溶站以下,大片民垸溃决,两岸尽成泽国。

松滋长江堤防在沈市下游 5km 处罗家潭等处溃口,江南大片农田受灾。据调查,罗家潭溃口时水位尚不高,内围垸为一豪绅所有,占地数千亩,见大水来临,其欲利用洪水溃淹以增加其地肥力,因而禁止民众上堤抢护,但迅即堤溃垸淹,口门下冲出罗家潭。待水退,罗家潭附近数千亩良田全被泥沙所覆盖而荒废。1935 年汛期,松滋全县 30 个民垸溃口,淹田 2.34 万 hm^2,淹毙 1215 人,坍塌房屋 17230 余间,受灾人口 21.93 万人。

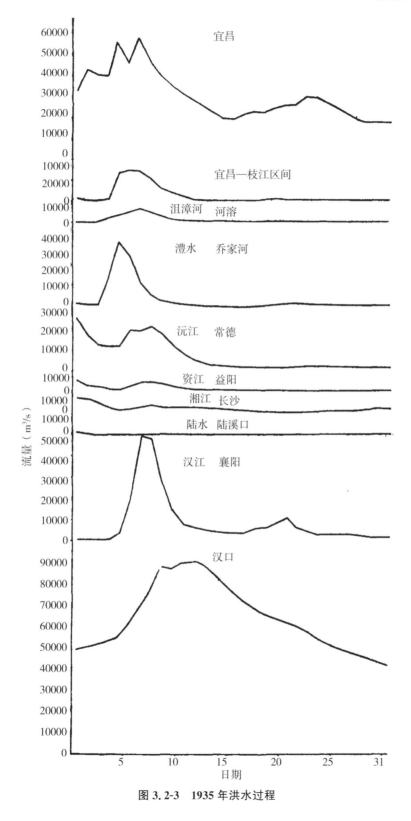

图 3. 2-3 1935 年洪水过程

洞庭湖区非常洪水蓄洪减灾**对策研究**

6月30日起,公安县连降大雨七昼夜,江水猛涨,公安长江堤防斗湖堤、范家潭溃口,口门宽300m,支河堤防多处相继溃决,全县80%地区被淹,受灾20余万人。石首水位比1931年高0.7～1.3m,二圣寺堤溃决,口门宽200m;7月1日,罗城堤、横堤、陈公东堤、陈公西堤均溃,茅草岭溃口口门宽250m,来家铺溃口宽90m;江左各垸于7月3—4日已一抹横流,无寸尺未淹之地;7日罗城堤、横堤、陈公东堤、陈公西堤四干堤与东络民堤俱溃;8日大兴、天兴两干堤又决,淹没许多民垸。石首全县各堤垸冲毁淹没干堤6处,民垸72处,受灾人口20.25万人,占总人口的82%,受灾面积383 km²,占总面积的90%,死亡2940人。据初步统计,此次水灾,荆州受灾面积1.08万 km²,受灾人口150.64万人,受灾农田19.6万 hm²,倒塌房屋3.21万间,因灾死亡6885人(表3.2-5)。

表 3.2-5 1935 年长江大洪水荆州灾情统计

县(市)	受灾面积 (km²)	受灾人口 (人)	受灾田亩 (万 hm²)	倒塌房屋 (栋)	死亡人数 (人)
江陵	2821	354747	10.94	9707	379
监利	1920	251755	3.34	5153	
沔阳	2463	294687			
松滋	1083	219280	2.34	17230	1215
公安	1022	183421			2351
石首	1500	202494	2.98		2940
合计	10809	1506384	19.60	32090	6885

1935年6月下旬开始湖南境内"四水"同时上涨。遭遇荆江洪水,倒灌洞庭,使得水位比1931年高出两尺多。岳阳、湘阴、平江、华容、临澧、石门、澧县、安乡、汉寿、慈利、南县、沅江、益阳、常德等县大部分被淹没。其中尤以石门、澧县水势迅猛,灾情最重。湖南省滨湖11个县水灾各种损失统计表3.2-6。6月29日,湖南省政府电呈国民政府"沅江因大雨突涨一丈七,滨湖各县堤垸均被淹,常德南门城淹闭。常德沅江城垣危急,石门沿河一带俱成泽国"。"连日以来,大雨倾盆,流水陡涨。常德沅江城垣危急,石门沿河一带,俱成泽国。安仁山洪暴发,损失奇重"。7月3日,省政府再电呈国民政府:"湘省连日沥雨不休,大水成灾,湘、资、沅、澧四水同时陡涨,省河水量涨至三丈,祁阳、衡阳、湘潭、湘乡、衡山、湘阴、常宁、安仁、浏阳、平江、南县、沅江、益阳、汉寿、常德、桃源、石门、慈利、澧县等县田庐淹没,屋宇倒塌,什物牲畜荡然无存,灾情至为惨重,特电中央拨款救济。"

表 3.2-6　　　　　　　　　　湖南省滨湖 11 个县水灾各种损失统计

县（市）	全县面积（万亩）	溃垸（个）	溃垸面积（万亩）	溃垸（个）	被渍面积（万亩）	全县人口（万人）	被灾人口（万人）	待赈人口（万人）	淹毙人口（人）	稻谷杂粮损失（万担）	房屋器具牲畜及其他损失（万元）
益阳	84.7	140	43.00	15	3.98	82.17	32.87	29.50	137	234.88	117.40
常德	82.75	116	33.00	27	7.00	68.67	49.20	37.70	732	200.00	109.80
岳阳	75.58	21	9.06	39	23.70	48.43	16.94	13.50	120	163.78	89.80
沅江	79.54	123	36.00	36	33.56	30.31	23.22	20.80	1052	347.71	139.10
汉寿	90.00	305	60.00	15	15.00	408	31.32	28.80	2700	375.00	187.50
南县	66.80	520	26.98	34	16.06	41.80	29.17	26.50	106	215.18	107.60
澧县	75.09	237	40.86	31	4.65	69.47	47.58	45.15	8000	227.56	136.50
湘阴	91.25	67	18.90	62	34.84	72.00	45.87	42.65	73	278.71	94.40
安乡	50.88	50	2470	12	13.09	21.72	12.00	10.02	1400	188.95	89.50
华容	80.00	80	36.54	12	14.20	31.24	15.63	13.25	156	253.57	101.40
临湘	22.12	—	10.82	—	—	25.06	7.52	6.62	19	179.43	81.70
总计	798.71	1659	339.86	283	166.08	532.75	311.32	274.49	14495	2664.77	1254.70

3.3　1954 年洪水

3.3.1　雨水情势

从洪水类型来看,1954 年同属连续性暴雨反常年份,且为四水三口遭遇型,洞庭湖区处于上压下顶、外洪内涝的严峻局面。

3.3.1.1　雨情

1954 年,由于气候反常,雨带长期徘徊在江淮流域,中下游梅雨期比常年延长 1 个月,梅雨持续 50d,且梅雨期雨日多,覆盖面广。4 月鄱阳湖水系开始降大雨和暴雨;5 月雨区主要在长江以南,湖南、江西、安徽南部等省雨量均在 300mm 以上,其中鄱阳湖水系在 500mm 以上;6 月主要雨区依然在长江干流以南地区,位置比 5 月稍往北移,500mm 以上的雨区往西扩展到湖南澧水和洞庭湖区,降水总量较 5 月增加 7%;7 月雨区往北推移,降雨中心分布在长江干流以北和淮河流域。当月为汛期各月中雨量最大的一个月。中下游各站 6、7 月降雨多为同期均值的 1~3 倍,汉口站 7 月为多年均值的 3.14 倍;8 月雨区主要在四川盆地、汉水流域;9 月降雨基本结束。

从雨带分布来看,等雨量线基本为东北—西南走向,多雨中心主要有三个:第一个在赣东北的天目山区,中心雨量达 2000mm 以上;第二个在湘西北的武陵山区,中心雨量为

1900mm 左右;第三个在川西的峨眉山区,中心雨量为 1400mm。多雨中心轴线呈东西向分布在 28°~30°N。这些分布特征与常年情况十分近似,如同一张被放大了的多年平均降雨量图。因而可以认为 1954 年长江流域的洪涝降雨特点反映了季节性雨带的长期稳定和发展。

季节性雨带从 4 月初就提早北移进入长江,全流域普遍多雨,大范围内降雨天气一直持续到 8 月中旬,随之长江上游又出现了一段秋雨天气。整个汛期降雨趋势大致可以划分为三个时段:①4 月上旬至 5 月中旬,为春汛期降雨,是 1954 年特大洪涝的前期降雨时段。全流域各区旬平均雨深大部分偏多,降雨量偏多的区旬数占 32/50,偏少的为 18/50。旬平均雨深距平百分率高达 147.1%,平均偏多约 30%。②5 月下旬至 8 月中旬,为夏汛期降雨,历时约 3 个月,是主要降雨时段。全流域平均雨深偏多的区旬数占 70/90,其中乌江区和中游干流区 9 旬全部为多雨,中游干流区的 6 月中旬和 7 月下旬距平百分率高达 300% 以上,即平均雨深为常年的 4 倍多。下游干流区除 8 月上旬偏少外,其余中下旬也全部偏多,其中 7 月下旬偏多 362.0%,为各区的平均雨深距平百分率最高者。整个夏汛期降雨,全流域平均偏多约 70%,而中下游地区偏多 100% 左右。1954 年中下游地区的梅雨期降雨发生于 6 月 12 日至 7 月 31 日,梅雨期长 50d,仅次于 1896 年(65d)。③8 月下旬以后,为长江上游地区的秋汛期降雨。从降雨趋势来看,仅为一般秋汛年份,主要多雨时段在 9 月下旬至 10 月上旬。与上游相反,中下游地区后期降雨普遍偏少(表 3.3-1)。

1954 年长江特大暴雨不是一般持续 3~5d 的一场暴雨过程,而是长达 4 个月之久的近 20 次暴雨过程组合的暴雨群降雨。第一场暴雨始于 5 月 19 日,最后一场暴雨结束于 9 月 11 日。绝大多数暴雨过程集中在 6 月中旬至 8 月初的梅雨期中,又以 7 月的暴雨最多,共出现 8 次,接近汛期暴雨的半数。因而习惯上将 1954 年长江汛期洪水称为梅雨期洪水。20 次暴雨过程持续时间最短的仅 2d,最长的达 9d,平均 4.5d。暴雨中心移动方向主要为西北至东南和西南至东北两种,正南北向或东西向的极少。

6 月 22—28 日,长江出现入梅后的第二场暴雨,也是汛期开始以来的第 5 场暴雨。这场暴雨持续时间长,范围广,降雨集中,暴雨过程降雨量也最大,是主要的造洪暴雨,过程降雨量分布与最大 1d、3d 降雨量以及汛期总雨量分布相似。总趋势是中游地区雨量最大,下游次之,上游和汉江地区最小。多雨中心有 4 个:峨眉山五通市一带,中心雨量 281.9mm;洞庭湖西部,资江、沅江和澧水下游地区,中心雨量 302.9mm,江西修水一带,中心雨量 349.6mm;鄂东南和皖南山区,中心雨量 393.4mm,为本次暴雨过程的最大单站降雨量。多雨中心轴线呈东西向,位于 29°~30°,能较好地体现汛期降雨趋势,反映了短期降雨(包括暴雨)受大型环流制约的机理(表 3.3-2)。

1954 年湖南天气较为反常,4 月起开始连绵不断的阴雨天气。南来的暖气流与北来的冷气流交锋变动很大,造成洞庭湖区大范围、长时间、高强度的降雨。4 月 1 日至 9 月 30 日的 183d 内,降雨一般在 100d 以上,汛期降雨量都在 1500mm 左右,许多地方半年的降雨量超过年降雨量(湖南多年平均降雨量 1200~1300mm),暴雨中心集中在"四水"尾闾及洞庭湖一带。洞庭湖区各地 5 月雨量 300~400mm,其中,安乡 311mm,岳阳 339mm,约为历年

表 3.3-1

1954 年汛期（4—10 月）长江流域雨量情况

时间	金沙江区 平均雨深(mm)	金沙江区 距平百分率(%)	岷沱江区 平均雨深(mm)	岷沱江区 距平百分率(%)	嘉陵江区 平均雨深(mm)	嘉陵江区 距平百分率(%)	长江干流区 平均雨深(mm)	长江干流区 距平百分率(%)	乌江区 平均雨深(mm)	乌江区 距平百分率(%)	汉江区 平均雨深(mm)	汉江区 距平百分率(%)	长江中游干流区 平均雨深(mm)	长江中游干流区 距平百分率(%)	洞庭湖区 平均雨深(mm)	洞庭湖区 距平百分率(%)	长江下游干流区 平均雨深(mm)	长江下游干流区 距平百分率(%)	鄱阳湖区 平均雨深(mm)	鄱阳湖区 距平百分率(%)
4 月上旬	8.1	27.4	38.3	147.1	45.1	120.0	42.4	86.8	49.7	108.8	28.8	14.7	69.1	60.7	95.4	79.0	62.2	21.0	128.1	90.1
4 月中旬	5.6	-31.3	42.0	104.9	45.7	115.6	37.3	47.4	36.3	20.2	31.1	41.4	60.3	67.5	60.5	5.6	83.9	67.1	125.1	68.4
4 月下旬	7.2	-17.7	18.5	-19.9	11.0	-58.2	28.1	-13.3	21.8	-45.9	19.2	-47.1	61.8	13.6	55.1	-14.2	84.5	35.4	95.5	23.7
5 月上旬	12.1	-12.1	32.6	13.2	23.9	-17.6	44.5	-4.3	67.1	30.8	25.2	-38.0	114.4	64.4	105.0	49.1	137.3	71.4	140.0	48.3
5 月中旬	7.4	-57.9	7.8	-75.5	34.8	-5.9	39.0	-21.7	56.8	1.4	51.9	49.1	123.6	97.4	60.0	-12.3	138.0	124.8	66.2	-23.2
5 月下旬	45.3	47.5	96.2	154.5	60.3	52.7	109.1	87.1	113.7	77.1	36.3	21.8	135.4	125.7	159.4	77.1	167.4	209.4	227.7	118.5
6 月上旬	40.8	1.0	26.6	-19.6	37.4	5.2	28.9	-30.0	82.8	68.0	28.1	-17.6	90.4	72.8	78.1	54.3	93.6	42.7	117.5	59.2
6 月中旬	40.2	-18.3	55.8	31.0	31.0	-19.7	66.7	42.2	94.3	54.1	40.7	61.2	226.2	346.2	132.8	102.4	191.4	230.0	162.9	65.6
6 月下旬	92.6	49.5	94.7	70.3	44.2	-24.6	53.4	11.6	113.1	43.7	35.6	-28.5	133.6	38.0	158.3	112.8	235.7	116.6	174.4	93.3
7 月上旬	71.1	29.1	53.8	-17.2	48.6	-38.9	126.4	91.2	83.2	55.2	107.6	85.8	147.5	140.8	24.9	-47.7	78.6	48.0	14.7	-69.8
7 月中旬	69.4	40.5	126.2	81.1	128.9	88.5	82.2	64.7	67.4	40.1	96.1	78.3	96.4	37.7	105.3	120.3	218.5	184.5	127.9	275.9
7 月下旬	98.0	46.0	44.6	-42.5	25.4	-49.2	144.4	195.9	175.3	227.7	80.0	74.7	210.5	322.7	140.7	225.7	184.8	362.0	132.8	240.5
8 月上旬	47.2	-20.7	59.6	-14.7	97.1	77.8	79.5	49.4	104.7	99.8	130.6	159.1	57.6	17.1	37.1	-28.4	18.1	-59.0	42.5	-0.2
8 月中旬	81.3	58.6	128.1	80.2	63.2	12.5	37.4	-24.0	20.8	53.2	16.5	-67.6	46.2	12.3	45.7	11.7	67.0	55.8	62.9	62.5
8 月下旬	89.2	63.1	96.6	47.3	77.1	20.8	46.0	-6.5	62.6	44.6	40.5	-17.0	30.2	-34.5	26.2	-39.1	15.3	-69.4	27.5	-38.6
9 月上旬	30.6	-17.4	66.6	31.4	55.0	-2.0	22.9	-48.5	28.0	-3.8	38.4	-8.1	9.0	-71.0	18.2	-26.0	9.7	-67.8	18.9	-41.7
9 月中旬	62.8	34.5	42.8	-5.1	21.3	-54.8	26.7	-47.1	6.2	-86.4	23.9	-39.0	1.5	-96.3	3.9	-86.9	4.1	-86.5	9.5	-72.5
9 月下旬	37.8	10.2	47.7	6.3	51.4	16.8	47.4	34.3	37.3	27.3	25.2	-22.0	18.7	-20.8	16.7	-6.2	6.9	-77.2	3.3	-84.1
10 月上旬	20.9	-25.5	20.4	-23.6	56.2	68.8	47.8	37.8	36.3	8.0	67.0	116.1	40.5	35.0	17.5	-38.6	21.6	7.5	3.3	-83.3
10 月中旬	17.6	13.2	27.4	60.2	6.7	-68.1	7.8	-70.0	8.3	-70.0	1.8	-90.2	0.7	-97.2	0.5	-98.2	0.2	-98.8	0.1	-99.5
10 月下旬	12.8	-14.3	33.3	82.0	25.3	14.0	33.9	6.9	42.9	24.3	7.6	-63.1	9.4	-69.9	13.1	-70.5	1.2	-94.3	2.6	-87.3

表 3.3-2 6 月 1d 最大雨量打破最高纪录的统计

打破纪录的测法		日暴雨量（mm）	发生日期（月—日）
江西境内	修水	297.2	6-16
	永修	230.0	6-16
	南昌	193.1	6-16
湖南境内	石门	225.3	6-24
	九溪	190.8	6-24
	明山头	153.5	6-16
	安梅	169.3	6-25
	南嘴	123.1	6-25
	津市	176.6	6-24
	城陵矶	292.2	6-16
湖北境内	金口	124.6	6-25
	鄂城	136.4	6-13
	通城	250.0	6-16
	藕池口	166.5	6-16
	石首	180.2	6-16
	调弦口	178.4	6-16

5 月平均总雨量的 2 倍；6 月一般在 600mm 以上，其中安乡 610mm，岳阳 800mm，为历年 6 月平均总降雨量的 4 倍多；7 月雨量一般为 300 ～400mm，分别为历年同期平均总降雨量的 2 倍、4 倍，其中安乡 316.2mm 以及岳阳 361.2mm，为历年 7 月平均总降雨量的 3 倍。

据《岳阳市志》记载，1954 年洞庭湖区的岳阳市区、临湘市、华容县等地的年降水量达 2033.7～2714.5mm，皆高于正常年份的降水（年降水量一般为 1211.3～1463.9mm），且日降水量在 50mm 以上的大雨、暴雨日数也较常年增多："境内 50mm 以上暴雨日数年均为 3～5 天。"其中，岳阳市区暴雨日数高达 10d，远多于年均日数。华容县、汨罗市等地也大抵如此。

这样使得"四水"相继发生大水。6 月下旬至 8 月初，澧水、沅江洪峰与长江洪峰相遇，长江两岸一片汪洋，冷暖空气交汇于湖南中、北部上空，致使湖南大部分地方连续大暴雨。

3.3.1.2 水情

1954 年汛期比常年提早，4 月初开始全流域相继入汛。4 月初至 5 月中旬，上游水位涨幅不大，5 月下旬乌江武隆站出现首次大洪峰，2d 内水位陡增约 20m，嘉陵江、岷江等支流亦相继涨水。6 月下旬至 8 月中旬，上游暴雨频繁，洪峰叠加。此期间宜昌出现 4 次大洪峰，第一次由 6 月下旬暴雨造成，洪水来源主要是岷江、金沙江、乌江以及三峡区间，宜昌站 7 月 7 日洪峰流量为 51000m³/s，洪峰水位为 52.60m。第二次洪水由 7 月中旬暴雨形成，岷江高场站出现 16900m³/s 的洪峰流量,嘉陵江北碚站洪峰流量为 19300m³/s,寸滩洪峰流量达 53600m³/s,为全年最大值,宜昌洪峰流量为 56900m³/s,洪峰水位 54.04m。第三次洪水由 7 月下旬的暴雨所形成,金沙江屏山站出现 21500m³/s 的洪峰流量,北碚洪峰流量为 15900m³/s,乌江武隆站出现了最高洪峰,洪峰流量达 16000m³/s,三峡区间也出现暴雨洪水,宜昌站 8 月 7 日出现了全年的最大洪水,洪峰流量 66800m³/s,洪峰水位 55.73m。第四次洪水由 8 月中旬的暴雨所形成,屏山、高场站先后出现年最大洪水,洪峰流量分别为 24600m³/s 和 19000m³/s,但两江洪峰相互错开,且嘉陵江、乌江来量减少,故宜昌站 8 月 29 日出现洪峰流量仅略大于第一次洪水,为 53200m³/s,洪峰水位为 53.76m。

长江中下游,特别是城陵矶以下干流河段,在上游来水和中下游众多支流来水汇入的综合影响下,经过湖泊调节和分洪、溃口的作用,洪峰形状发生了根本性的变化,中下游干流各站洪水成为一个涨落缓慢、持续时间特长的庞大单一洪峰。从 4 月初开始至 6 月中下旬,湖北、湖南、江西等地区降雨异常集中,洞庭湖、鄱阳湖水系频频出现洪峰,湖区水位扶摇直上,4、5 月即集满底水。加上 5、6 月上游的几次洪峰助长了中下游水位的涨势,荆江以下各站于 5、6 月先后达到或超过警戒水位。实测沙市最高洪水位 44.67m、城陵矶 33.95m、汉口 29.73m、湖口 21.69m,大通站 16.46m,最大流量 92600m³/s。其中,汉口站 4 月 1 日水位为 14.16m,5 月底即涨达 24.20m,涨幅 10m 有余,6 月 25 日超过警戒水位(26.30m),7 月 2 日超过 1949 年的最高水位,18 日突破 1931 年的最高纪录 28.28m,于 8 月 18 日出现最高洪峰,水位为 29.73m,创有记录以来的最大值,相应洪峰流量 76100m³/s。黄石站 5 月底超过警戒水位。九江以下各站更早在 6 月中旬就已超过警戒水位,7 月超过保证水位,8 月上中旬先后突破历史纪录。8 月下半月后,长江流域降雨普遍减少,干流及各支流水位下落,至 9、10 月都先后退至警戒水位以下。长江洪水严峻的同时,"四水"也相继暴发洪水。湘江洪涝发生在 6 月下旬,其特点是:湘江流域在湘潭站年最高水位出现前 10d 各站降水特别集中,且暴雨频繁,整个流域至少有 3 个代表站在洪涝前 10d 均有 1~3 次暴雨,前一个月流域平均降水距平在 95%~121%,平均暴雨日数范围在 1.5~2.5d,湘江全流域涨溢。洪涝前 10d 长沙、湘潭、衡阳、零陵各站降水量分别为 188.3mm、191.1mm、213.2mm、110.6mm,其中暴雨日数长沙、湘潭、衡阳分别为 2d、2d、2d。湘潭站最高水位 40.73m,出现在 6 月 30 日,前一个月平均降水 405.2mm,平均暴雨日数 2.5d。长沙站最高水位 37.81m,湘潭站最高水位 40.73m,出现在 6 月 30 日。资江桃江站最高水位 42.91m,出现在 7 月 25 日;益阳站最高水位 37.81m,出现在 6 月 29 日。沅江桃源站最高水位 44.39m,出现在 7 月 30 日;常德站最高水位 40.39m,出现在 7 月 31 日。澧水三江口站最高水位 67.85m,出现在 6 月 25 日;津市站最高水位 41.40m,出现在 6 月 26 日。

尽管按计划扒口分洪和自然溃口总量达 1023 亿 m³,降低了中下游干流各站洪峰水位 1.93~3.35m,但由于 1954 年长江中下游洪水峰高量大,高水位持续时间长,沙市站超警戒水位 29d,城陵矶超警戒水位 69d,超保证水位 40d;汉口站超警戒水位 100d,超保证水位 52d,10 月 3 日才退到警戒线;大通站超警戒水位 109d,超保证水位 88d。

根据统计分析,1954 年从 5 月底至 8 月初百余天洪水不断,一峰比一峰高,入湖水量大于 30000m³ 的达 62d,比一般洪水年持续时间长得多;5 月 25 日至 8 月 22 日 90d 的入湖洪水总量 3050 亿 m³(其中,"四水"占 48.7%,"四口"占 42.5%,区间占 8.3%);6 月 27 日至 8 月 10 日 45d 的入湖洪水总量也达 1807.3 亿 m³(其中,"四水"占 44.7%,"四口"占 47.2%,区间占 8.1%);6 月 27 日至 9 月 10 日连续 76d 超警戒,径流量约 2200 亿 m³,最大入湖日均水量达 7.05 万 m³,造成洞庭湖最大蓄水量达 516 亿 m³。组合入湖洪峰水量达 64053m³,为多年平均入湖洪峰水量 39021m³ 的 1.64 倍。其中,城陵矶(七里山)站于 1954 年 8 月 2 日出现最大流量达 43300m³/s;最大 1d 洪量 37.411 亿 m³(出现日期为 2019 年 8 月 2 日);最大 3d 洪量 111.63 亿 m³(8 月 1—3 日);最大 7d 洪量 256.52 亿 m³(6 月 30 日至 7 月 6 日);最大 15d 洪量 234.56 亿 m³(6 月 27 日至 7 月 11 日);最大 30d 洪量 994.64 亿 m³(6 月 15 日至 7 月 14 日)。最高水位 34.54m,出现在 1954 年 8 月 3 日。

因此,当 8 月 7 日宜昌出现最高水位时,因洞庭湖底水高,调蓄水量只 1.5 亿 m³,仅削减洪峰约 4%,致使城陵矶(七里山)出现最高水位 34.55m。城陵矶(七里山)站洪峰流量、水位过程见图 3.3-1。

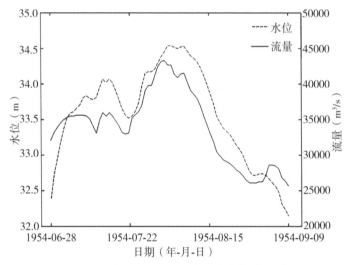

图 3.3-1 城陵矶(七里山)站洪峰流量、水位过程

3.3.2 灾情

1954 年洪水为长江中下游近 100 年间最大的一次,由于新中国建立之初即非常重视长江的防洪问题,及时加高加固 3 万多 km 的干支堤防,并利用长江中下游湖泊洼地,建设和安排了荆江分洪区、大通湖蓄洪垦区、白潭湖和涨渡湖蓄洪垦区等平原分蓄洪工程,同时采取了一系列措施,加上各级政府领导组织防汛抢险工作得力,保证了重点堤防和重要城市的安全,大大减轻了洪涝灾害损失。尽管如此,损失仍很大。据不完全统计,长江中下游湖南、湖北、江西、安徽、江苏 5 省,有 463 个县(市)受灾,淹没耕地 4755 万亩,受灾人口 3924 万

人,死亡 3.3 万人,京广铁路不能正常通车达 100d,直接经济损失 100 亿元。1954 年洪水淹没图见图 3.3-2,1954 年长江中下游各地区受灾情况见表 3.3-3,1954 年各省受灾情况见表 3.3-4。

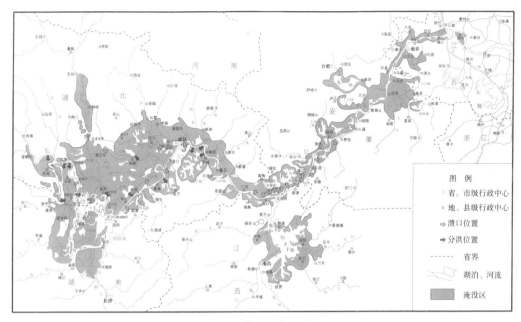

图 3.3-2　1954 年长江中下游洪水淹没

表 3.3-3　　　　　　　　　1954 年长江中下游各地区受灾情况

地区	受灾面积 （万 hm²）	成灾面积 （万 hm²）	淹没农田 （万 hm²）	淹没房屋 （万间）	淹没损失
江汉平原	31.7			42.77	死亡 3316 人
洞庭湖区		39.2	43.6		
鄱阳湖区			22.3		倒塌房屋 16 万间, 死亡 582 人
太湖平原	52.3	24.9			

注:无数据为未统计到。

表 3.3-4　　　　　　　　　1954 年各省受灾情况

省份	受灾地区 （县、市）	重灾区 （县、市）	成灾面积 （万 hm²）	成灾人口 （万人）	减少粮食 （亿公斤）	减少棉花 （万担）	倒塌房屋 （万间）
安徽	65	18	265.1	1356	19.5	41	404
湖北	75	13	151.3	990	31	212	220
湖南	80	20	72.3	550	11.5	47	113
江西	78	12	43.2	367	9	20	2.8
江苏	165	7	129.6	661	12	62	48

洞庭湖区水灾是全局性的、毁灭性的灾害,尽管党和政府组织干群与洪水拼搏数月,终

因水高堤矮,人疲物空,无力抗拒,6000多个堤垸溃决356个,几乎所有堤垸不溃即涝,36万hm²耕地淹没25.7万hm²,165万人受灾,京广铁路中断100天,粮食产量从正常平均的10亿kg减少到2.5亿kg。整个洞庭湖区,垸内垸外一片汪洋,当时淹死3300人,事后疸疫流行,淹死病死3万多人。直接经济损失当年价181661.9万元。处在重灾区的常德、澧县、安乡、汉寿、沅江、华容、湘阴、望城、长沙县等地共有304个堤垸惨遭溃溃。

洞庭湖区1954年洪水灾害损失统计见表3.3-5。

表 3.3-5   洞庭湖区 1954 年洪水灾害损失统计

年份	溃垸(个)	总面积(km²)	死亡人口(人)	其他
2002	0	0	2	
1998	143	431.1	184	
1954	356	2570	3000 多	岳阳市区受淹,京广铁路中断100多天

3.4   1996 年洪水

3.4.1   雨水情势

3.4.1.1   雨情

1996年7月13—18日降水实况中,鄂东北、汉口、陆水流域、宜昌—汉口区间、洞庭湖"四水"维持一条东北—西南向的强降雨带,长达6d之久。15—17日降雨强度最大,流域内大面积连降暴—大暴雨,致使出现各日的大暴雨中心:干流螺山站14日降雨量167mm,沅江陶伊站15日降雨量212mm,靖县站降雨量16日209mm,陆水大坪站17日降雨量166mm。其中暴雨带5d总降雨量在200mm以上就多达50个站,笼罩面积约16.5万km²;雨量大于400mm以上的站有2个(鄂新堤站降雨量478mm最大,鄂螺山站降雨量448mm次之);降雨量大于300mm以上的站有11个(黔南哨站降雨量376mm最大,鄂大沙坪站降雨量360mm次之,湘桃林站降雨量353mm位居第三);大于100mm降雨地区,笼罩面积约达27.8万km²。该过程具有降雨强度大、持续时间长、降水集中、暴雨带相应稳定的特点。

"四水"和洞庭湖区也发生了持续性暴雨过程,降雨强度大,范围广且连续发生。据湖南省统计,湘江流域平均降雨量为157mm,资江351mm,沅江381mm,澧水379mm,湖区251mm。降雨大致可分3个阶段:7月1—4日,暴雨集中在澧水和沅江,澧水上游和沅江的支流西水流域,平均降雨量分别为211mm和107mm;8—11日,雨区自北向南移动,"四水"降雨一般在40~80mm;13—17日,暴雨集中在资江、沅江和湖区,资江和沅江次降雨量分别为261mm和275mm,是形成资江和沅江特大洪水的主要降雨过程。其中200mm以上降雨笼罩面积15万km²,400mm以上降雨笼罩面积10.5万km²,500mm以上降雨笼罩面积

$8000km^2$,600mm 以上降雨笼罩面积 $2000km^2$。暴雨中心位于沅江的酉水流域至澧水上游一带。以永顺县石堤西站647mm为最大。最大 6h 点雨量为吉首 152mm,其重现期为 100 年一遇;最大 24h 点雨量为溆浦山溪桥 291mm,重现期为 300 年一遇;最大 3d 点雨量为麻阳陶伊 323mm,重现期为 300 年一遇。降雨范围和强度之大为历史罕见。

3.4.1.2 水情

1996 年长江洪水属中游来水型洪水,长江干流同期来水不大,特别是川江来水少,只乌江来水偏多,"四水"来水大,澧水干流出现较大洪水,接着雨区南移并稳定少动,沅江、资江出现大洪水。

1996 年入汛初期 4—5 月,长江干支流水势平缓。6 月初,长江中游地区受强降雨影响,干流清溪场—九江河段出现入汛以来较大的一次涨水过程。6 月底,长江上游乌江、中游鄱阳湖的昌江及安乐河、中下游右岸的青弋江及水阳江分别出现入汛以来的最大洪水,其中乌江武隆站 28 日水位涨幅达 16m,29 日最大流量为 $12700m^3/s$;水阳江宜城站 7 月 1 日洪峰水位高达 19.38m。

进入梅雨季节后,7 月至 8 月上旬,长江流域共出现 4 次洪水,特别是 7 月中旬,长江中游监利—螺山河段及洞庭湖诸站出现了超历史纪录水位,汉口、黄石站出现历史高水位。对出现 4 次洪水过程分述如下:

(1)7 月初

乌江、清江及洞庭湖水系出现了一次大的涨水过程。7 月 2、5 日乌江武隆站洪峰流量分别为 $13700m^3/s$、$19200m^3/s$;清江长阳站受隔河岩水库泄水影响,水位急剧上涨,7 月 5 日洪峰流量为 $9400 \ m^3/s$;沅江桃源站 4 日洪峰流量 $14000m^3/s$;澧水石门站流量由 2 日的 $888m^3/s$ 猛增至 3 日的 $11300 \ m^3/s$;鄂东北地区诸多支流 3 日最大合成流量约 $13300m^3/s$。上述来水造成长江干流监利下游各站水位猛涨,且沙市—大通各站水位均超过设防水位。

(2)7 月 6—11 日

在长江上游诸多支流,洞庭湖沅江、澧水,以及汉江中下游交替出现暴雨的影响下,岷江高场站 9 日洪峰流量达 $12500m^3/s$,沅江桃源站 11 日洪峰流量达 $10500m^3/s$。在上述来水的共同作用下,长江中游的武穴、九江、城陵矶和湖口站水位分别于 11、12 日突破警戒水位。

(3)7 月中旬

长江流域出现了入汛以来罕见的致峰暴雨。主要洪水来源集中、来势迅猛,其中沅江桃源站 14 日 8 时至 17 日 1 时水位涨幅达 10.24m,16 日 17 时水位就已突破历史最高水位(45.86m),19 日 2 时洪峰水位达 46.90m,超出历史最高水位 1.04m;17 日 1 时最大流量 $27700m^3/s$。资江桃江站 17 日洪峰水位达 44.44m,超出历年最高水位(44.30m,1995 年)0.14m,洪峰流量达 $12300m^3/s$,与此同时,洞庭湖区区间 16 日 8 时的最大来水量

10000 m³/s。上述来水使洞庭湖出口站城陵矶(七里山)及干流螺山站水位上涨加快,且18日双双突破历史最高纪录。20日左右,洞庭湖区先后有25个水文站超过历年最高水位0.5～2.0m,南嘴站最高水位37.62m,超过历年最高水位(36.05m,1954年7月31日)1.57m。城陵矶(七里山)(7月22日)最高水位35.31m,超过历年最高水位(34.55m,1954年8月3日)0.76m。最大流量4300 m³/s(7月19日8时),水位持续在34.55m以上长达8d之久。7月14—17日,鄂东北诸多支流先后普降暴雨,15、17日各支流最大合成流量分别为13000 m³/s、6080m³/s,这些来水致使汉口水位迅速上升,19日汉口水位已超过历年第二高水位(28.28m,1931年),22日汉口洪峰水位达28.66m,超过1931年最高水位0.38m。在洞庭湖和鄂东北地区来水的共同影响下,长江中游监利至螺山段出现超过历年最高水位纪录:监利站7月25日5时最高水位为37.06m,超过历年最高水位(36.73m,1983年7月18日)0.33m;莲花塘站7月22日2时最高水位为35.01m,超过历年最高水位(33.96m,1983年7月18日)1.05m;螺山站7月21日23时最高水位为34.17m,超过历年最高水位(33.17m,1954年8月8日)1.00m。汉口站于7月22日14时最高水位为28.66m,相应流量70700m³/s,为仅次于1954年的第二位洪水。汉口站超过警戒水位(26.30m)历时37d(7月14日至8月19日)。

(4)8月1—4日

长江中下游干流,洞庭湖湘江,鄱阳湖赣江、潦河、修水,汉江中下游均普降暴雨。受其影响,湘江湘潭站4日洪峰流量为12200m³/s,鄱阳湖赣江万安水库处于暴雨中心,库水下泄使吉安地区一度受到威胁,吉安站4日洪峰水位51.49m,超警戒水位0.99m。2—4日,汉江丹江口—皇庄区间处于暴雨中心,受其影响,汉江中下游水位迅猛上涨,皇庄站6日洪峰流量为11000m³/s,汉川、新沟两站7日现峰、洪峰水位分别为31.48m、30.15m。受上述来水影响,长江干流监利—大通区间6—9日相继再次出现洪峰。其中汉口8日洪峰水位达28.06m。

8月中旬以后,长江中下游各站水位相继回落,各站超警戒水位历时30～50d。

3.4.2 灾情

入汛以后,全省先后多次遭受了暴雨洪涝灾害,特别是7月资江、沅江流域和洞庭湖区的特大暴雨洪水灾害,给湖南省工农业生产和人民生命财产造成了惨重损失。不仅农村受灾,而且城镇也受灾;不仅湖区受灾,而且山丘区也受灾;不仅农业受灾,而且工商企业、文教卫生事业也受灾;不仅受灾范围广、灾害重,而且抢险消耗大、水毁基础设施恢复难度大。14个市(州)117个县受灾,占全省的96%。其中,沅江、华容、资阳、桃江、安化、邵阳、新化、桃源、汉寿、沅陵、辰溪、泸溪等一批县(区)进水受淹。全省受灾人口3325万人,占全省人口的52%,因灾死亡744人,倒塌房屋162.1万间,有497万人一度被洪水围困,紧急转移402万人,农作物受灾面积 218 万 hm²,成灾面积 134.6 万 hm²,绝收面积 49 万 hm²。各项直接经济总损失达 580 多亿元(各地统计为 737.7 亿元)。

主要灾害过程:

(1)4 月 18—19 日

江永、江华等县遭受暴雨袭击,日雨量超过 100mm,暴雨中心在江永县靠近广西富川一带的桃川等地,江永县源口水库 12h 内降雨量 187mm,造成 8.97 万人、7.7 万 hm² 耕地受灾,4500 人曾被洪水围困达 8h 以上,损坏水利工程 527 处,直接经济损失 1.06 亿元。

(2)5 月 24—25 日

怀化、邵阳、衡阳、永州等地局部暴雨山洪灾害。芷江县金厂坪水库 6h 降雨 130mm,洪江市 6h 降雨量 120mm,绥宁县金屋乡 3h 降雨量 126mm。芷江、洪江、绥宁、道县、双牌、蓝山、耒阳等县(市)受灾,直接经济损失 1.87 亿元。

(3)5 月 31 日至 6 月 4 日

暴雨发生在湘东北、洞庭湖区和澧水流域。降雨 50mm 以上的笼罩面积约占全省总面积的 1/3,100mm 以上的笼罩面积约占全省的 20%。岳阳县张谷英镇 24h 降雨量 380mm,大坳水库 6 月 2 日 1—11 时降雨量 325mm,其频率超过 500 年一遇。岳阳、长沙、湘潭、株洲、常德、张家界、益阳、娄底等 8 个地(市)共 35 个县(市、区)403 个乡镇受灾,受灾人口 455.32 万人,有 11.4 万人曾一度被洪水围困,紧急转移 4.076 万人,直接经济损失 6.92 亿元。

(4)7 月 1—20 日

资江、沅江流域及洞庭湖区特大暴雨洪水灾害,全省 14 个地(市、州)受灾,受灾县(市)95 个,占全省的 78%,进水县城 41 个,地市级城市邵阳市城区 60% 面积进水受淹。受灾人口 2776 万人,因灾死亡 558 人,倒塌房屋 151.51 万间,损坏房屋 931.78 万间,被洪水围湖的人数曾达 462.65 万人,紧急转移 388.78 万人。各项直接经济损失 508.19 亿元。

(5)8 月 1—4 日

受 8 号强台风影响,湘水流域、洞庭湖区和湘西部分地区降暴雨和大暴雨,郴州、株洲、湘潭、衡阳、益阳、岳阳等市的 30 个县遭受了严重的暴雨洪水灾害,洞庭湖区灾上加灾,又有 698 万人受灾,9 个县城进水(其中汝城重复进水),倒塌房屋 8.4 万间,损坏房屋 17.6 万间,死亡 140 人,洞庭湖区在高洪水位下遭到风浪袭击,垮堤垮坡倒房屋严重,直接经济损失 60.44 亿元。

1996 年洞庭湖区堤垸溃决情况(万亩以上)见表 3.4-1。

表 3.4-1　1996 年洞庭湖区堤垸溃决情况（万亩以上）

序号	单位	垸名	溃口地点	溃口长度(m)	溃决时间 月	日	时	溃决性质	受灾情况 人口(人)	总面积(亩)	淹没耕地面积(亩)	损失折款(万元)
1	资阳区	过能坪香铺仓			7	20	9:00	漫溃	132600	289500	115000	182120
2	资阳区	新桥河上垸		410	7	16	1:26	漫溃	9377	12307	7065	6500
3	赫山区	永申垸	栗山等 5 处	932	7	17	6:30	漫溃	22147	21533	14600	114860
4	桃江县	城关垸	七星河 3 处	690	7	15	15:00	漫溃	87000	26241	12000	191400
5	桃江县	牛潭河垸	潭沙河 6 处	675	7	15	16:48	漫溃	3600	20240	8320	23000
6	南县	大通湖东(二)同兴		500	7	22	12:00	漫水	58500	159770	72800	187000
7	沅江	目平湖垸	北堤等 3 处	350	7	17	22:30	漫溃	6500	17472	11000	10500
8	沅江	净下洲	东风闸	350	7	20	22:28	漫溃	6420	13813	6600	12000
9	沅江	永胜	白鹤咀	300	7	20	21:45	漫溃	7800	10098	5039	13000
10	沅江	琼湖		250	7	17	16:20	漫溃	158072	108284	38245	302080
11	沅江	三眼塘		200				淹	43297	140958	37964	
12	沅江	保民	宝塔拐角	300	7	21	12:20	漫溃	3627	10500	5608	12800
13	沅江	共双茶	笼成等 4 处	505	7	22	12:55	蓄洪	152248	328300	197800	241000
14	茶盘洲农场		同堤	500	7	24	12:30	蓄洪	27752	101700	53400	39000
15	桃源县	车湖	红岩咀	448	7	16	18:30	漫溃	29500	58500	39000	64000
16	桃源县	木塘	马鞍坡等 3 处	552	7	17	2:10	漫溃	23700	36814	27800	50000
17	桃源县	桃花	水溪机埠处	800	7	16	17:15	漫溃	6980	27010	15500	14000
18	汉寿县	围堤湖	北拐接港	980	7	19	0:15	漫溃	14800	50300	28000	65000
19	汉寿县	青山湖	砖厂(7 个口)	880	7	17	1:00	漫溃	3500	13600	8000	62000
20	汉寿县	烟包山		700				漫水	14000	20000	9506	20000
21	湘阴	青潭	罗家套	790	7	18	16:00	漫溃	2297	15800	10800	4200
22	华容县	团洲垸	14+500	500	7	19	12:05	蓄洪	25000	78000	40000	59000
23	华容县	民生大垸	内垸(塔市驿)	4200	7	16		漫溢	25100	62100	41200	16532
24	华容县	大通湖东	隆西幸福洲	564	7	21	7:05	蓄洪	72369	185870	83100	151500
25	华容县	三合垸		133	7	23	2:20	漫溃	5600	16000	10000	8000
26	钱粮湖农场			310	7	27	16:30	蓄洪	65000	219300	122107	238129

3.5 1998 年洪水

3.5.1 雨水情势

3.5.1.1 雨情

1998 年 6—8 月,副热带高压西北侧的暖湿气流与南下的冷空气频繁在长江流域交汇,频降大雨、暴雨和大暴雨,局部降特大暴雨。3 个月内,长江上游、中游和下游大部分地区的总降水量一般有 600~900mm,沿江及江南部分地区超过 1000mm,存在两个大值中心:一个在鄱阳湖水系的修水、湖区、信江、抚河、昌江和乐安河等地的较大范围上;另一个主要分布在清江和澧水流域以及沅江的部分地区,降水量较常年同期偏多 6 成以上(图 3.5-1)。从整个区域来看,江南的降水明显多于江北,降水量的分布呈不对称的鞍形场。在天门—岳阳—长江一线(即 113°E 经线)的东西两侧分别存在一明显的高值中心。其一位于湖北西南部与湖南西北部的交界处,并向南延伸至湖南沅江、资江一带,向西延伸至重庆东部地区;其二位于江西北部、湖南东北部、湖北东南部、安徽南部、浙江西部及福建西北部地区。两个中心的降水量均高达 1000~1400mm,比常年降水量偏多 1~1.5 倍。

6 月流域内暴雨日为 19 个,7 月为 30 个,8 月为 25 个。按降雨集中发生区域和时间划分,可分为 4 个阶段。

(1)中下游第一段梅雨

6 月 11 日至 7 月 3 日是长江流域的第一段梅雨期。主雨带呈东西向维持在长江中下游干流以南地区,强雨区中心在鄱阳湖东南部的乐安江、信江等地,23d 最大累积雨量在 900mm 以上,降雨量大于 300mm 的笼罩面积为 26.4 万 km²,中心极值为 1120mm。该期间的 6 月 28 日,三峡万县—宜昌区间发生大面积大暴雨,26 个站日雨量超过 100mm,笼罩面积达 21760km²。这场 1998 年汛期最强的降雨不仅在三峡地区,同时在长江流域的暴雨史上也十分少见。

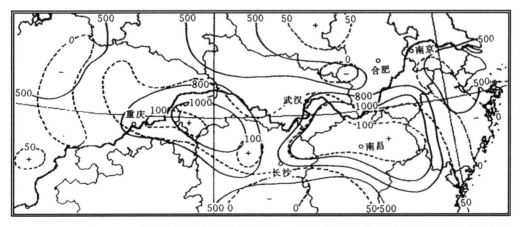

图 3.5-1　1998 年 6—8 月长江流域降水量(实线,单位:mm)和降水距平百分率(虚线,单位:%)分布

（2）上游第一段集中性降雨

7月4—16日为上游地区的第一段集中性降雨阶段。共发生3次暴雨过程。主雨带呈东北—西南向分布，强雨区中心分散，各中心13d累积雨量为汉水上游的西盆河站（313mm）、渠江上游的南江站（427mm）、岷江的罗坝站（263mm）、金沙江的普洱渡站（342mm）。

（3）中下游第二段梅雨

7月16—31日是长江流域的第二段梅雨期，原已北抬至长江中上游的雨带随副热带高压的突然南撤，在长江中下游及江南地区再度稳定。该次梅雨带走向呈东—西向，轴线位置较第一阶段略偏北，中游干流及江南大部都在主雨带控制范围内，强降雨中心位置较前次梅雨偏西。在洞庭湖的沅江、澧水地区，16d最大累积雨量在800mm以上降雨量大于300mm的笼罩面积达17万km²，中心极值为1001mm，7月21日，沅江水田站出现339mm的特大暴雨，成为1998年汛期日雨量的极值。7月20日20时至22日20时的48h内武汉市的累计雨量达457mm，其中最大时雨量超过95mm。

（4）上游第二段集中性降雨

8月1—29日，该期间的雨带范围宽广，控制了整个长江上游及汉水上游地区，主雨带轴线呈东北—西南向，位于汉水中游—清江—澧水一线，雨区中心位置在清江地区，29d最大累积雨量在500mm以上，降雨量大于200mm的笼罩面积达38.6万km²，中心极值为869mm，虽然该阶段降雨强度较前两段梅雨期减弱，但仍较常年同期同地区的降雨明显偏多。

3.5.1.2 水情

1998年长江流域汛期6—8月的总径流量呈全流域偏多，各大支流均先后发生了程度不同的洪水，上游出口站宜昌比多年均值偏多52％，其中8月偏多93％，中下游干流螺山、汉口、大通站也分别偏多47％、45％、45％，各主要一级支流和鄱阳湖、洞庭湖的来水量也呈全面偏多的状况，金沙江、嘉陵江、乌江和清江6—8月的总径流量分别比多年均值多68％、47％、35％、71％，鄱阳湖和洞庭湖分别偏多69％、34％。尤以鄱阳湖水系的信江、昌江、乐安河和潦水偏多最为明显，分别偏多1.3～2.1倍。从各月的来水看，6月主要来自鄱阳湖和洞庭湖水系；7月的来水除汉江和沱江外，其余各大支流的来水均比历年均值多；8月除湘江外，呈全流域性偏多。从6月中旬到8月底，长江上游共计出现了8次超过50000m³/s的洪峰，除此之外，其间还有洞庭湖"四水"、汉江和鄱阳湖"五河"洪水不断地汇入。上游洪峰一个接着一个，连续不断，上次洪峰的影响还未消退，一次新的洪峰又将接踵而至。前次洪峰造成中下游干流的水位上涨后，水位还未消退，新的洪峰又已经传播开来，造成中下游干流水位节节攀升。

1998年长江流域的洪水遭遇较为恶劣。6月下旬，鄱阳湖、洞庭湖两湖水系的洪水遭遇,致使从 6 月 28 日起,中下游干流监利以下江段全线超过警戒水位;7 月上旬,三峡区间的洪水叠加到两湖水系的洪水之上,造成 7 月 4 日监利、武穴—九江江段首先突破历史最高水位纪录;7 月下旬,乌江、嘉陵江洪水与沅江、澧水的洪水叠加,汇入中游干流后,又受到鄱阳湖洪水出流的顶托,使得 7 月 24 日之后,石首、监利、莲花塘、螺山、武穴、九江、城陵矶和湖口站相继突破历史最高水位纪录;8 月上旬,长江上游洪水通过三峡江段时,遭遇三峡区间的暴雨洪水,使得沙市站水位超过历史最高水位纪录;8 月 16 日,长江上游来水再次遭遇三峡区间和清江流域的暴雨洪水,宜昌和枝城站出现 1998 年最高水位,沙市、石首、监利站水位再超纪录,沙市站 17 日 9 时达到 45.22m,第六次洪峰向下游传播过程中又与沅江和澧水的洪峰遭遇,使得城陵矶(七里山)、莲花塘、螺山的水位再次刷新历史纪录,洪水传播到武汉江段时,又与先期到达的汉江洪水遭遇,造成武汉关水位再次上涨,19 日 21 时至 20 日 23 时,水位稳定在 29.43m 达 26h。

3.5.2 灾情

1998 年洪水受灾最严重的湖北省有 297.12 万人被水围困,转移 30.17 万人;因灾损坏房屋 106.17 万间,死亡 46 人;长江干流共破垸 152 个 ,共计淹没农田 19.3 万 hm^2。湖南全省 14 个地(州、市)、108 个县(市)、1438 个乡(镇)先后不同程度受灾,常德、张家界、岳阳、长沙、益阳等 5 个地(市)受灾严重,全省受灾人口 2878.98 万人,洪水围困 348.72 万人,紧急转移 350.84 万人,倒塌房屋 68.86 万间(1183.22 万 m^2);因水灾死亡 616 人,直接经济损失 329 亿元(图 3.5-2)。

主要灾害过程:

(1)3 月 6—8 日

湘江流域普降大到暴雨,全线超警戒水位。暴雨洪水造成郴州、衡阳、永州、株洲等 7 个地(市)、32 个县(市)、117 万人受灾,因灾死亡 6 人,倒塌房屋 3665 间(5.68 万 m^2),农作物受灾 5.59 万 hm^2,直接经济损失 4.66 亿元。

(2)4 月 11 日

安化、湘潭等部分地区遭受暴雨袭击,并伴有冰雹和龙卷风,造成 3 个县(市)、50 个乡镇、76.2 万人受灾,因灾死亡 7 人,倒塌房屋 872 间(1.282 万 m^2),农作物受灾面积 1.13 万 hm^2,直接经济损失 1.38 亿元。

(3)4 月 29—30 日

邵阳、娄底部分地区降大到暴雨,局部特大暴雨。短时间、高强降雨造成 5 个县(市)、25 个乡镇、44 万人受灾,因灾死亡 2 人,倒塌房屋 2857 间(4.3 万 m^2),农作物受灾面积 1.3 万 hm^2,直接经济损失 1.73 亿元。

(4)5 月上中旬

7—8 日湘西、湘西北、湘中地区普降暴雨,部分地区降大暴雨;13 日 20 时至 14 日 10

时,炎陵五里牌站降雨量 168mm。两场降雨造成湘西、怀化、株洲等 8 个地(州、市)、17 个县(市)、144.44 万人受灾,因灾死亡 27 人,倒塌房屋 1910 间(3.596 万 m²),农作物受灾面积 7.163 万 hm²,直接经济损失 3.81 亿元。

(5)5 月 21—23 日

娄底、邵阳、衡阳、长沙等地(市)部分地区降大到暴雨,局部特大暴雨,造成娄底、邵阳等 7 个地(市)、22 个县(市)、453.11 万人受灾,因灾死亡 86 人,倒塌房屋 6.85 万间(102.75 万 m²),农作物受灾面积 18.58 万 hm²,直接经济损失 13.39 亿元。

(6)6 月 1—2 日

湘中南局部地区降大到暴雨,株洲、怀化、衡阳等 5 个地(市)、7 个县(市)、30.08 万人受灾,因灾死亡 5 人,倒塌房屋 1253 间(1.83 万 m²),农作物受灾面积 2.1 万 hm²,直接经济损失 1.64 亿元。

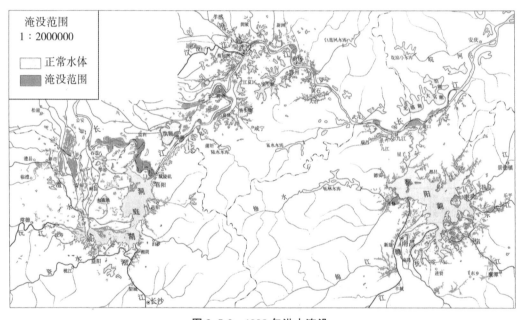

图 3.5-2　1998 年洪水淹没

(7)6 月 12 日至 7 月 6 日

大强度降雨使湘江长沙段发生超历史水位的大洪水,资江下游全线超警戒水位,城陵矶出现 1998 年第一次洪峰,水位 34.52m。全省除永州外 13 个地(州、市)的 98 个县(市)、1941.60 万人受灾,19 个千亩以上堤垸漫溃,其中万亩以上堤垸 2 个(华容县小集成垸、望城区翻身垸),因灾死亡 214 人,倒塌房屋 18.89 万间(28.35 万 m²),农作物受灾 106.86 万 hm²,直接经济损失 88.32 亿元。

(8)7 月 20 日至 9 月 14 日

湘西北、湘北、湘中地区连续大暴雨和特大暴雨,澧水流域出现全线超历史的特大洪水,沅江桃源出现历年第二大洪水。与此同时,长江流域两度"入梅",长江洪峰和"四水"洪峰形成恶劣组合,使洞庭湖区连续出现4次超历史最高水位的特大洪水。常德、张家界、岳阳、益阳、长沙、怀化、娄底等地遭受严重的洪涝灾害,损失惨重。7月21日2时,桑植、永定、慈利、武陵源、永顺、石门等6个县城相继进水受淹。43个千亩以上堤垸溃决,其中万亩以上堤垸5个(临澧县烽火垸,澧县澧南垸,西官垸,安乡县安造垸,汉寿县青山湖垸)。全省8个地(州、市)、34个县(市、区)、1136.09万人受灾,一度被洪水围困95.4万人,紧急转移102.81万人,因水灾死亡269人,倒塌房屋42.06万间(630.9万 m²),农作物受灾面积80.35万亩,直接经济损失214.08亿元。

1998年洞庭湖区堤垸溃决情况见表3.5-1。

3.6 2017年洪水

3.6.1 雨水情势

3.6.1.1 雨情

2017年3月31日(入汛)至7月6日,长江流域累积降雨量553mm,较常年同期偏多6%,其中洞庭湖水系偏多21%、鄱阳湖水系偏多4%,流域共发生11次强降雨过程。6月1日至7月6日,长江流域累积降雨量330mm,较常年同期(237mm)偏多39%,列1961年有连续资料以来同期第3位,其中洞庭湖水系累积降雨量452mm,较常年同期偏多86%,位列1961年有连续资料以来同期第1位;鄱阳湖水系累积降雨量518mm,较常年同期偏多62%,位列1961年有连续资料以来同期第4位。

6月20日开始,受强盛西南暖湿气流、西南涡及北方南下冷空气的共同影响,长江中游两湖地区连续发生3次强降雨过程,其中6月23—28日为2017年以来最强降雨过程。

(1)第一次降雨过程(6月20—22日)

长江上中游出现强降雨过程,流域内累积降雨量江西为57mm、贵州为48mm、湖南为35mm,大于50mm的暴雨笼罩面积为19.9万 km²,过程累积最大点降雨量江西萍乡陂头石234mm。

(2)第二次降雨过程(6月23—28日)

长江中游湖南、江西普降大到暴雨,部分地区大暴雨,流域内累积降雨量江西153mm、湖南122mm,大于250mm、100mm、50mm的笼罩面积分别达1.4万 km²、28.3万 km²、39.3万 km²;过程累积最大点降雨量江西上饶弋阳433mm、湖南常德煌山372mm。

表 3.5-1

1998 年洞庭湖区堤垸溃决情况（万亩以上）

序号	地区	垸名	溃口地段	溃口长度(m)	溃口时间（年-月 时:分）	溃口性质	受灾情况 村(个)	组(个)	户数(户)	人口(人)	总面积(亩)	淹没耕地(亩)	倒塌房屋(间)	死亡人口(人)	直接经济损失(万元)
1	安乡县	安造垸	棉纺厂	200	7-24 21:30	险溃	45	742	22401	99500	21654	113271	62720	54	160000
2	澧县	澧南垸	刘家祠堂等8处	1572	7-23 13:45	漫溃	17	202	8515	30262	48683	28617	23842	53	49302
3	澧县	西洲垸，官垸	学堤拐 高家拐同堤1处	580 350	7-24 11:00 7-25 2:15	漫溃	10 17	62 177	4223 7062	14545 24363	35400 69000	18542 37987	11820 19770	3 4	61240
4	望城县	翻身垸	谭家巷	45 100	6-27 21:20	漫溃	6	64	2704	8822	10300	8320	6170		9850
5	华容县	小集成垸	洞子湾	120	7-3 0:40	漫溃	8	61	3264	11068	36900	18200	9740	3	20000
6	临澧县	烽火垸	荷花垸等8处	505	7-24 3:00	漫溃	7	71	2064	8944	15100	8300	5779		15270
7	汉寿县	青山湖垸	沙湖等5处	350	7-24 16:00	漫溃	4	19	920	3672	16600	7536	2576	3	3600

（3）第三次降雨过程（6月29日至7月2日）

长江中下游湖南、湖北、江西、安徽等省再次出现大到暴雨、部分地区大暴雨，流域内累积降雨量湖南为116mm、安徽为92mm、江西为70mm、湖北为37mm，大于100mm、50mm的笼罩面积分别达21.5万km²、38.3万km²；过程累积最大点降雨量湖南岳阳瓮江为484mm、湖北咸宁—天门为406mm、江西九江三叠泉为371mm、安徽安庆枞阳闸为335mm。

3.6.1.2 水情

受持续强降雨影响，6月下旬至7月上旬长江流域共计10个省（直辖市）的113条河流发生超警以上洪水，其中长江中下游干流莲花塘以下江段全线超警，为2017年长江第1号洪水；湖南湘江、江西乐安河上游等14条河流发生超历史最高水位洪水；湖南资江、沅江及湖北富水等24条河流发生超保洪水。

（1）洞庭湖水系洪水

湘江发生超历史最高水位特大洪水，资江、沅江发生超保证水位大洪水，洞庭湖城陵矶（七里山）站水位超保。湘江下游控制站湘潭水文站（湖南湘潭）7月3日4时洪峰水位41.23m，超保1.73m，4日6时洪峰流量19900m³/s，洪水重现期接近20年；长沙水位站（湖南长沙）7月3日0时12分洪峰水位39.51m，超保1.14m，洪水重现期超过50年。资江下游控制站桃江水文站（湖南益阳）7月1日10时30分洪峰水位44.13m，超保1.83m，相应流量11100m³/s，洪水重现期30年。沅江下游控制站桃源水文站（湖南常德）7月2日19时44分洪峰水位45.43m，超保0.03m，相应流量22500m³/s，洪水重现期20年。洞庭湖城陵矶（七里山）水文站（湖南岳阳）7月1日水位超警，4日14时20分洪峰水位34.63m，超保0.08m，超保历时2d，相应流量49400m³/s；13日退至警戒以下，超警历时13d。此次洪水过程中，洞庭湖水系"四水"及湖区支流7月2日3时实测合成入湖洪峰流量高达67300m³/s，洞庭湖7月1日实测日均入湖流量高达63400m³/s，反推入湖洪峰流量更是高达81500m³/s，造成洞庭湖城陵矶（七里山）站7月1日水位日涨幅高达0.86m；"四水"及湖区支流最大15d（6月23日至7月7日）入湖洪量高达448亿m³，直接导致洞庭湖城陵矶（七里山）站水位居高不下，超警幅度明显高于长江中下游干流及鄱阳湖各站。

（2）鄱阳湖水系洪水

乐安河上游发生超历史最高水位特大洪水，昌江、修水、信江、赣江中游发生超警以上洪水，鄱阳湖湖口站水位超警。乐安河上游婺源水文站（江西上饶）6月24日16时24分洪峰水位64.54m，超警6.54m，相应流量4830m³/s，洪水重现期超过100年；下游控制站虎山水文站（江西乐平）6月25日16时洪峰水位30.00m，超警4.00m，相应流量7200m³/s，洪水重现期10年。昌江上游潭口水文站（江西浮梁）6月24日17时30分洪峰水位60.93m，超警5.93m，相应流量3650m³/s；下游控制站渡峰坑水文站（江西景德镇）6月24日23时洪峰水位 32.72m,超警 4.12m,相应流量 6310m³/s,洪水重现期 10 年。修水下游控制站永修水位站(江西永修)7 月 2 日 14 时 50 分洪峰水位 22.80m,超警 2.80m,洪水重现期 10 年。信江中游弋阳水文站(江西弋阳)6 月 26 日 1 时 39 分洪峰水位 46.07m,超警 2.07m,相应流量 7580m³/s;下游控制站梅港水文站(江西余干)6 月 26 日 18 时洪峰水位 26.62m,超警 0.62m,相应流量 7800m³/s。赣江中游吉安水文站(江西吉安)6 月 29 日 12 时洪峰水位 50.73m,超警 0.23m,相应流量 8970m³/s;下游控制站外洲水文站(江西南昌)6 月 30 日 19 时洪峰水位 22.56m,低于警戒水位,相应流量 14000m³/s。鄱阳湖湖口水文站(江西湖口)7 月 1 日水位超警,6 日 11 时洪峰水位 20.86m,超警 1.36m,相应流量 11500m³/s,17 日退至警戒以下,超警历时 17d;星子水位站(江西庐山)6 月 30 日水位超警,7 月 6 日 9 时洪峰水位 20.88m,超警 2.88m,19 日退至警戒以下,超警历时 20d。此次洪水过程中,鄱阳湖"五河"最大 15d(6 月 23 日至 7 月 7 日)入湖洪量为 260 亿 m³,与洞庭湖来水汇入长江干流后,直接导致汉口以下江段及鄱阳湖湖口站全线超警,其中九江—大通江段及鄱阳湖湖口站水位居高不下。

(3)长江中下游干流洪水

长江中下游干流莲花塘以下江段全线超警,为 2017 年长江第 1 号洪水。长江中游干流莲花塘水位站(湖南岳阳)7 月 1 日水位超警,4 日 15 时 30 分洪峰水位 34.13m,超警 1.63m,12 日退至警戒以下,超警历时 12d;中游控制站汉口水文站(湖北武汉)7 月 3 日水位超警,5 日 17 时 20 分洪峰水位 27.73m,超警 0.43m,相应流量 60200m³/s,8 日退至警戒以下,超警历时 6d;下游控制站大通水文站(安徽贵池)7 月 5 日水位超警,6 日 20 时洪峰水位 14.90m,超警 0.5m,相应流量 69800m³/s,14 日退至警戒以下,超警历时 10d;下游南京潮位站(江苏南京)7 月 3 日水位超警,11 日 10 时 40 分最高水位 9.14m,超警 0.64m,16 日退至警戒以下,超警历时 14d。

3.6.2 灾情

在非常洪水条件运行下,松澧、沅澧、长春、烂泥湖等重点垸堤防出险不断,险象环生。特别是 2017 年 7 月烂泥湖垸赫山羊角堤段(桩号 16+800)特大管涌险情,经 2000 多名抢险官兵近 11 小时奋战才得以控制,避免了灾难性的溃垸洪灾。

3.7 2020 年洪水

3.7.1 雨水情势

3.7.1.1 雨情

2020 年受厄尔尼诺现象等不利气候因子影响,长江流域入梅早,降雨持续时间长、强度大,雨区重叠。根据中国气候中心数据,2020 年 6 月 1 日到 8 月 31 日三个月,长江上游的岷沱江流域、嘉陵江流域、中下游干流区间、洞庭湖和鄱阳湖等流域占多年平均同期降雨量的50%～100%,其中川东地区、长江中下游干流区间和鄱阳湖北部地区是同期多年平均值的100%～200%,这些地区3个月降雨量接近年平均降雨量。2020年长江暴雨分两个阶段:第一阶段在6—7月,第二阶段在8月中下旬。

6—7月雨带基本稳定在长江上游贵州、重庆,中下游干流区间和洞庭湖、鄱阳湖的北部,巢湖和太湖流域,累积雨量大。以湖北省为例,6月8日入梅,较常年偏早9d,梅雨期长达43d,较常年平均(24d)偏多19d;平均雨日多达30d,较常年偏多12d,其中6月8日至7月19日,全省平均降水量692mm,比常年同期(282mm)偏多1.45倍,较1998年同期(270mm)偏多422mm,较2016年同期(554mm)偏多138mm。长江中下游其他地区降雨情况类似。

8月11—18日,四川降下特大暴雨,暴雨总雨量超过了6—7月湖北、江西、安徽的暴雨过程,也超过2013年、1981年四川暴雨过程,致使岷江(包括大渡河)、沱江、嘉陵江发生特大洪水,同时金沙江和雅砻江来水也有增加。

3.7.1.2 水情

按照洪水的发生时间及发展过程,可将2020年6—8月长江流域洪水分为6个阶段。

第一阶段(2020年6月1—30日)。大渡河、乌江、府澴河、巢湖、滁河等支流发生超警洪水,两湖水系发生较大涨水过程,中下游干流及两湖出口控制站水位持续上涨,并相继超过历史同期均值,为后期洪水的发展奠定了基础。

第二阶段(2020年7月1—13日)。受乌江、向家坝—寸滩区间及三峡区间来水形成"长江2020年第1号洪水"在向中下游演进过程中,叠加两湖水系及干流附近区间来水(其中鄱阳湖发生流域性大洪水),使得长江中下游干流监利以下江段水位全线超警并接近保证水位,形成江湖满槽之势。

第三阶段(2020年7月14—21日)。嘉陵江、乌江、三峡水库区间来水迅猛增加,三峡水库入库流量快速上涨,形成"长江2020年第2号洪水"。2号洪水在向中下游演进过程中,受洞庭湖、鄂东北及巢湖、滁河等来水共同影响,中游汉口以上江段水位返涨,叠加潮位顶托影响,下游马鞍山—镇江江段最高潮位超历史水位。

第四阶段(2020年7月22—30日)。金沙江、岷沱江、嘉陵江和三峡水库区间出现明显涨水过程,上游干流来水再次与三峡区间来水遭遇,形成"长江2020年第3号洪水"。3号洪水期间,洞庭湖资江、沅江、澧水再次发生明显涨水过程,中下游荆江河段超警戒水位,汉口以上江段水位再次返涨,监利—莲花塘江段水位超保证水位。

第五阶段(2020年7月31日至8月10日)。长江上游来水平稳,以三峡水库为核心的上游水库群及时预泄腾库,库水位逐步回落,中下游干流水位持续消退,两湖出口及其附近干流江段水位仍维持超警戒水位状态。

第六阶段(2020年8月11日至9月1日)。干支流洪水恶劣遭遇,上游形成一次复式洪水过程(4、5号洪峰),寸滩站洪峰水位居有实测记录以来第2位,三峡水库出现建库以来最大洪水。其中,岷江发生超历史洪水,沱江、涪江、嘉陵江及上游干流朱沱—寸滩江段发生超保证洪水。上游水库群在全力拦蓄洪水的同时,逐步调整出库流量,中下游宜昌—九江江段水位复涨,宜昌—螺山江段水位超警戒水位0.2～1.1m。

洞庭湖洪水:6月1日至7月12日,主要受洞庭湖"四水"来流的影响,洞庭湖出湖水位不断抬高,由24.95m抬高至34.43m,湖区水位增加9.48m。7月13—31日,洞庭湖出湖水位变化不大,说明在洞庭湖区蓄洪能力达到极限后,湖区来多少流量排多少流量;7月12—20日,出湖流量先快速减小,由31300m³/s减小至18500m³/s;7月21—31日,出湖流量则有所增加。8月1—20日,洞庭湖出湖水位呈缓慢减小趋势,水位由34.20m下降至32.69m,湖区水位下降1.51m,相应的出湖流量由20000m³/s减小至11000m³/s;8月21—31日,受荆江三口分流量增大的影响,出湖水位呈缓慢增加,出湖流量由11100m³/s增大至22300m³/s。

在此过程中,通过长江流域联合调度水库群拦蓄洪水约490亿m³。其中,7月1—13日,主要以控制城陵矶水文站不超过保证水位34.4m、降低鄱阳湖区水位为调度目标,并利用三峡水库158m以下库容对城陵矶附近地区实施防洪补偿调度。7月1日起控制出库流量35000m³/s左右,此后逐步减压至19000m³/s左右,以调度城陵矶水位不超过34.4m。7月2日14时,三峡水库洪峰流量53000m³/s,削峰率约34%,库水位由146.5m左右涨至149.6m左右后波动,三峡水库共拦蓄洪量约25亿m³。与此同时,调度上游水库群拦蓄洪水,减少进入三峡水库洪量,三峡以上上游水库群合计拦蓄约34亿m³。同期,洞庭湖水系多条支流发生多次较快涨水过程,各主要水库预泄腾库,适时拦蓄,减轻洞庭湖区防洪压力,合计拦蓄约15亿m³。7月14—21日,主要以控制城陵矶站尽量不超过保证水位为目标,在保证荆江河段和三峡库区防洪安全的前提下,继续兼顾城陵矶附近地区防洪。洞庭湖水系主要水库在确保自身安全的前提下,减少入湖水量,减轻中下游干流的防汛压力。7月13日2时三峡水库出现37000m³/s最大流量后小幅消退,随后又快速上涨,18日8时出现入库洪峰流量61000m³/s。此次过程,三峡水库最高调洪水位为164.58m(20日5时,三峡建成以来7月最高调洪水位),该阶段三峡水库共拦蓄洪水约88亿m³,出库流量由31000m³/s左右逐步增加至41000m³/s左右,但削峰率仍达到46%左右。7月22—30日,主要以三峡水库最高调洪水位不超过165m(为实现荆江河段100年一遇防御目标和三峡大坝防御特大洪水留有调度空间)、控制城陵矶站水位不超过34.9m、尽量避免启动蓄滞洪区为目标,合理利用三峡及其他干流水库为洞庭湖洪水拦洪、错峰,实现上游洪水与洞庭湖洪水有序错峰,全力减少湖区防洪压力。在此期间,长江上游主要水库继续不同程度拦蓄,合计拦蓄约15亿m³。鉴于预报后期仍有较大量级的洪水过程,为统筹上下游防洪安全,三峡水库及时逐步加大出库流量至45000m³/s,预泄腾库,7月25日12时库水位降至158.56m,准备迎战后续洪水。27日时,三峡水库出现入库洪峰流量60000m³/s,最大出库流量在40000m³/s左右,削峰率约36%,29日8时最高调洪水位163.36m,该阶段三峡水库共拦蓄洪水约33

亿 m^3。同时洞庭湖、鄱阳湖水系水库群共拦蓄约 3.9 亿 m^3。通过水库拦洪削峰错峰,莲花塘站洪峰水位(34.59m,7 月 28 日 12 时)没有超过 34.90m,超过 34.40m 的幅度控制在 0.2m 以内。7 月 31 日至 8 月 10 日,长江流域有快速移动的降雨过程,雨强整体偏弱,降雨中心分散,流域水情出现平稳间歇期,该阶段的调度主要以预泄腾库、同时保证中下游干流水位持续消退为目标。接上次洪水过程,三峡水库 7 月 29 日 8 时调洪高水位为 163.36m,此后持续预泄腾库,至 8 月 14 日 12 时库水位消落至 153.03m,累计腾出防洪库容约 72 亿 m^3。上游水库群亦借机腾库,7 月底至 8 月上旬累计腾出防洪库容 13 亿 m^3。8 月 11—31 日,暴雨主要出现在岷江、沱江、嘉陵江、涪江以及上游干流区间,除了发挥暴雨区的水库群为该流域防洪拦蓄洪水之外,动用金沙江、雅砻江和乌江水库群全力拦蓄水量,其中金沙江最下游梯级向家坝水库出库流量一度减小至 4000m^3/s,乌江流域水库群也通过上下游梯级配合,将彭水水库的日均下泄流量减小至 300m^3/s。长江上游水库群(不含三峡)累计拦蓄洪量约 82.1 亿 m^3,将寸滩站 90 年一遇的洪峰削减至 20 年一遇,将 130 年一遇的 7d 洪量减小至 40 年一遇。经过上游水库群全力拦蓄之后,4 号和 5 号洪水三峡水库入库洪峰流量仍分别达到 62000m^3/s 和 75000m^3/s。在此过程中三峡水库控制出库流量由 41500m^3/s 逐步增加至 49400m^3/s,削峰率分别达到 33% 和 34%,库水位最高涨至 167.65m。三峡水库 4 号、5 号洪水期间分别拦蓄洪水 25.65m^3 和 81.89 亿 m^3,累计拦蓄约 108 亿 m^3,避免了使用荆江分洪区分洪。

3.7.2 灾情

受暴雨洪水影响,湖南损坏中型水库 1 座、小型水库 125 座、堤防 3506 处 372km、护岸 6957 处、水闸 951 座、塘坝 5955 座,水利工程设施损毁直接经济损失 29.6 亿元;其中,6 月底至 9 月初的暴雨洪水过程受灾尤为严重,水利设施损毁直接经济损失 21.61 亿元,主要集中在沅江、澧水及洞庭湖区,即怀化、湘西州、张家界、常德、益阳、岳阳 6 市。汛期,共发生险情 2308 处,其中一般险情 638 处、较大险情 69 处;险情多以管涌、散浸、沙眼等为主。

3.8 小结

本章梳理了 1870 年以来洞庭湖区发生的典型的历史大洪水(1870 年、1935 年、1954 年、1998 年)和近年洪水(2017 年、2020 年),总结了其雨水情势及受灾情况,一方面为标准洪水、非常洪水界定提供基础数据,另一方面为后续洪水模拟提供边界及初始条件。

第4章 非常洪水

　　根据本书定义,长江流域1954年典型洪水为标准洪水,并以1954年典型洪水螺山站30d/60d洪量或宜昌—汉口区间来洪量来划分标准洪水与非常洪水。据30d/60d洪量分析见表4-1、表4-2,莲花塘最高洪水位见表4-3。1870年螺山30d/60d洪量均超1954年,且莲花塘最高洪水为37.5m,超过1954年36.89m,因此1870年洪水为非常洪水,进一步分析可知,1870年洞庭湖区间小于1954年,则1870年洪水为长江上游型非常洪水;1935年虽然螺山30d/60d洪量不及1954年,但宜昌—汉口区间30d/60d洪量接近或大于1954年。其原因是澧水发生30000m³/s流量远超1954年澧水来流,属于湖区局部非常洪水。而1996年、1998年典型洪水无论是螺山站还是宜昌—汉口区间30d/60d洪量都小于1954年,且莲花塘水位均小于1954年的36.89m,因此,1870年、1935年典型洪水为长江中游非常洪水,1996年、1998年典型洪水为标准内洪水。

表4-1　　　　　　　　　　历史洪水主要控制站最大30d总入流洪量　　　　　　　　（单位:亿 m³）

年份	宜昌		螺山		汉口		宜昌—螺山区间		宜昌—汉口区间	
	起始时间 (月-日)	总入流	起始时间 (月-日)	总入流	起始时间 (月-日)	总入流	起始时间 (月-日)	总入流	起始时间 (月-日)	总入流
1954	7-20	1384	7-13	1978	7-13	2185	6-15	786	6-15	906
1870	7-14	1649	7-10	2098	7-7	2296	6-8	783	6-23	910
1935	6-25	816	6-14	1707	6-15	1831	6-12	924	6-14	1034
1996	7-4	933	7-4	1577	7-4	1642	6-28	663	6-28	727
1998	8-2	1363	6-24	1731	7-22	1833	6-12	789	6-12	862

　　注:1870年7月14日之前采用1954年典型洪水过程作为前期水量,下同。

表4-2　　　　　　　　　　历史洪水主要控制站最大60d总入流洪量　　　　　　　　（单位:亿 m³）

年份	宜昌		螺山		汉口		宜昌—螺山区间		宜昌—汉口区间	
	起始时间 (月-日)	总入流	起始时间 (月-日)	总入流	起始时间 (月-日)	总入流	起始时间 (月-日)	总入流	起始时间 (月-日)	总入流
1954	7-3	2433	6-15	3512	6-24	3855	6-3	1438	6-12	1724

年份	宜昌		螺山		汉口		宜昌—螺山区间		宜昌—汉口区间	
	起始时间（月-日）	总入流	起始时间（月-日）	总入流	起始时间（月-日）	总入流	起始时间（月-日）	总入流	起始时间（月-日）	总入流
1870	7-2	2704	6-13	3594	6-28	3929	6-1	1294	6-1	1566
1935	6-18	1368	6-12	2708	6-15	3010	6-3	1386	6-13	1665
1996	7-2	1594	6-28	2659	6-28	2809	6-24	1072	6-27	1220
1998	7-3	2538	6-23	3371	6-24	3622	6-10	1199	6-10	1385

表 4-3 不同典型洪水不同工况不同地形对应控制站最高水位和分洪量

年份	方案	最高洪水位(吴淞,m)				分洪量（亿 m³）	备注
		沙市	莲花塘	汉口	湖口		
1954	1954 年实测	44.67	33.90	29.73	21.68	1023	《长江中下游平原区防洪规划资料》
	平原防洪规划方案	45.00	34.40	29.73	22.50	492	
	不溃垸不分洪方案	46.60	37.30	31.70	24.00	0	
	20 世纪 90 年代地形	46.71	36.94	31.90	24.09	0	不分洪
	2016 年地形	45.78	36.89	31.78		0	不分洪
1870	2016 年地形	49.66	37.50	32.53		0	不分洪
1935		46.61	36.68	31.26		0	不分洪
1996		42.97	34.99	28.65	21.20	0	不分洪
1998		45.15	35.79	29.43	22.53	0	不分洪

值得注意的是,根据《长江中下游平原区防洪规划资料》(1980 年),1954 年洪水实测资料、在 1980 年以前的实测地形上,长江中下游平原防洪规划方案(上游水库不调蓄)、不溃垸不分洪方案(上游水库不调蓄)对应水位及分洪量见表 4-3,1954 年实测洪水,长江中下游分溃洪水 1023 亿 m³,莲花塘实测最高水位 33.90m,若按照 1954 年的实测地形上,所有蓄洪垸不分洪,所有洪水通过河道汇入东海,则莲花塘最高水位达 37.30m;在此基础上,按照莲花塘 34.4m 水位分洪,则长江中下游超额洪量为 492 亿 m³;若在 2016 年地形上,按照 1996 年、1998 年典型洪水率定的模型参数,考虑上游水库不调蓄和蓄洪垸不分洪条件下,1954 年典型洪水莲花塘水位为 36.89m。

4.1 1870 年长江中游区间洪水

1870 年洪水宜昌站洪峰特高、30d 洪量特大。当其向东下泄至中游地区,又与宜昌—汉口区间约 48 万 km² 的来水遭遇,洪水泛滥,经过湖、河、洼地、江槽调蓄后,至汉口附近归入江槽。

4.1.1　汉口站 1870 年洪水过程线

1870 年汉口海关有实测水位记录。1950 年曾按日本人速水颂一郎 1937 年著的《扬子江水位表》中的汉口站水位予以刊布。其中,汉口站洪峰水位为 27.36m,连续 7d。在水位过程中,也有多处陡涨陡落的不合理现象。1980 年在上海海关调查到 1871 年英文版的《海关贸易公报》,载有 1870 年汉口站水位过程线其洪峰水位为 27.55m,涨落过程线比较符合汉口站洪水起伏变化较平缓的特点。以此资料作为分析汉口 1870 年洪水的依据。

经查考汉口河段历史变迁资料,在 1870 年时,仅在现今汉口中山大道一线筑有一堵城墙,以挡后湖方向洪水淹浸,沿江两岸并无堤防挡水。当水位在 25m 以上时,沿江两岸洪水泛滥。很多地方形成大湖。而新中国成立后,汉口河段两岸有堤防控制洪水。高洪时无漫滩分流,所以新中国成立前后汉口水位控制条件有所区别。

汉口站水位流量关系曲线受鄱阳湖出流顶托和倒灌的影响,而有较大的变化。1954 年洪水下游顶托最大,7 月至 8 月初鄱阳湖湖口出流最大为 15000～20000m³/s;1958 年 8 月湖口出流有负值。倒灌流量达 5000m³/s。

据文献资料,1870 年长江下游洪水不大,江水陡涨时,倒灌入鄱阳湖。考虑在 1870 年九江下游左岸华阳河水系尚未建闸控制,江水可以倒灌入华阳湖,予以调蓄;同马大堤一带受洪水淹没。而新中国成立后华阳河已建闸控制,同马大堤加高加固挡住江水入侵皖北。所以 1870 年江水倒灌入鄱阳湖的情况若发生在新中国成立后,倒灌将更严重。因而,采用新中国成立后的水文资料拟定汉口站水位流量关系,推算汉口站 1870 年洪量时,应当考虑湖口倒灌较严重的情况。

此次采用汉口站以湖口出流为参数的水位流量曲线,因为一般倒灌日数仅有几天,所以在涨水段全部选用湖口平均出流为零的关系线,落水面按湖口汛期一般出流为 5000m³/s 的关系线考虑,并按实测水位的涨落率推算 1870 年汉口站流量过程线,其 30d 洪量为 2296 亿 m³。

4.1.2　宜昌—汉口区间槽蓄量

根据 1870 年洪水历史文献记载和洪水调查资料的宜昌、汉口、螺山、岳阳等地水位,参照地形等高线,勾绘了宜昌—汉口区间淹没范围图。

选用宜昌—汉口区间各湖、垸、洼地、江槽水位容积资料,以宜昌、汉口两端 1870 年水位作控制,内插各地相应水位,再由各地的容积曲线估算得 1870 年宜昌—汉口段水位容积曲线。

对应宜昌 7 月 14 日至 8 月 12 日 30d 洪水过程,汉口 7 月 14 日水位为 25.32m,相应宜昌—汉口区间容积为 660 亿 m³,8 月 12 日水位为 26.84m,相应宜昌—汉口区间容积为 1260 亿 m³。因而该时段宜昌—汉口区间有效槽蓄量为 600 亿 m³。

4.1.3 宜昌—汉口区间洪水

宜昌1870年洪水30d洪量为1649亿m³,相应时间汉口出流量为1576亿m³,宜昌—汉口区间槽蓄量设为600亿m³。据出入流水量平衡计算,宜昌—汉口区间洪水为526亿m³左右。

由宜昌—汉口水情分析,可知本年汉江洪水很大且和长江上游洪水遭遇,干流区间和洞庭湖区为丰水年。也同时与上游洪水遭遇,"四水"为一般偏丰洪水年,据此,在近30多年实测洪水资料中选取区间洪水组成相似的典型洪水年,先后计有1956年、1957年、1958年等。经多次分析文献和调查资料,认为1956年和1958年典型年较好,唯1956年区间洪水量级偏小,最后选择1958年宜昌—汉口区间洪水作为1870年区间洪水。

1958年7月14日至8月12日宜昌—汉口区间暴雨洪水主要分布在汉江流域及清江、沮漳河、澧水、沅江,其次在长江干流和滨湖地区。据统计,汉江洪量为172.2亿m³,为多年相应汉口30d洪量93.6亿m³的1.8倍;"四水"总量为269.2亿m³,为多年相应汉口总量的1.1倍;清江洪量为34.6亿m³,为各年均值的1.3倍。1958年宜昌—汉口区间洪水总计约为552亿m³,约相当于相应汉口的宜昌—汉口区间多年均值481亿m³的1.15倍,这和水量平衡计算的526亿m³也较接近。上述数字表明,1958年7月14日至8月12日宜昌—汉口区间洪量,在汉江为大水,四水为平水偏丰,其他地区偏丰,同1870年文献记载的情况较为吻合。

4.2 1935年长江中游区间洪水

长江流域1935年6—8月发生大洪水,长江上游宜昌站7月6日出现流量为60000m³/s的洪峰,并与清江洪水遭遇,枝城站7月7日出现超70000m³/s的洪峰,枝城站7月5—8日流量大于56700m³/s。澧水石门于7月6—9日出现流量大于12000m³/s的洪水,并于7月7日出现超30000m³/s的洪峰,澧水洪水与三口来流遭遇,造成洞庭湖区洪水泛滥。

根据长江水利委员会水文局长江中游宜昌—螺山站水量平衡统计,6—8月,螺山站各月水量分别为1000亿m³、1469亿m³、982亿m³。

4.2.1 宜昌—沙市区间洪水

利用沙市站、松滋河新江口站、沙道观站流量、虎渡河弥陀寺站流量之和,减去宜昌站和清江长阳站流量之和,作为宜昌—沙市区间汇入洪水。其中,在水量平衡计算中考虑了洪水传播时间和河道槽蓄量,得到的宜昌—沙市区间6—8月各月水量分别为17.28亿m³、91.79亿m³、14.69亿m³,区间来水过程见表4.2-1。1935年宜昌—沙市区间最大30d水量为10.89亿m³。

4.2.2 洞庭湖区间洪水

洞庭湖流域"四水"尾闾控制站(湘潭站、桃江站、桃源站、津市站)以下包括洞庭湖区和四口河系地区区间面积为 52600km²,此区间暴雨洪水未有测站控制,根据监利、荆江"三口五站""四水"尾闾站和螺山的实测流量过程,以监利站、荆江"三口五站""四水"尾闾站和洞庭湖区间来水为入流,螺山站为出流,考虑洪水传播时间和洞庭湖的调蓄作用,根据水量平衡计算洞庭湖未控区来水情况,计算出洞庭湖区间 6—8 月各月水量分别为 12.57 亿 m³、10.31 亿 m³、0.13 亿 m³。区间来水过程见表 4.2-2。1935 年洞庭湖区间最大 30d 水量为 22.91 亿 m³。

4.2.3 螺山—汉口区间洪水

螺山—汉口区间洪水包括江南、江北两部分未控区间,其中江南部分包括陆水水库以下部分汇流和金水河入流,其中江北部分包括内荆河、螺山总排渠汇入。考虑螺山—汉口区间槽蓄作用和洪水传播时间,利用汉口站来流过程减去荆江入江过程、陆水水库出流过程和螺山来流过程,作为螺山—汉口区间汇入洪水。计算出 6—8 月各月水量分别为 7.69 亿 m³、2.30 亿 m³、0.74 亿 m³,区间来水过程见表 4.2-3。1935 年螺山—汉口区间最大 30d 水量为 9.22 亿 m³。

表 4.2-1								1935 年 6—8 月宜昌—沙市区间逐日流量过程					(单位:m³/s)
时间 (年-月-日)	流量	时间 (年-月-日)	流量	时间 (年-月-日)	流量	时间 (年-月-日)	流量	时间 (年-月-日)	流量	时间 (年-月-日)	流量	时间 (年-月-日)	流量
1935-06-01	475	1935-06-17	260	1935-07-03	1162	1935-07-19	826	1935-08-04	987	1935-08-20	256
1935-06-02	373	1935-06-18	265	1935-07-04	5745	1935-07-20	1503	1935-08-05	696	1935-08-21	256
1935-06-03	265	1935-06-19	290	1935-07-05	16218	1935-07-21	804	1935-08-06	615	1935-08-22	256
1935-06-04	256	1935-06-20	365	1935-07-06	18947	1935-07-22	488	1935-08-07	466	1935-08-23	256
1935-06-05	256	1935-06-21	803	1935-07-07	19345	1935-07-23	389	1935-08-08	407	1935-08-24	256
1935-06-06	256	1935-06-22	2073	1935-07-08	15647	1935-07-24	360	1935-08-09	473	1935-08-25	256
1935-06-07	256	1935-06-23	2936	1935-07-09	8503	1935-07-25	311	1935-08-10	385	1935-08-26	256
1935-06-08	256	1935-06-24	2484	1935-07-10	5276	1935-07-26	267	1935-08-11	318	1935-08-27	256
1935-06-09	256	1935-06-25	1652	1935-07-11	2840	1935-07-27	261	1935-08-12	287	1935-08-28	256
1935-06-10	256	1935-06-26	961	1935-07-12	1343	1935-07-28	258	1935-08-13	272	1935-08-29	631
1935-06-11	256	1935-06-27	639	1935-07-13	608	1935-07-29	262	1935-08-14	264	1935-08-30	1862
1935-06-12	256	1935-06-28	511	1935-07-14	465	1935-07-30	279	1935-08-15	257	1935-08-31	1690
1935-06-13	256	1935-06-29	777	1935-07-15	455	1935-07-31	359	1935-08-16	256		
1935-06-14	256	1935-06-30	1539	1935-07-16	366	1935-08-01	748	1935-08-17	256		
1935-06-15	258	1935-07-01	1559	1935-07-17	315	1935-08-02	1479	1935-08-18	256		
1935-06-16	263	1935-07-02	713	1935-07-18	361	1935-08-03	1835	1935-08-19	256		

表 4.2-2　　　　　　　　　　**1935 年 6—8 月洞庭湖区间逐日流量过程**　　　　　　（单位：m³/s）

时间 (年-月-日)	流量	时间 (年-月-日)	流量	时间 (年-月-日)	流量	时间 (年-月-日)	流量	时间 (年-月-日)	流量	时间 (年-月-日)	流量
1935-06-01	25	1935-06-17	25	1935-07-03	1384	1935-07-19	138	1935-08-04	5	1935-08-20	5
1935-06-02	25	1935-06-18	25	1935-07-04	1740	1935-07-20	36	1935-08-05	5	1935-08-21	5
1935-06-03	25	1935-06-19	259	1935-07-05	1546	1935-07-21	7	1935-08-06	5	1935-08-22	5
1935-06-04	25	1935-6-20	992	1935-07-06	1591	1935-07-22	5	1935-08-07	5	1935-08-23	5
1935-06-05	25	1935-06-21	740	1935-07-07	1087	1935-07-23	5	1935-08-08	5	1935-08-24	5
1935-06-06	25	1935-06-22	711	1935-07-08	549	1935-07-24	5	1935-08-09	5	1935-08-25	5
1935-06-07	25	1935-06-23	1051	1935-07-09	218	1935-07-25	5	1935-08-10	5	1935-08-26	5
1935-06-08	25	1935-06-24	1544	1935-07-10	35	1935-07-26	5	1935-08-11	5	1935-08-27	5
1935-06-09	25	1935-06-25	1734	1935-07-011	−34	1935-07-27	5	1935-08-12	5	1935-08-28	5
1935-06-10	25	1935-06-26	1382	1935-07-12	−72	1935-07-28	5	1935-08-13	5	1935-08-29	5
1935-06-11	25	1935-06-27	956	1935-07-13	−72	1935-07-29	5	1935-08-14	5	1935-08-30	5
1935-06-12	25	1935-06-28	1105	1935-07-14	−60	1935-07-30	5	1935-08-15	5	1935-08-31	5
1935-06-13	25	1935-06-29	1820	1935-07-15	−68	1935-07-31	5	1935-08-16	5		
1935-06-14	25	1935-06-30	1809	1935-07-16	−82	1935-08-01	5	1935-08-17	5		
1935-06-15	25	1935-07-01	1895	1935-07-17	−87	1935-08-02	5	1935-08-18	5		
1935-06-16	25	1935-07-02	2160	1935-07-18	−26	1935-08-03	5	1935-08-19	5		

表 4.2-3　　　　　　　　　**1935 年 6—8 月螺山—汉口区间逐日流量过程**　　　　　　（单位：m³/s）

时间 (年-月-日)	流量	时间 (年-月-日)	流量	时间 (年-月-日)	流量	时间 (年-月-日)	流量	时间 (年-月-日)	流量	时间 (年-月-日)	流量
1935-06-01	110	1935-06-17	96	1935-07-03	114	1935-07-19	22	1935-08-04	22	1935-08-20	55
1935-06-02	87	1935-06-18	53	1935-07-04	60	1935-07-20	22	1935-08-05	22	1935-08-21	30
1935-06-03	45	1935-06-19	68	1935-07-05	42	1935-07-21	22	1935-08-06	22	1935-08-22	23
1935-06-04	27	1935-06-20	95	1935-07-06	45	1935-07-22	22	1935-08-07	22	1935-08-23	22
1935-06-05	22	1935-06-21	108	1935-07-07	143	1935-07-23	22	1935-08-08	22	1935-08-24	22
1935-06-06	22	1935-06-22	118	1935-07-08	270	1935-07-24	22	1935-08-09	22	1935-08-25	22
1935-06-07	22	1935-06-23	270	1935-07-09	121	1935-07-25	22	1935-08-10	22	1935-08-26	22
1935-06-08	22	1935-06-24	1034	1935-07-10	47	1935-07-26	22	1935-08-11	22	1935-08-27	22
1935-06-09	27	1935-06-25	1904	1935-07-11	25	1935-07-27	22	1935-08-12	22	1935-08-28	22
1935-06-10	62	1935-06-26	1140	1935-07-12	22	1935-07-28	22	1935-08-13	22	1935-08-29	22
1935-06-11	104	1935-06-27	470	1935-07-13	22	1935-07-29	22	1935-08-14	22	1935-08-30	22
1935-06-12	55	1935-06-28	317	1935-07-14	22	1935-07-30	22	1935-08-15	22	1935-08-31	22
1935-06-13	34	1935-06-29	782	1935-07-15	22	1935-07-31	22	1935-08-16	22		
1935-06-14	64	1935-06-30	1363	1935-07-16	22	1935-08-01	22	1935-08-17	27		
1935-06-15	163	1935-07-01	1000	1935-07-17	22	1935-08-02	22	1935-08-18	62		
1935-06-16	212	1935-07-02	358	1935-07-18	22	1935-08-03	22	1935-08-19	104		

4.3　1954 年长江中游区间洪水

　　由于 1954 年长江中游干流各实测水位值、流量值为长江沿江沿湖大量堤垸分洪后的情形，为还原长江中游地区来水量及其变化过程，利用实测螺山逐日水位过程和螺山 $Z \sim Q$ 综合线，计算其对应的螺山逐日流量过程。再利用长江水利委员会水文局分析出的宜昌—螺山段汛期各月总来水量，缩放计算出的逐日螺山流量过程，使得计算出的螺山逐日过程的逐月水量与其一致。将经过缩放的螺山过程作为螺山断面以上逐日来水过程，再减去长江干流宜昌来水、清江来水、沮漳河来水、宜搬枝区间来水（长江水利委员会水文局推算）和"四水"来水，即为洞庭湖区间来水。

4.3.1　洞庭湖区间来水

　　6—8 月洞庭湖区间来水量分别为 129 亿 m³、96 亿 m³、17 亿 m³，6—8 月区间来水过程见表 4.3-1。1954 年洞庭湖区间最大 30d 水量为 137 亿 m³。

4.3.2　螺山—汉口区间来水

　　4—7 月为螺山—汉口区间的多雨季节，根据长江水利委员会水文局 1954 年螺山—汉口段水量平衡统计分析 4—7 月螺山—汉口区间径流量占汉口来水量的 5.3%，7—8 月螺山—汉口区间径流量占汉口来水量的 1.3%。则按照长江水利委员会提供的 1954 年螺山—汉口区间占汉口来流量的比例数，得到 6—8 月螺山—汉口区间来水量分别为 80 亿 m³、71 亿 m³、12 亿 m³，区间来水过程见表 4.3-2。1954 年螺山—汉口区间最大 30d 水量为 94 亿 m³。

4.4　小结

　　本章针对历史大洪水，以长江流域 1954 年典型洪水为标准洪水，以螺山站 30d/60d 洪量或宜昌—汉口区间来洪量以及莲花塘水位超 34.4m 的幅度，综合考虑，来划分标准洪水与非常洪水。根据螺山站 30d/60d 洪量和宜昌—汉口区间 30d/60d 来洪量与 1954 年对比分析：1870 年为长江上游型非常洪水，1935 年属于湖区局部非常洪水；1996 年、1998 年典型洪水为标准内洪水。

表 4.3-1

1954 年 6—8 月洞庭湖区间逐日流量过程

（单位：m³/s）

时间（年-月-日）	流量	时间（年-月-日）	流量	时间（年-月-日）	流量	时间（年-月-日）	流量	时间（年-月-日）	流量	时间（年-月-日）	流量
1954-06-01	196	1954-06-17	5557	1954-07-03	46	1954-07-19	302	1954-08-04	193	1954-08-20	411
1954-06-02	835	1954-06-18	1724	1954-07-04	147	1954-07-20	3312	1954-08-05	1685	1954-08-21	189
1954-06-03	2989	1954-06-19	278	1954-07-05	1236	1954-07-21	2244	1954-08-06	680	1954-08-22	78
1954-06-04	1513	1954-06-20	167	1954-07-06	3192	1954-07-22	1872	1954-08-07	414	1954-08-23	56
1954-06-05	863	1954-06-21	437	1954-07-07	1026	1954-07-23	4040	1954-08-08	325	1954-08-24	52
1954-06-06	6289	1954-06-22	6636	1954-07-08	406	1954-07-24	11040	1954-08-09	125	1954-08-25	36
1954-06-07	5272	1954-06-23	16869	1954-07-09	4896	1954-07-25	9360	1954-08-10	21	1954-08-26	35
1954-06-08	3138	1954-06-24	11635	1954-07-10	4080	1954-07-26	3744	1954-08-11	73	1954-08-27	23
1954-06-09	842	1954-06-25	11635	1954-07-11	9924	1954-07-27	7512	1954-08-12	67	1954-08-28	20
1954-06-10	222	1954-06-26	7256	1954-07-12	9684	1954-07-28	6396	1954-08-13	23	1954-08-29	118
1954-06-11	3659	1954-06-27	5929	1954-07-13	6588	1954-07-29	7200	1954-08-14	156	1954-08-30	42
1954-06-12	3337	1954-06-28	3485	1954-07-14	2352	1954-07-30	4296	1954-08-15	348	1954-08-31	26
1954-06-13	7666	1954-06-29	1550	1954-07-15	730	1954-07-31	1536	1954-08-16	1107		
1954-06-14	15877	1954-06-30	3982	1954-07-16	652	1954-08-01	599	1954-08-17	2329		
1954-06-15	10953	1954-07-01	1932	1954-07-17	329	1954-08-02	341	1954-08-18	1466		
1954-06-16	10915	1954-07-02	748	1954-07-18	228	1954-08-03	89	1954-08-19	727		

表 4.3-2　1954 年 6—8 月螺山—汉口区间逐日流量过程

（单位：m³/s）

时间（年-月-日）	流量	时间（年-月-日）	流量	时间（年-月-日）	流量	时间（年-月-日）	流量	时间（年-月-日）	流量	时间（年-月-日）	流量
1954-06-01	80	1954-06-17	4704	1954-07-03	582	1954-07-19	437	1954-08-04	29	1954-08-20	27
1954-06-02	69	1954-06-18	3624	1954-07-04	396	1954-07-20	453	1954-08-05	29	1954-08-21	27
1954-06-03	50	1954-06-19	2748	1954-07-05	363	1954-07-21	332	1954-08-06	29	1954-08-22	20
1954-06-04	41	1954-06-20	1596	1954-07-06	375	1954-07-22	342	1954-08-07	29	1954-08-23	18
1954-06-05	146	1954-06-21	1344	1954-07-07	390	1954-07-23	342	1954-08-08	30	1954-08-24	18
1954-06-06	437	1954-06-22	1392	1954-07-08	395	1954-07-24	342	1954-08-09	32	1954-08-25	18
1954-06-07	122	1954-06-23	1440	1954-07-09	411	1954-07-25	347	1954-08-10	33	1954-08-26	18
1954-06-08	504	1954-06-24	1500	1954-07-10	411	1954-07-26	384	1954-08-11	33	1954-08-27	18
1954-06-09	3036	1954-06-25	351	1954-07-11	417	1954-07-27	396	1954-08-12	33	1954-08-28	17
1954-06-10	606	1954-06-26	1680	1954-07-12	672	1954-07-28	543	1954-08-13	33	1954-08-29	15
1954-06-11	158	1954-06-27	585	1954-07-13	888	1954-07-29	843	1954-08-14	33	1954-08-30	15
1954-06-12	92	1954-06-28	2172	1954-07-14	471	1954-07-30	630	1954-08-15	33	1954-08-31	15
1954-06-13	86	1954-06-29	2268	1954-07-15	434	1954-07-31	495	1954-08-16	32		
1954-06-14	183	1954-06-30	63	1954-07-16	417	1954-08-1	27	1954-08-17	30		
1954-06-15	401	1954-07-1	278	1954-07-17	396	1954-08-2	27	1954-08-18	30		
1954-06-16	2700	1954-07-2	353	1954-07-18	516	1954-08-3	27	1954-08-19	27		

第 5 章　洞庭湖区洪水演进数值模拟

洞庭湖是长江中下游防洪系统的重要组成部分,洞庭湖及其 24 个蓄洪垸的调蓄能力及其蓄洪效果,须纳入长江中下游防洪系统综合分析。为此,开展长江中下游洪水演进及其调度模型研究。在完善已有长江中下游洪水演进模型的基础上,重点研究 24 个蓄洪垸分洪调度模块,并将分蓄洪调度模块通过水位流量衔接嵌入长江中下游洪水演进模型库。依据长江防洪系统各区域流态特征,模拟模型分别采用一维显隐结合分块三级河网算法、二维有限控制体积法。

一维显隐结合分块三级河网算法采用一维非恒定流四点隐格式差分求解。其特点在于隐式差分稳定性好,求解速度快,能准确实现汊点流量按各分汊河道的过流能力自动分流,且能适应双向流特征的复杂河网计算。

二维有限控制体积法采用积分形式的守恒方程进行水流差分求解。其特点是物理概念清晰,离散方程系数具有一定的物理意义,并可保证离散方程具有守恒特性。

5.1　模型范围

模拟计算的范围上自宜昌下至汉口,包括整个洞庭湖区、汉江中下游和注入长江干流的重要支流。模型周边控制断面选取如下:

(1)长江干流段

上控制断面为宜昌,下断面为汉口,取汉口水文站水位流量关系为下边界。汇入长江的主要支流有清江、沮漳河、陆水、汉江等,以有水文站的断面为控制断面

(2)洞庭湖区

以"三口"及"四水"临近洞庭湖的监测断面为控制断面。湘水以湘潭为入流断面,资江取桃江断面,沅江为桃源断面,澧水用石门断面。

(3)汉江中下游

汉水取沙洋以下,含杜家台分蓄洪区。

考虑主要的分蓄洪区(荆江分蓄洪区、人民大垸、洪湖分蓄洪区、洞庭湖区 24 垸、武汉附近分蓄洪区等)。

5.2　显隐结合分块三级河网算法

5.2.1　控制方程及 Preissmann 格式

（1）基本方程

采用完全圣维南方程描述一维流态。

连续方程和运动方程：

$$B\frac{\partial Z}{\partial t}+\frac{\partial Q}{\partial x}=q \tag{5-1}$$

$$\frac{\partial Q}{\partial t}+\frac{\partial}{\partial x}(\beta\frac{Q^2}{A})+gA(\frac{\partial Z}{\partial x}+S_f)=0 \tag{5-2}$$

式中：Z、Q、A、B 分别为水位、流量、过水面积、水面宽度；β 为动量修正系数；S_f 为摩阻坡降，采用曼宁公式计算；q 为旁侧入流。

上述方程中，水位、流速是断面平均值，当水流漫滩时，平均流速与实况有差异，为了使水流漫滩后断面的过水能力逼近实际过水能力，需引进动量修正系数 β，β 的数值由下式给出：$\beta=\frac{A}{K^2}\sum\frac{K_i^2}{A_i}$，其中 A_i 为断面第 i 部分面积，A 为断面过水面积，$A=A_1+A_2+\cdots+A_n$；K_i 为第 i 部分的流量模数，$K_i=\frac{1}{n}A_iR^{2/3}$，$n$ 为曼宁系数，$K=K_1+K_2+\cdots+K_n$。

（2）Preissmann 隐式差分格式及离散方程

采用四点加权 Preissmann 隐式差分格式：

$$\frac{\partial f}{\partial t}=\frac{f_{i+1}^{n+1}+f_i^{n+1}-f_{i+1}^n-f_i^n}{2\Delta t} \tag{5-3}$$

$$\frac{\partial f}{\partial x}=\theta\frac{f_{i+1}^{n+1}-f_i^{n+1}}{\Delta x_i}+(1-\theta)\frac{f_{i+1}^n-f_i^n}{\Delta x_i} \tag{5-4}$$

$$f=\frac{1}{4}(f_{i+1}^{n+1}+f_i^{n+1}+f_{i+1}^n+f_i^n) \tag{5-5}$$

对式（5-1）、式（5-2）进行离散，通过推导，最终离散方程为：

$$\begin{cases}-Q_i^{n+1}+C_iZ_i^{n+1}+Q_{i+1}^{n+1}+C_iZ_{i+1}^{n+1}=D_i\\ E_iQ_i^{n+1}-F_iZ_i^{n+1}+G_iQ_{i+1}^{n+1}+F_iZ_{i+1}^{n+1}=\Psi_i\end{cases} \tag{5-6 ～ 5-7}$$

其中：

$$C_i=\frac{\Delta x_iB}{2\Delta t\theta}$$

$$D_i=\frac{\Delta x_iB}{2\Delta t\theta}(Z_{i+1}^n+Z_i^n)+\frac{\theta-1}{\theta}(Q_{i+1}^n-Q_i^n)+\frac{q}{\theta}$$

$$E_i = \frac{\Delta x_i}{2\Delta t\theta} - (\frac{\beta Q}{A})_i^n + g\tilde{A}\frac{|Q|\Delta x_i}{4K^2\theta}$$

$$F_i = g\tilde{A}$$

$$G_i = \frac{\Delta x_i}{2\Delta t\theta} + (\frac{BQ}{A})_i^n + g\tilde{A}\frac{|Q|\Delta x_i}{4K^2\theta}$$

$$\Psi = \frac{\Delta x_i}{2\Delta t\theta}(Q_{i+1}^n + Q_i^n) - \frac{(1-\theta)}{\theta}\left[(\frac{\beta Q^2}{A})_{i+1}^n - (\frac{BQ^2}{A})_i^n\right]$$

$$- g\tilde{A}\frac{|Q|\Delta x_i}{4K^2\theta}(Q_{i+1}^n + Q_i^n) - g\tilde{A}\frac{(1-\theta)}{\theta}(Z_{i+1}^n - Z_i^n)$$

5.2.2 河网算法

相邻两汊点之间的单一河道为河段,河段内两个计算断面之间的局部河段为微段。一个河段可以含有一个至多个微段。微段是计算中的基本单元,其数取决于计算要求。如果河网的断面总数为 N_s,河段数 N_r,汊点数 N_j,边界点数 N_b;则该河网含有 $N_s - N_r$ 个微段,需要求解的未知数是各断面上的水位和流量共 $2N_s$ 个,相应需要 $2N_s$ 个独立方程。在河网中微段方程总数为 $2(N_s - N_r)$,汊点连接方程 $2N_r - N_b$,边界点方程数为 N_b,以上三类方程的总数为 $2N_s$ 个,等于未知数的总量,因此可以联合求解。但由于微段方程个数多,增大了矩阵的尺度,也扩大了连接方程的分散度,使计算效率降低。以式(5-6)、式(5-7)直接求解的方法,通常称为一级算法。若对微段方程通过变量替换方法,如 $S_{i+1}^{n+1} = U_i S_i^{n+1} + u_i$,式中下标为断面号,上标为时步,$S$ 表示状态量($S = [(Z,Q)]^\text{T}$),U_i 为变换系数矩阵,u_i 是列向量。最终可以形成只包含河段首断面的水位、流量和未断面水位、流量之间的关系式,称其为河段方程。在河网中可以列出河段方程 $2N_r$ 个,再加上 $2N_r - N_b$ 个汊点连接方程和 N_b 个边界方程共 $4N_r$ 个,恰好等于河段未知数的总量,因此可以独立解出河段首尾断面的未知量,这就是 Dronkers 设想的二级算法。如将河段方程组进行一次自相消元,就可以得到一对以水位或流量为隐函数的方程组,再将此方程组代入相应的汊点连接方程和边界方程,消去其中的水位或者流量,则剩余的 $2N_r$ 个方程就只会有 $2N_r$ 个未知的流量变量或水位变量,可以独立求解,此法被称为三级算法。此算法的特点是,所形成的矩阵只包含边界方程和汊点连接方程,矩阵规模小,运算效率高,计算稳定。

5.2.2.1 汊点连接方程

以首断面流量表示的首、末断面水位关系式:

$$Q_i = \alpha_i + \beta_i Z_i + \xi Z_n \quad (i = n-1, n-2, \cdots, 1) \tag{5-8}$$

$$\alpha_i = \frac{Y_1(\Psi_1 - G_1\alpha_{i+1}) - Y_2(D_i - \alpha_{i+1})}{Y_1 E_i + Y_2}$$

$$\beta_i = \frac{Y_2 C_i + Y_1 F_i}{Y_1 E_i + Y_2}$$

$$\xi_i = \frac{\xi_{i+1}(Y_2 - Y_1 G_i)}{Y_1 E_i + Y_2}$$

$$Y_1 = C_i + \beta_{i+1}$$

$$Y_2 = F_i + G_i \beta_{i+1}$$

以末断面流量表示的首、末断面的水位关系式：

$$Q_i = \theta_{i-1} + \eta_{i-1} Z_i + \gamma_{i-1} Z_1 \tag{5-9}$$

$$\theta_i = \frac{Y_2(D_i + \theta_{i-1}) - Y_1(\Psi_i - E_i \theta_{i-1})}{Y_2 - Y_1 G_i}$$

$$\eta_i = \frac{Y_1 F_i - Y_2 C_i}{Y_2 - Y_1 G_i}$$

$$\gamma_i = \frac{(Y_2 + Y_1 E_j)\gamma_{i-1}}{Y_2 - Y_1 G_i}$$

$$Y_1 = C_i - \eta_{i-1}$$

$$Y_2 = E_i \eta_{i-1} - F_i$$

（1）流量衔接方程

进出每一汊点的流量必须与该汊点内实际水量的增减率相平衡，$\sum Q_i = \frac{\partial \Omega}{\partial t}$（$\Omega$ 为汊点蓄水量），若该汊点不考虑蓄量则 $\frac{\partial \Omega}{\partial t} = 0$。

故：

$$\sum Q_i = 0 \tag{5-10}$$

（2）动力衔接方程

汊点的各汊道断面上水位和流量与汊点平均水位之间，必须符合实际动力衔接要求，目前用于处理这一条件的方法有两种：

一种是如果汊点可以概化为一个几何点，出入各汊道的水流平缓，不存在水位突变的情况，则各汊道断面的水位应相等。

$$H_i = H_j = \cdots = \overline{H} \tag{5-11}$$

另一种是考虑断面的过水面积相差悬殊，流速有较明显的差别，但仍属缓流情况，则按照 Bernoulli 方程，当略去汊点局部损耗时，各断面之间的能头 E_i 应相等。

$$E_i = H_i + \frac{U_i^2}{2g} = H_j + \frac{U_j^2}{2g} = \cdots = E \tag{5-12}$$

上述式(5-8)代入式(5-10)、式(5-11)或式(5-12)形成河网汊点连接方程。

5.2.2.2 边界方程

边界方程是以已知入流为条件的河段追赶方程。

若以流量为入流边界,令 $P_1 = Q(t)$,$V_1 = 0$,则追赶方程为:

$$Q_1 = P_1 - V_1 Z_1$$

$$Z_1 = S_1 - T_1 Z_2$$

$$Q_2 = P_2 - V_2 Z_2$$

$$Z_2 = S_2 - T_2 Z_3 \tag{5-13}$$

$$\cdots$$

$$Q_{n-1} = P_{n-1} - V_{n-1} Z_{n-1}$$

$$Z_{n-1} = S_{n-1} - T_{n-1} Z_n$$

$$Q_n = P_n - V_n Z_n$$

递推系数:

$$S_i = \frac{G_i D_i - \Psi_i + (E_i + G_i) P_i}{F_i + G_i C + (E_i + G_i) V_i}$$

$$T_i = \frac{G_i C_i - F_i}{F_i + G_i C_i + (E_i + G_i) V_i}$$

$$P_{i+1} = \frac{\Psi_i + E_i D_i + (F_i - E_i C_i) S_i}{E_i + G_i}$$

$$V_{i+1} = \frac{F_i + E_i C_i + (F_i - E_i C_i) T_i}{E_i + G_i}$$

通过追赶方程得到该河段末断面的水位与流量关系式,当末断面的水位求得后,再次利用追赶方程回代,解出该河段各断面的水位与流量值。

若以水位为边界,同样可以得出类似的追赶方程。

5.2.3 显隐结合分块三级河网算法

将一维河网隐式算法改进为一维河网显隐算法。具体做法是,将一维河网划分为若干子河网块,子河网块的划分可参照本模型的原则进行,对子河网块运用河网隐式算法,子河网模块之间采用显式连接,模块与模块之间衔接的节点具有内外节点双重属性,当模块单独运算时为外节点,模块组合运算时为内节点。改进后的河网算法具有以下两个方面的优点:①降低了矩阵阶数,缩小连接方程的分散度,避免因求解大型稀疏矩阵带来的失真、失稳问题。如本模型河网节点为 69 个,若采用全隐算法,则相应矩阵阶数为 69,相应左端系数存储容量为 69×69,而改进后的算法,一维子河网的阶数分别是 26、14、12、7 和 10 阶,这些小矩阵相应存储量比原算法大为减少,提高了计算速度。②该算法可以任意拆卸或增加一个子河网块,子河网块之间可以采用多种显式连接方法,便于方案运用。

5.3 二维湖泊算法

为了描述洪水在洞庭湖内的动态演进过程,必须建立一个二维洪水演进的数学模型。

现将模型简述如下,有关公式的推导可参考文献[1]和[2]。

5.3.1 网格、单元和节点

在二维浅水流动计算中,常遇到如何处理复杂边界形状以及计算区域内有堤防、公路、铁路等天然分界这类问题。采用任意三角形或多边形网格剖分是非常合适的,既可以克服矩形网格锯齿形边界所造成的流动失真,也可以避免生成有结构贴体曲线网格的复杂计算和其他困难。因此,为了更好地拟合湖区地形及流场,我们采用的网格由三角形和四边形单元混合组成。计算域的主要部分用四边形覆盖(因其计算量小,计算稳定性好),用三角形镶成不规则计算域的边界。在混合用三角形和四边形时,三角形单元可看作一边长度为零的四边形单元。此外,为了计算宽度变化大的入湖河段,如目平湖入口的松澧合流河段,可用一种五节点四边形单元。在四边形的一条最长边的中央加设一个节点,以利于一个单元过渡为两个单元。

5.3.2 二维浅水方程组

为了保证格式的守恒性,以及适用于含间断或陡梯度的流动,采用二维不恒定浅水方程组的守恒形式:

$$\frac{\partial W}{\partial t}+\frac{\partial F(W)}{\partial x}+\frac{\partial G(W)}{\partial y}=D(W) \tag{5-14}$$

其中守恒物理量 W、x 向和 y 向通量向量 F 和 G,以及源项向量 D 分别为:

$$W=\begin{bmatrix} h \\ hu \\ hv \end{bmatrix}$$

$$F=\begin{bmatrix} hu \\ hu^2+\dfrac{gh^2}{2} \\ huv \end{bmatrix}$$

$$G=\begin{bmatrix} hu \\ huv \\ hv^2+\dfrac{gh^2}{2} \end{bmatrix}$$

$$D=\begin{bmatrix} q \\ gh(S_0^x-S_f^x) \\ gh(S_0^y-S_f^y) \end{bmatrix}$$

式中,h 为水深;u 和 v 分别是 x 和 y 方向垂线平均水平流速分量;g 为重力加速度;S_0^x 和 S_0^y 分别为 x 和 y 方向的水底底坡,定义为:

$$(S_0^x, S_0^y) = (-\frac{\partial Z_b}{\partial x}, -\frac{\partial Z_b}{\partial y}) \tag{5-15}$$

式中,Z_b 为水底高程。

摩阻坡度定义为:

$$(S_f^x, S_f^y) = \frac{n^2 \cdot \sqrt{u^2 + v^2}}{h^{4/3}} (u, v) \tag{5-16}$$

式中,n 为曼宁糙率系数。

5.3.3 有限体积法和单元水量、动量平衡

采用有限体积法进行水流的数值模拟,其实质是逐单元进行水量和动量平衡,物理意义清晰,准确满足积分形式的守恒律,成果无守恒误差,能处理含间断或陡梯度的流动。

对单元 i,以单元平均的守恒物理量构成状态向量 $W_i = (h_i, h_i u_i, h_i v_i)^T$(图 5.3-1)。在时间 t_n,通过其第 k 边沿法向输出的通量记为 $F_{Nij}(W_i, W_j)$,F_{Nij} 的 3 个分量分别表示沿该边外法向 N 输出的流量、N 方向动量和 T 方向动量,N 与 T 构成右手坐标系。

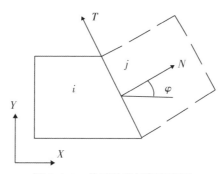

图 5.3-1 单元及其局部坐标系

采用网元中心格式,控制体与单元本身重合,即将流动变量定义在单元行心,在每一单元内水位、水深和流速均为常数分布,水底高程也采用单元内的平均底高。记 Ω_i 为单元的域,$\partial\Omega_i$ 为其边界。利用格林公式,可得式(5-14)的有限体积近似:

$$A_i \frac{dW_i}{dt} + \int_{\partial\Omega_i} (F \cdot \cos\varphi + G \cdot \sin\varphi) dL = A_i \cdot D_i \tag{5-17}$$

式中,A_i 为单元 Ω_i 的面积;$(\cos\varphi, \sin\varphi)$ 为 $\partial\Omega_i$ 的外法向单位向量;dl 为线积分微元;D_i 为非齐次项在单元 Ω_i 上的某种平均。

如上所述,记 $F_N = F \cdot \cos\varphi + G \cdot \sin\varphi$ 为跨单元界面的法向数值通量,时间积分采用显式前向差分格式,那么,式(5-17)可以离散化为:

$$A_i \frac{W_i^{n+1} - W_i^n}{\Delta t} + \sum_j F_{Nij} \cdot l_{ij} = A_i \cdot \overline{D_i} \qquad (5\text{-}18)$$

式中,求和号下的指标 j 表示单元 i 的相邻单元的编号,l_{ij} 为单元 i 和 j 界面边长。算法的核心是如何计算法向数值通量 F_N。

5.3.4　法向数值通量

为使算法精确有效,能够自动处理涌波和水跃这类强间断现象,核心是在无结构三角形或四边形单元中引入特征逆风概念,进行跨单元界面法向数值通量沿特征的逆风分解。近年来,在计算空气动力学一维数值计算中已提出了多种方法,主要有通量分裂法(FVS)、通量差分裂法(FDS)、Osher 分裂法及 TVD 格式。我们曾结合二维浅水方程组的具体形式,系统地导出了无结构网格上法向数值通量 F_N 的公式。下面将简述本书采用的 Osher 格式的原理及有关公式,其推导细节可见参考文献。

对于给定单元的某一边,首先通过旋转变换将法向通量 F_N 变换到局部笛卡儿坐标系 $\overline{x} - \overline{y}$ 下,x 正向与该边外法向相同,有

$$F(q) = T(F \cdot \cos\varphi + G \cdot \sin\varphi) = \begin{bmatrix} hU \\ hU^2 + \dfrac{gh^2}{2} \\ hUV \end{bmatrix} \qquad (5\text{-}19)$$

式中,变换后的守恒变量 $q = (h, hU, hV)^T$,而旋转矩阵 T 定义为:

$$T = \begin{bmatrix} 1 & 0 & 0 \\ 0 & \cos\varphi & \sin\varphi \\ 0 & -\sin\varphi & \cos\varphi \end{bmatrix} \qquad (5\text{-}20)$$

U 和 V 分别是沿单元界面的法向和切向流速分量:

$$U = u \cdot \cos\varphi + v \cdot \sin\varphi \qquad (5\text{-}21)$$

$$V = -u \cdot \sin\varphi + v \cdot \cos\varphi \qquad (5\text{-}22)$$

问题归结为已知单元 i 及其相邻单元 j 的流动状态 (h_L, u_L, v_L) 和 (h_R, u_R, v_R),沿边界法向按一维方式将变换后法向通量 $F(q)$ 按特征值的符号分解为前向通量和后向通量之和 $F_{LR}(q_L, q_R)$,这可通过沿根据特征值适当选定的积分路径对相应的雅可比矩阵进行积分而求得,结果见表 5.3-1。

表 5.3-1　　　　　浅水方程组的 Osher 法向数值通量 $F_{LR}(q_L, q_R)$

$F_{LR}(q_L, q_R)$	$U_L < C_L$ $U_R > -C_R$	$U_L > C_L$ $U_R > -C_R$	$U_L < \alpha_L$ $U_R < -C_R$	$U_L > C_L$ $U_R < -C_R$
$C_A < U_A$	$F(q_{S1})$	$F(q_L)$	$F(q_{S1}) - F(q_{S3}) + F(q_R)$	$F(q_L) - F(q_{S1}) - F(q_{S3}) + F(q_R)$
$0 < U_A < C_A$	$F(q_A)$	$F(q_L) - F(q_{S1}) + F(q_A)$	$F(q_A) - F(q_{S3}) + F(q_R)$	$F(q_L) - F(q_{S1}) + F(q_A) - F(q_{S3}) + F(q_R)$
$-C_B < U_A < 0$	$F(q_B)$	$F(q_L) - F(q_{S1}) + F(q_B)$	$F(q_B) - F(q_{S3}) + F(q_R)$	$F(q_L) - F(q_{S1}) + F(q_B) - F(q_{S3}) + F(q_R)$
$U_A < -C_B$	$F(q_{S3})$	$F(q_L) - F(q_{S1}) + F(q_{S3})$	$F(q_R)$	$F(q_L) - F(q_{S1}) + F(q_R)$

表中：

$$U_A = U_R = \frac{\Phi_L + \Phi_R}{2}$$

$$h_A = h_B = \frac{(\Phi_L - \Phi_R)^2}{16g}$$

$$\Phi_L = U_L + 2C_L$$

$$\Phi_R = U_R - 2C_R$$

式中，C 为重力波速，$C = \sqrt{gh}$；关于下标"S_1"和"S_3"的流动状态为：

$$U_{S1} = \frac{\Phi_L}{3}$$

$$h_{S1} = \frac{U_{S1}^2}{g}$$

$$U_{S3} = \frac{\Phi_R}{3}$$

$$h_{S3} = \frac{U_{S3}^2}{g}$$

在求得变换后法向数值通量 $F(q)$ 的逆风分解 $F_{LR}(q_L, q_R)$ 后，对其作逆旋转变换 T^{-1}，就得到在原笛卡儿坐标系 $x-y$ 下的法向数值通量的逆风分解。

$$F_N = F \cdot \cos\varphi + G \cdot \sin\varphi = T^{-1}[F_{LR}(q_L, q_R)] \tag{5-23}$$

5.3.5 特殊单元水力模型

为考虑洪水漫堤和分洪，单元界面法向数值通量，不能用 Osher 格式计算，而需采用特殊单元水力模型。

1)相邻单元的水位高于本单元底高，但水深极浅(如几厘米)时，通过界面的流量采用堰流公式计算。

2)相邻单元之一的水位低于另一单元的底高，由高单元进入低单元的流量用跌水公式计算。

3)相邻单元界面处为闸堰时，可采用相应的水力学公式计算流量。

4)单元界面处为允许漫溢但不致溃决的过水路基或堤防，当两侧水位均低于路基或堤防顶面高程时按固壁处理，反之按宽顶堰公式计算流量。

5)单元界面处为人因漫顶而溃决的土堤，当一侧水位高于堤顶时，调用给定的溃坝模型，并在全溃决后按一般内部界面处理。

6)单元界面处的土堤在接近某个临界水位，人工爆破使之部分溃决分洪，可采用设计决口的水位流量关系或堰流公式。

其中情况 3)～6)可称为计算域的内部边界,以便与计算域的外部边界相区别。所有上述补充单元模型在确定单宽流量和水深后,可进一步给出相应的动量通量。

5.3.6 边界条件处理

有限体积法的边界处理如下:首先根据局地流态(缓流或急流)选择法向输出特征的相容关系,并利用给定的物理边界条件和边界内侧的已知流动状态 q_L,联解确定边界外侧的未知流动状态 q_R;然后与内部单元计算完全相同地确定跨越外部边界的法向数值通量。有关公式总结见表 5.3-2。在表 5.3-2 的公式中 λ_1,λ_2 和 λ_3 分别为三个特征值,$\lambda_1 = U + C$,$\lambda_2 = U$,$\lambda_3 = U - C$。

值得提及的是,当局地佛汝德数较大时,浅水方程组的静水压力假设在固壁处不再成立,故应采用考虑法向动量平衡的动水压力公式(见表 5.2 最后一栏)。此外,表 5.3-2 中缓流开边界相容关系是忽略非齐次项 S_0 和 S_f 的结果,如需计及这种影响,需增加非齐次项沿特征线的积分项。

以缓流开边界为例,具体说明边界条件的处理方法。当给定水位 Z_R 时,即 h_R 已知,可用公式 $U_R = \varphi_L - 2\sqrt{gh_R}$ 直接求得 U_R;若要考虑底坡和摩阻项的影响,则有:

$$U_R + 2\sqrt{gh_R} = \varphi_L + g \cdot \Delta t \left(S_0 - \frac{S_{fL} + S_{fR}}{2}\right)$$

式中,S_0,φ_L,S_{fL},h_R 均为已知,唯一的未知量 U_R(S_{fR} 中也包含 U_R 项)可用预测改正法求解。当给定单宽流量 q_R 时,h_R 和 U_R 由联解 $q_R = h_R U_R$ 及特征关系 $\varphi_L = U_R + 2\sqrt{gh_R}$。此外还有 $V_R = V_L$。

上述边界处理具有如下优点:①符合特征理论,保证边界条件个数正确,不需要引入冗余的数值边界条件;②内部单元与边界单元所用格式一致,且能保证跨边界的数值通量等于该处的物理通量;③简单易行,尤其适合于处理各种奇异边界点。

表 5.3-2 　　　　　　　　　　浅水方程组的有限体积法的边界处理

类型	出流开边界		入流开边界		固壁
流态	缓流	急流	缓流	急流	缓、急流
特征值符号	$\lambda_1(q_L) < 0$, $\lambda_2(q_L) > 0$, $\lambda_3(q_L) > 0$	$\lambda_1(q_L) < 0$, $\lambda_2(q_L) > 0$, $\lambda_3(q_L) > 0$	$\lambda_1(q_L) < 0$, $\lambda_2(q_L) > 0$, $\lambda_3(q_L) > 0$	$\lambda_1(q_L) < 0$, $\lambda_2(q_L) > 0$, $\lambda_3(q_L) > 0$	
相容关系	$U_R + 2C_R$ $= U_L + 2C_L$ $V_R = V_L$	$q_L = q_R$	$U_R + 2C_R$ $= U_L + 2C_L$		$\frac{1}{2}gh_L^2 + h_L\|U_L\|U_L$ $= \frac{1}{2}gh_R^2 + h_R\|U_R\|U_R$ $V_R = 0, U_R = 0$

类型	出流开边界		入流开边界		固壁
个数	2	3	1	0	3
边界条件类型	水位 Z_R 或单宽流量 $(hU)_R$ 或水位流量关系		除与缓出流相同外,还需附加 $V_R=V_L$ 或 $V_R=0$	必须给定 q_R 的三个分量或相关信息	
个数	1	0	2	3	

5.3.7　陆地动边界条件的处理

当计算域中存在随洪水涨落变化的陆地动边界时,假设在干床区域存在一个极薄的水层(如0.1cm),这就将一个动边界问题变为固定边界问题来处理,虽然这一处理早就见于文献,但应指出,正是由于所述格式具有的无振荡性可保证数值解在小水深情况下不会计算出小水深而导致计算失稳。

5.4　模型若干关键技术处理

5.4.1　汉口水位流量关系

模型计算范围下至汉口,采用汉口规划水位流量关系作为模型下游边界,由于高洪水水位时汉口水位受到下游的顶托影响(图5.4-1),采用洪水涨落率因子和下游洪水顶托因子对汉口计算水位进行修正。

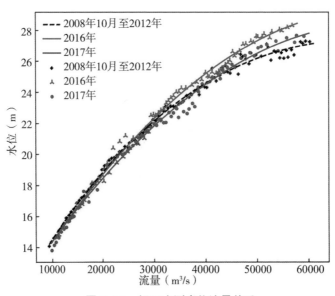

图 5.4-1　汉口实测水位流量关系

（1）洪水涨落率修正

$$Q_n = Q_c \sqrt{1 + \frac{\Delta z}{\Delta t} \cdot \frac{1}{ui_c}} \tag{5-24}$$

式中，Q_n 为受洪水涨落率影响的流量；Q_c 为无涨落率影响的流量；Δz 为洪水 1d 涨落值；Δt 为时段；$1/ui_c$ 为校正因子，取 $5 \times 10^4 \text{m}$。

（2）下游洪水顶托修正

$$Q_n = Q_m - \sum k_i q_i \tag{5-25}$$

式中，Q_n 为受下游支流顶托影响的流量；Q_m 为无顶托影响的流量；q_i 为各支流相应顶托流量；k_i 为各支流顶托系数；i 为支流序数。

5.4.2 模块及模块组合运行方式

针对洞庭湖综合治理规划的具体方案，可用模型中某一个模块或几个模块组合运算。当采用单个模块运算时，该模型的边界节点就转化为外边界节点；当几个模块组合运算时，模块之间的共同节点为两边界内节点，除此之外为外边界节点。只要给定外边界节点相应的边界条件，如水位、流量过程或水位流量关系，单个模块或组合模块便可以模拟现状或各方案下的洪水演进特征。

模块组合运算必须满足以下三个基本条件：第一，模块衔接不需要对模块节点、河段及断面编号重新编排；第二，模块组合后，各模块的模型参数，包括河道糙率，应保持不变；第三，模块单独运算的结果与模块组合运算的计算结果应保持一致。

模块之间的衔接点是模块的内边界节点，其衔接通过模块之间控制信息传递实现，衔接点处的状态量采用显式交换。一维模块之间采用共同内边界节点处的数据交换自然连接；一维河网模块与二维湖泊模块之间，采用河道断面与湖泊单元的共用边的状态量交换衔接，即一维模块需要的控制节点水位值取用节点断面相邻二维湖泊单元水位值，而二维湖泊的入流边界流量值取用与此单元相邻的一维河网断面流量值；一维模块或二维模块与蓄洪堤垸采用分洪口门处的计算过流量进行显式连接处理。

5.4.3 荆江三口分流及东洞庭湖出口处理

荆江三口分流、东洞庭湖入长江干流水量的计算，既是洞庭湖区水量分配与区域水量平衡的关键，又是模型率定检验的难点，因此我们对模型程序结构的编排、分流河段的衔接、模型模块的率定上都做了精心安排和特殊处理。首先，在进行模块划分时，与荆江三口相连的短支河段，既作为长江干流宜昌—螺山模块的出流河段，又设为松虎、藕池模块的入流河段；东洞庭湖出口采用短支河段连接长江干流与湖泊。其次，利用模型模块划分的特有结构，逐模块对三口局部流态，尤其是水位进行精确模拟，对三口行洪道的行洪能力、城陵矶—螺山河段泄流能力、东洞庭湖与长江连接短支河段水面比降精细模拟,拟定出模型模块参数;再者,模型组合运算时,长江干流宜昌—螺山模块的内边界分别取连接三口分流的短支河段末端的水位和东洞庭湖出口水位;松虎、藕池模块分别取三口短支河段首端断面出流量作为模块入流条件,进行显式连接计算。

5.4.4　内外边界条件的计算模式

为了适应综合治理规划和防洪调度等应用要求,除了在周边各控制边界按常规给定水位、流量实测过程或水位流量关系作为边界条件外,对关键环节处的内外边界给予多种处理方法和多种边界类型以供选择。具体处理如下:

(1)荆江三口

荆江三口不仅是洞庭湖区与荆江河段水量分配的制衡点,又是可控制长江洪水入湖区的关键。为此,模型在此内外边界处,给出针对不同需要而设置的三种处理方法。第一种,通过模块联解,直接求解内边界的状态量(Z,Q);第二种,将荆江三口分流线嵌入模型中;第三种,按照三口建闸方案,将闸坝控制方程嵌入模型中。

(2)螺山边界

螺山站是宜昌—螺山(包括洞庭湖区)模型的下边界,又是长江中游系统模型的内边界。当螺山站为下边界时,提供三种边界类型供选择,分别是水位过程线、流量过程线和水位流量关系线。当螺山站为内边界时,采用模块之间衔接计算。

(3)八里江(湖口)边界

八里江(湖口)是整体模型的下边界,与螺山边界类似,也提供三种类型的边界供选择。

除上述的处理外,对河网内的工程建筑物,如闸、堰、桥、泵等,在相应位置处设置内边界节点,同时附加相应过流计算关系式,即可嵌入河网算法中联解。

5.4.5　断面资料处理及其数据集的形成

模型进行规划方案计算时,新方案可能在原方案的河网中增加或减少某一条河,也可能在某河段内设置工程建筑物。这一微小变化,可能使得河网的基本数据必须重新整理。当这种规划方案很多时,工作人员就会将更多的精力投入基本数据的重新整理上,工作效率很低。

现依据模块化的特点,给模块内的河段,汊点进行编号,确定河段与汊点的对应关系和河段内的断面数。算法程序便可自动编排断面和获得形成汊点连接矩阵所需的基本数据。进行方案计算时,只需确定增减河段与汊点的对应关系和新河段内的断面数(包括断面资料的输入),便可完成新方案的数据整理工作。这种处理断面数据的方法的特点是不需要人为对断面编号,也不考虑河段编排顺序,而且模块之间河段号、汊点号可以重名。

断面几何资料的处理,是关系到整个河网计算的关键因素之一,考虑到一维圣维南方程以及线性化差分方程的计算特点,无论是规则还是不规则几何断面形状,必须给定断面的水位与河宽以及水位与断面面积的关系(列出关系表)和它们的离散线性关系。在非恒定流的计算过程中,在某一特定水位下的断面面积与河宽,可以通过已输入的断面宽度、面积与水位的离散关系,线性插值求得。

5.4.6 洞庭湖区间入流的处理

所谓大湖区间系指荆江"三口五站"以南、"四水"尾闾控制站以下至城陵矶(莲花塘)站的整个集水区域,有效面积为 $52600 km^2$。长江水利委员会提供了大湖区间的日流量过程,是根据洞庭湖区间平均降雨量,采用降雨径流关系和单位线推流,最后通过大湖调洪演算,并用螺山站水位进行综合检验求得的。

这种集中式的区间流量过程难以满足一、二维水流模型对考虑河湖空间分布的旁侧入流的要求。为简化处理,根据直接汇入湖区的面积(包括湖泊周边陆地面积和天然湖泊面积)与汇入四口河系、"四水"尾闾等河段的汇流面积的比例,求得二维湖泊区间流量分配系数为 0.24,一维河网区间流量分配系数相应为 0.76。最后按照表 5.4-1 所列洞庭湖区间各子流域汇流面积,分别对按上述分配系数确定的湖泊和河网区间入流过程进一步划分,湖泊汇流按单元面积平均分配给每一个二维单元,河道汇流按子流域汇流面积及河道长度分配给各计算河段。这样,就将集中式区间入流转化为按照河流湖泊地理空间分布的旁侧入流过程。

表 5.4-1 洞庭湖区间流域面积划分

所在水系	河流(子流域)	河流面积(km^2)	测站	备注
澧水	道水	1363	临澧	
	涔水	1196	王家厂	
	大溪河	1007		实际汇流包括石门至小渡口除道水以外汇流
沅江	白洋河	4998		桃源至枉水河口汇流(包括枉河)
资江	志溪河	1366		桃江至甘溪港汇流
湘江	浏阳河	4244	郎梨	
	捞刀河	2540	罗汉庄	
	沩水	2673	宁乡	
	靳江河	2471		湘潭至濠河口除浏阳河、捞刀河、沩水以外汇流

所在水系	河流（子流域）	河流面积（km²）	测站	备注
洞庭湖	汨罗江	5540	伍市	
	新墙河	2347	桃林	
	西洞庭湖面	407		目平湖＋七里湖
	西洞庭入湖	734		经南湖撇洪河入目平湖的环湖小河
	南洞庭湖面	905		
	南洞庭入湖	1046		包括经烂泥湖撇洪河入湘水尾间和湘阴入湘水尾间的小河
	东洞庭湖面	1313		除汨罗江、新墙河之外汇入洞庭湖的汇流（包括湖面）
	东洞庭入湖	770		中洲垸入东洞庭和其他环湖小河流
"四口"河系	涴水	1975	沙溪坪	
	"四口"河系区间	8489		除涴水汇入四口河系的汇流
	"四口"河系汇流	7216		四口河系地区直接入湖环湖堤垸
总计		52600		

5.4.7 堰闸处理

在一维河网计算中,针对河道内的堰闸过流计算,采用简单、实用且便于闸控运用模拟的处理方法,即在堰闸上下断面分别设置内节点,根据上下节点水位和闸坝结构参数,选择恰当的堰流公式,计算闸坝过流量。此过流量既作为闸上节点的出流,又是闸下节点的入流,再将闸上下的节点嵌入河网联算。

5.4.8 分洪区及蓄洪堤垸的运用

荆江、洪湖及武汉附近分洪区和洞庭湖区24垸,是长江中游防洪系统的重要组成部分,承担蓄滞长江中游超额洪水任务。为此,将分洪区垸作为蓄洪模块,嵌入长江中游防洪系统模拟模型中,模拟分洪堤垸纳洪、调蓄、吐洪过程,评价分洪效果,复核长江中游分蓄洪总体方案分洪量。蓄洪堤垸的计算方法见第7章,蓄洪堤垸模块与长江中游洪水演进模型耦合的实现步骤如下:

(1)将分蓄洪模块嵌入模型中

按照蓄洪垸分泄河系或湖泊洪水分类统计分蓄洪区垸的数目,根据分蓄洪区垸所属河流河段、湖泊单位的位置进行编号,并设置对应控制信息,建立分蓄洪区垸与河道、分蓄洪区垸与湖泊的对应关系。

(2)确定分蓄洪区垸的运用方式

荆江、洪湖及武汉附近分洪区按照1980年度汛方案的分洪规则运用;洞庭湖区24垸分洪口门控制采用分洪闸门控制方式或人工爆破分洪方式。

（3）确定蓄洪垸分洪流量

闸门控制分洪方式：按照闸门控制参数，通过堰流公式和垸内调蓄计算，确定闸上下水头差，计算口门流量；爆破分洪方式：分洪口门按预定宽度全部溃决或在一定时间内决口按线性扩展到预定宽度，利用分洪堤垸容积曲线，通过堰流公式和调蓄计算，确定口门流量和堤垸内蓄洪量及水位。

（4）堤垸多个口门分洪

逐个口门计算堤垸与行洪道的交换流量、堤垸内蓄洪量及水位，在计算过程中，以前一个口门调蓄计算后的垸内蓄洪量及水位作为下一个口门调蓄计算的基础。

5.5 模型率定与验证

在2016年长江干流和四口河系地形、2011年洞庭湖地形的基础上，建立长江中游洪水演进及调度模拟模型，采用2012年和2016年长江中游地区日均水情数据对模型进行了率定，长江干流糙率范围为0.021～0.028，四口河系糙率范围为0.023～0.033，并利用2020年水情数据对模型进行了验证。

5.5.1 模型率定

图5.5-1、图5.5-2为2012年荆江枝城、沙市、监利、城陵矶（莲花塘）、城陵矶（七里山）、螺山水位流量率定结果。率定结果表明，与长江中游干流主要控制站的实测水位流量过程相比，模拟结果较好反映了各站点的水位变化过程，峰谷对应、涨落一致、洪峰水位较好吻合。图5.5-3、图5.5-4为2012年四口河系新江口、沙道观、弥陀寺、康家岗、管家铺水位流量率定结果。2016年长江荆江段水位流量率定结果见图5.5-5，2016年"四口"河系水位流量率定结果见图5.5-6。率定结果表明，模型较好地反映了三口分流的涨落变化，峰谷对应，洪峰水位拟合较好，洪峰水位模拟精度达到0.1m以内，洪峰流量模拟精度在15%以内。率定的结果表明，模型算法基本适应长江中游地区河湖水流的流动特征和水面比降情况。

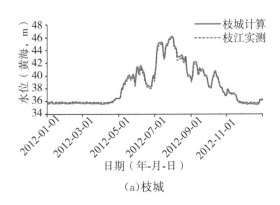

（a）枝城

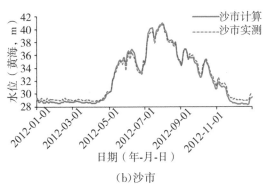

（b）沙市

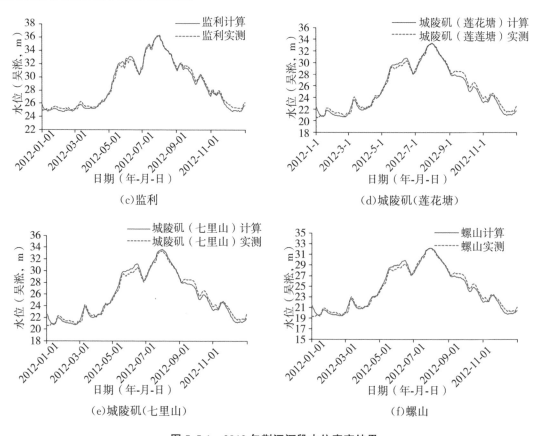

图 5.5-1　2012 年荆江河段水位率定结果

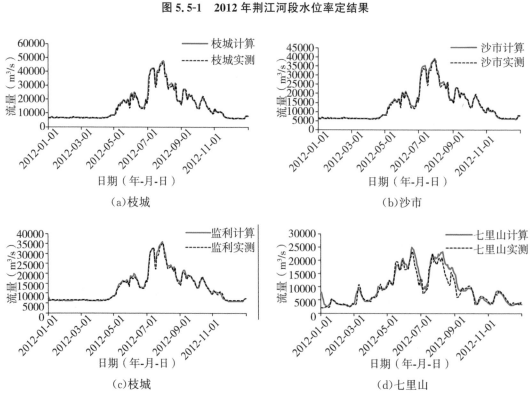

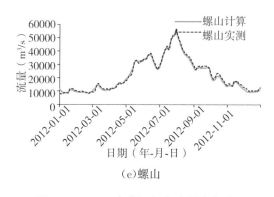

(e)螺山

图 5.5-2　2012 年荆江河段流量率定结果

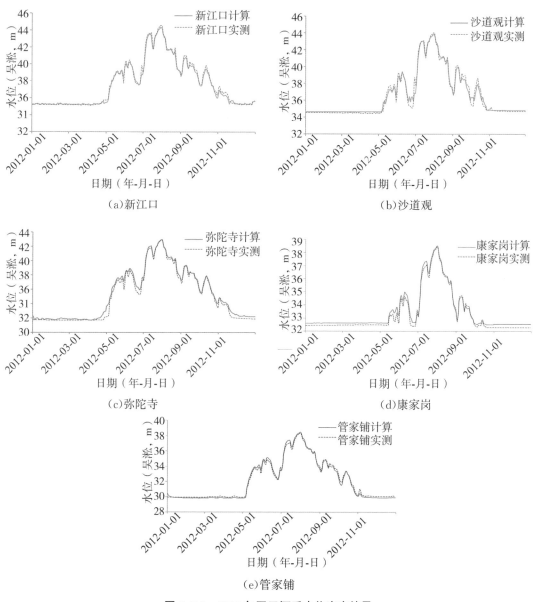

（a)新江口

（b)沙道观

（c)弥陀寺

（d)康家岗

(e)管家铺

图 5.5-3　2012 年四口河系水位率定结果

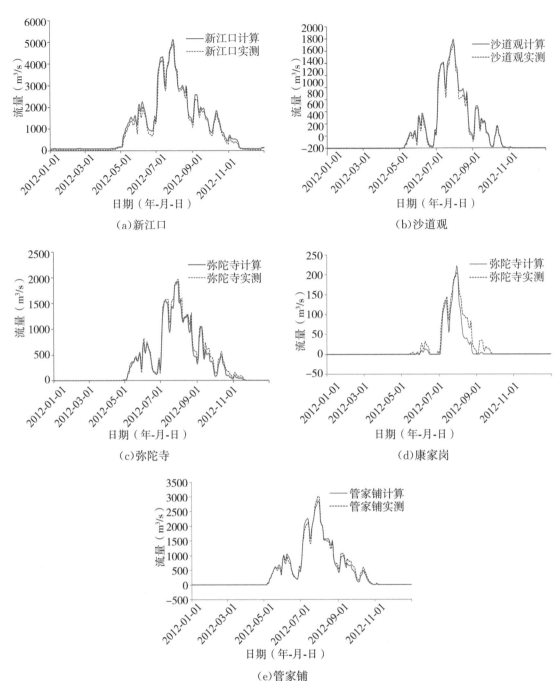

图 5.5-4 2012 年四口河系流量率定结果

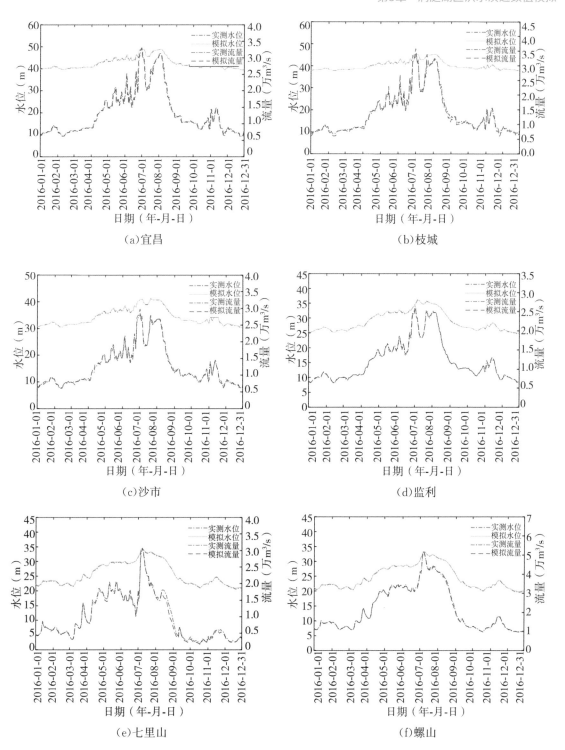

图 5.5-5　2016 年长江荆江段水位流量率定结果

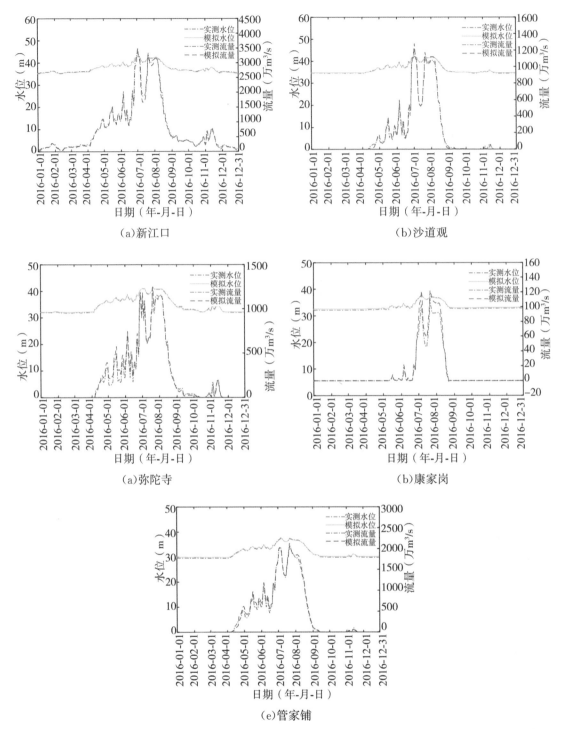

（a）新江口 （b）沙道观

（a）弥陀寺 （b）康家岗

（e）管家铺

图 5.5-6　2016 年四口河系水位流量率定结果

5.5.2　模型验证

图 5.5-7、图 5.5-8 为 2020 年荆江枝城、沙市、监利、城陵矶(七里山)、城陵矶(莲花塘)、

螺山水位流量率定结果。验证结果表明,计算出的长江中游干流主要控制站水位流量过程与实测水位流量过程峰谷对应、涨落一致、洪峰水位流量吻合较好。图5.5-9、图5.5-10为2020年四口河系新江口、沙道观、弥陀寺、康家岗、管家铺水位流量率定结果,计算出的"三口五站"分流过程与实测过程的涨落变化基本一致,峰谷相应,洪峰水位拟合较好,洪峰水位模拟精度达到0.15m以内,洪峰流量模拟精度在15%以内。验证的结果也表明,模型算法基本适应长江中游地区河湖水流的流动特征和水面比降情况,模型能够用于下一步方案计算。

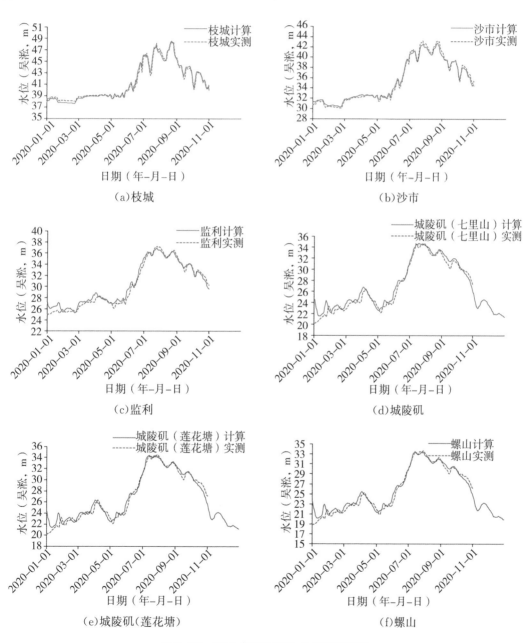

(a)枝城   (b)沙市

(c)监利   (d)城陵矶

(e)城陵矶(莲花塘)   (f)螺山

图5.5-7 2020年荆江河段水位率定结果

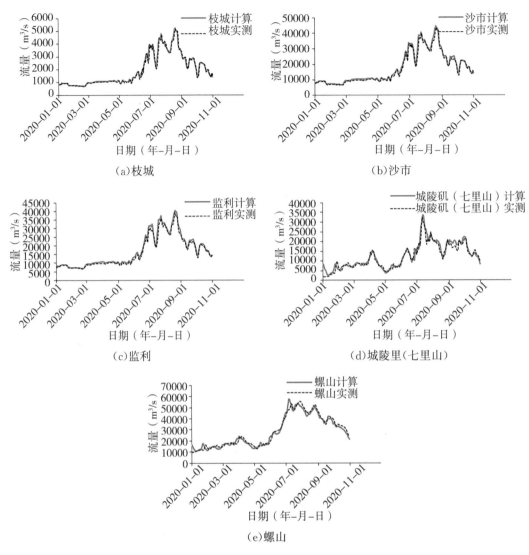

图 5.5-8　2020 年荆江河段流量率定结果

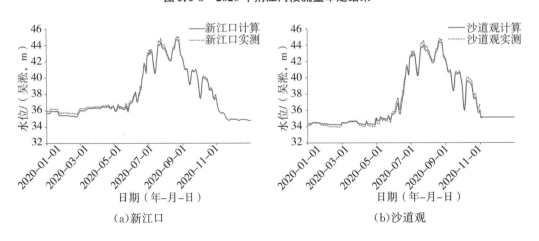

（a）新江口　　　　　　　　　　　　（b）沙道观

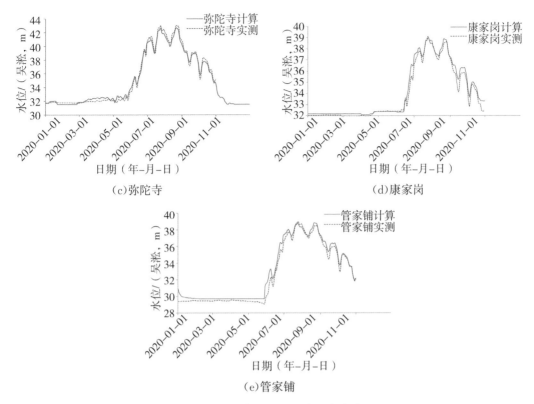

(c)弥陀寺　　　　　　　　　　　(d)康家岗

(e)管家铺

图 5.5-9　2020 年四口河系水位率定结果

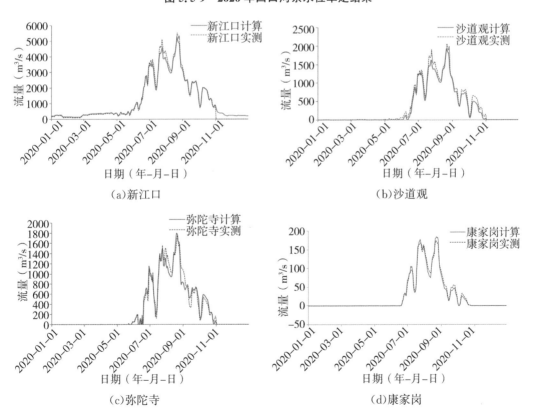

（a）新江口　　　　　　　　　　（b）沙道观

（c）弥陀寺　　　　　　　　　　（d）康家岗

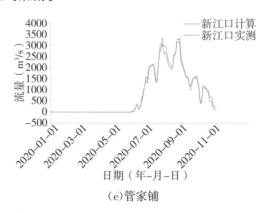

(e)管家铺

图 5.5-10   2020 年四口河系流量率定结果

5.6   小结

针对宜昌—汉口,包括整个洞庭湖区、汉江中下游和注入长江干流的重要支流,基于一维显隐结合的分块三级河网算法、二维有限控制体积法,建立了长江中游洪水演进数学模型,模型率定与检验的精度达到:洪峰水位绝对误差在 15cm 以内,洪峰流量相对误差在 15% 以内。

模型功能组成包括:长江干流宜昌—汉口一维算法模块,洞庭湖及其 24 个蓄洪垸的二维算法模块。模型具备的功能有:①荆江分洪区及 24 个蓄洪垸的吐纳洪水过程数值模拟;②三峡及上游水库群联合调度下荆江与洞庭湖的洪水情势响应过程;③数值模型模块能够与可视化平台衔接及为成果展示提供计算成果。

第6章　24垸内分蓄洪二维数值模拟

本书首先将洞庭湖区24垸作为蓄水单元嵌入长江中游洞庭湖蓄洪减灾数学模型中,采用所建洪水演进数学模型,分别计算各典型年24垸分洪口门流量过程,其中,分洪口门分为闸门控制分洪和爆破口门分洪,分洪流量过程采用河网河道方程与堰流河段方程耦合隐式联解。再将蓄洪垸分洪流量过程作为蓄洪垸二维洪水演进数值模拟的入流边界,分析蓄洪垸分洪后,洪水在蓄洪垸内洪水演进途径、淹没范围及其水深。

6.1　网格划分

将洞庭湖区24个蓄洪垸剖分为无结构四边形网格,网格剖分情况见表6.1-1及图6.1-1至图6.1-13。网格划分时,注重贴合蓄洪垸边界,独立刻画了蓄洪垸内部河道,反映了蓄洪垸内部的阻水建筑物,如公路、子堤等。在满足上述要求的前提下,使用尽可能少的单元来概化整个蓄洪垸,从而兼顾模型计算精度及计算耗时。

24个蓄洪垸中,网格单元数最多的是钱粮湖垸,共2201个单元,单元数最少的是义合垸,仅46个单元。对于所有蓄洪垸,平均边长在385 ~ 765 m范围内变化,平均单元面积在142917 ~ 531346 m² 范围内变化。

表 6.1-1　　　　　　　　　　　洞庭湖区 24 个蓄洪垸网格剖分情况

序号	蓄洪垸	单元个数	最大边长(m)	最小边长(m)	平均边长(m)	最大单元面积（m²）	最小单元面积（m²）	平均单元面积（m²）
1	钱粮湖垸	2201	956	94	470	620777	75642	213890
2	共双茶垸	1888	849	98	389	383890	29354	143284
3	屈原垸	1134	907	89	438	517610	32727	184686
4	江南陆城垸	1045	1083	162	501	680844	42759	249857
5	安澧垸	961	898	88	385	418967	31596	142917
6	大通湖东垸	893	921	153	502	515755	85640	242447
7	民主垸	863	1049	140	506	534177	69406	246344
8	南汉垸	631	755	118	396	335232	50552	154363
9	安昌垸	626	963	121	462	565979	75842	206907

续表

序号	蓄洪垸	单元个数	最大边长(m)	最小边长(m)	平均边长(m)	最大单元面积(m²)	最小单元面积(m²)	平均单元面积(m²)
10	和康垸	526	624	156	432	314829	72035	184946
11	集成安合垸	498	986	216	527	477686	106018	264301
12	君山垸	496	787	159	440	342768	76631	183745
13	西官垸	466	757	132	401	342083	59589	156503
14	城西垸	464	921	154	496	525922	102179	238426
15	安化垸	427	808	114	458	365413	80559	204362
16	建设垸	329	765	221	443	620777	75642	213890
17	九垸	243	695	216	449	317334	99154	197760
18	南鼎垸	237	699	175	449	320819	102833	195879
19	建新垸	231	835	230	461	442268	95856	203686
20	澧南垸	212	843	103	438	362247	43869	183061
21	围堤湖垸	193	628	237	424	308768	82483	177566
22	北湖垸	162	724	143	403	326551	61365	152658
23	六角山垸	76	1232	295	765	932793	305092	531346
24	义合垸	46	739	159	459	317998	91625	206652

图 6.1-1　共双茶垸网格

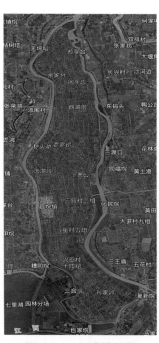
图 6.1-2　西官垸网格

图 6.1-3　安化垸网格

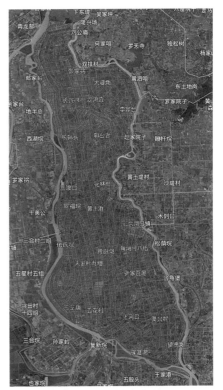

图 6.1-4　安昌垸网格　　　　　图 6.1-5　南汉垸网格　　　　　图 6.1-6　安澧垸网格

图 6.1-7　钱粮湖垸网格　　　　　　　　图 6.1-8　屈原垸网格

图 6.1-9　大通湖东垸网格

图 6.1-10　集成安合垸网格

图 6.1-11　江南垸网格

图 6.1-12　陆城垸网格

图 6.1-13　民主垸网格

6.2　蓄洪垸内建筑物数值处理

蓄洪垸内主要有线状地物、块状地物,线状地物主要是道路、隔堤(子堤)等,块状地物主要为聚集或散落分布的房屋,影响洪水演进的主要建筑物是道路、隔堤(子堤)和聚集性的村庄。为此,蓄洪垸分蓄洪数值模拟模块下垫面概化时,主要考虑了道路、隔堤(子堤)和聚集性的村庄。子堤或隔堤主要位于垸内河道两岸或垸内不同区域之间的分界线,在数值化网格时,通过网格加密,垸内河道网格的边尽量与河道子堤重合,并利用 DEM 提取的子堤高度对网格边进行高程赋值。由于房屋大范围聚集成村落在地形图高程上有反映,高程相对周边略高,聚集性村庄可通过网格单元的高程或单元阻力来概化。此外考虑到弯曲道路节点间距不规则,在生成网格时容易产生极小网格,影响模型计算效率。为此,对道路的节点进行了适当均化处理。将网格单元边与概化道路重合,利用 DEM 数据提取道路高程值并对概化后的道路网格边进行赋值。

以共双茶垸和钱粮湖垸隔堤概化为例,见图 6.2-1 和图 6.2-2。按照上述概化网格单元的思路数值化洞庭湖区 24 个蓄洪垸。

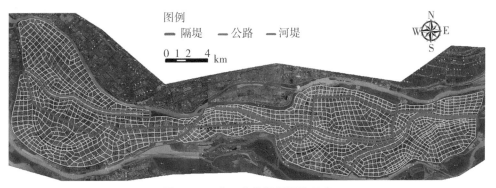

图 6.2-1　共双茶垸隔堤概化示意

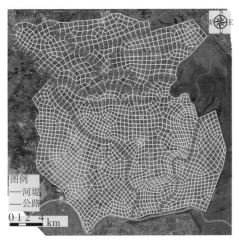

图 6.2-2　钱粮湖垸隔堤概化示意

6.3 蓄洪垸计算模块构建

在长江中下游洪水演进模型中嵌入蓄洪垸分洪计算模块,该模块由蓄洪垸与江河湖泊地理位置关系、分蓄洪运用方式、蓄洪垸吐纳洪水过程数值模式等组成。

6.3.1 分蓄洪运用规则

蓄洪垸数值化,在蓄洪垸二维数值单元化的基础上,按照蓄洪垸与江河湖泊地理位置关系,建立蓄洪垸口门与河道断面之间一一对应关系数组,蓄洪垸口门宽度为闸门宽度或规划溃堤宽度,并将蓄洪垸分洪流量作为河道旁侧进出流量纳入整体模型中。

蓄洪方案的设置包括启用蓄洪垸的选择、分洪方式、分洪口门溃决历时、口门宽度等参数,以交互方式实现对分蓄洪垸运用的控制。当主要站水位超过分洪控制水位时,则调整分蓄洪垸的运用方式,包括启用蓄洪垸的区域、个数及其分蓄洪水时机和方式,根据新的分洪调度运用方式,重新计算分洪流量过程,并纳入整体模型中,来实现主要站水位不超过分洪控制水位。

在分蓄洪运用方式上,对于分洪口门分为闸门控制和口门溃决两种形式,其中口门溃决采用两种模式,即瞬时溃决和逐渐溃决。瞬时溃决为堤防决口瞬间溃决到设定的宽度;逐渐溃决为在给定的时间内溃决到设定的宽度,并给定溃决口门扩展过程。在长江中游蓄洪区中,洪湖分蓄洪区东分块、荆江分洪区、西官垸等采用闸控方式分洪。通过设置不同的分洪控制水位或设定分洪时间,可以分析比较不同分洪时机及其分蓄洪区垸组合对长江中下游分蓄洪的效果。

6.3.2 洪水演进与分蓄洪耦合

在长江中下游洪水演进模型的基础上,嵌入荆江分洪区、城陵矶附近区和武汉附近区各蓄洪垸分洪模块,形成长江中下游超额洪量数值模拟模型,实现各种分洪调度方案下的分洪数值仿真。超额洪量数值模拟模型主要包括江湖湖泊洪水演进模拟和蓄洪垸分洪模块。为了便于分蓄洪运用反馈调度机制的实现,采用显示衔接方式,通过分洪口门流量和分洪口门上下水位变化,实现江河湖泊洪水演进模型与分洪模块的耦合计算。具体来说,在与蓄洪垸口门相衔接的河道上设置河道旁侧入流、分流口,建立该分流口与蓄洪垸之间的关联控制信息,利用该河道分流口处的水位和蓄洪垸中的水位,通过堰流公式计算分流口处的分洪流量。该分洪流量,一方面作为河道的旁侧出流,另一方面作为蓄洪垸的进洪流量,实现河道分洪进入蓄洪垸的洪水演进过程,进而完成江湖洪水演进与蓄洪垸分洪的耦合计算过程。

6.3.3 分蓄洪运用调度模式

长江中下游防洪调度影响因素众多,涉及长江干流上游三峡水库及进入试运行的溪洛渡、向家坝水库调蓄,以及与长江支流洪水的错峰调度,长江堤防的防洪能力及度汛期间堤防临时加高加固后的行洪能力,特别是长江中游各蓄洪区的综合运用等。

以长江中游洞庭湖区 24 个分蓄洪堤垸为例,说明分蓄洪运用反馈调度模式。水动力学方法是根据河道湖泊实际分蓄洪量来计算超额洪量,因此,需要严格按照分蓄洪调度运用规则来分洪,问题是分蓄洪量的大小与城陵矶水位直接相关。若计算时步分洪量过大,则城陵矶水位下降低于控制水位,反之,高于控制水位。为此需建立分蓄洪反馈模式,使得分洪量与城陵矶控制水位相应。具体计算模式如下:

在长江中下游洪水演进模型洞庭湖区河网一维水动力学计算模块中,引入预测校正计算模式,即每时步分为预测和校正两步进行计算,在预测时步内首先预估分洪量,得到预估城陵矶水位,将预估城陵矶水位与控制水位比较,根据比较差值反馈校正分蓄洪流量,再进行模型的校正计算。

1)在模型预测计算中,包括启用的蓄洪垸的地理位置、数量和分蓄洪流量的确定,即根据预测时步河道水位、蓄滞洪内水位,通过分洪流量计算模式,从河道中扣除分洪水量,并作为模型中的内边界,进行洪水演进模拟预测计算,以得到主要控制站预测水位、蓄洪垸的预估分洪量;再比较主要控制站预测水位与其防洪控制水位之差值 ΔZ,若 $\Delta Z > 0$ 说明需要增加启用的蓄洪垸或加大分洪流量 ΔQ,根据主要控制站的水位流量关系由 ΔZ 推算 ΔQ,将 ΔQ 代入模型的校正计算中。

2)在模型校正计算中,将预测时步中得到的分洪流量校正值 ΔQ 或增加的分蓄洪垸个数,代入分洪模块中进行模型的校正计算,从而得到较准确的分洪过程。

6.4 分洪过程数值模拟

蓄洪垸分洪运用过程是河道与蓄洪垸洪水水量吐纳及其水位交替变化过程。当河道水位高于蓄洪垸水位时,洪水通过溃堤口门进入蓄洪垸,蓄洪垸蓄纳洪水;当河道洪水回落,即河道水位低于蓄洪垸水位时,蓄洪垸水量回吐河道。

以 1954 年典型洪水为例,采用水动力学模型与水文学计算模式相结合的方法,实现蓄洪垸分蓄洪过程的数值模拟。①根据河道水位、蓄洪垸水位和分洪口门宽度,利用堰流公式计算分洪口门流量;②再根据分洪时间将出入蓄洪垸的流量转换为水量,由水位—容积曲线确定蓄洪垸分洪后水位变化;③循环步骤①和②,实现蓄洪垸纳蓄洪水或回吐洪水过程。

蓄洪垸分洪方式分为闸门控制、堤垸口门自溃或人工爆破。其中,堤垸口门自溃或人工爆破的分洪口门流量计算:当水流条件为自由泄流时,采用堰闸自由泄流公式,蓄洪垸与河道交换流量为 $Q = mB\sqrt{2g}H_0^{3/2}$,式中,m 为流量系数,B 为口门宽度,H_0 为有效水头;当水流条件为淹没泄流时,采用淹没泄流公式,蓄洪垸与河道交换流量为 $Q = \sigma mB\sqrt{2g}H_0^{3/2}$,式中,$\sigma$ 为淹没系数,其余符号同上。具体计算步骤如下:

1)选取蓄洪垸内外高水位:$Z_U = A_{max1}(Z_{ZL}, Z_{ZR})$,其中 Z_{ZL} 为河道水位,Z_{ZR} 为蓄洪垸

坝内水位。

2)选取蓄洪垸内外低水位:$Z_D = A_{min1}(Z_{ZL}, Z_{ZR})$,$Z_{ZL}$ 为河道水位,Z_{ZR} 为蓄洪垸垸内水位。

3)堰顶上水深:$H_0 = Z_U - Z_{LOW(1)}$,$Z_{LOW(1)}$ 为堰上河底高程。

4)堰顶下水深:$H_S = Z_D - Z_{LOW(2)}$,$Z_{LOW(2)}$ 为堰下河底高程。

5)自由泄流与淹没出流的判别:$DELTA = H_S/H_0$ 小于 0.8 为自由泄流,反之为淹没泄流。

6)根据上述5)选择相应泄流计算公式。

根据上述计算方法,利用 1954 年上游来水经过三峡水库调度后的洪水过程,按照分洪运用控制水位分别为:沙市 45.0m(吴淞)、城陵矶(莲花塘)34.4m(吴淞)、汉口 29.5m(吴淞),结合 2016 年地形进行洪水演进计算,得到各蓄洪垸分洪口门流量过程和分蓄洪量。

6.4.1 蓄洪垸分洪过程数值模拟

利用经过三峡水库调度后的 1954 年洪水过程,按照沙市 45.0m(吴淞)、城陵矶(莲花塘)34.4m(吴淞)、汉口 29.5m(吴淞)分洪运用控制,洞庭湖蓄洪垸分洪流量过程见图 6.4-1。

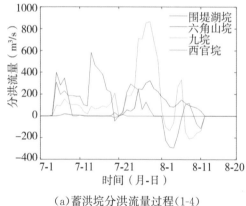

（a）蓄洪垸分洪流量过程(1-4)

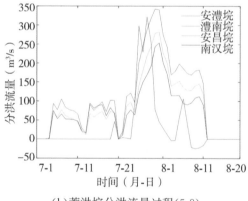

（b）蓄洪垸分洪流量过程(5-8)

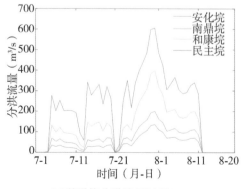

（c）蓄洪垸分洪流量过程(9-12)

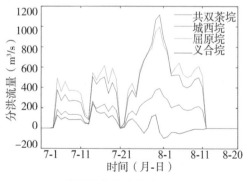

（d）蓄洪垸分洪流量过程(13-16)

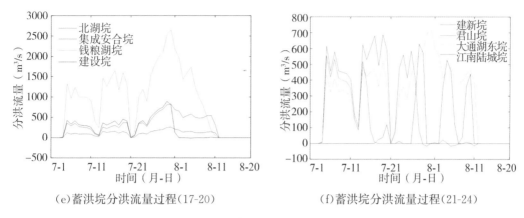

(e)蓄洪垸分洪流量过程(17-20)　　　　　(f)蓄洪垸分洪流量过程(21-24)

图 6.4-1　洞庭湖蓄洪垸分洪流量过程

从上述分洪流量过程的围堤湖垸、九垸和安昌垸等口门流量过程可以看出,分蓄洪垸数值模拟模块,实现了蓄洪垸的洪水吐纳过程。此外,洪水进入蓄洪垸后,洪水基于蓄洪垸内的地形高程分布演进,当洪水漫进村庄时,适当增加村庄单元的阻力系数;当洪水位低于子堤或隔堤高程时,洪水被阻隔,反之,采用宽顶堰的堰流公式计算漫堤流量,并嵌入二维洪水演进模块中。

6.4.2　蓄洪垸淹没范围及水深变化

洞庭湖区 24 垸水深分布变化见图 6.4-2 至图 6.4-8。以共双茶垸和九垸为例,蓄洪垸水深流场分别见图 6.4-9 和图 6.4-10。图 6.4-9 呈现了共双茶 7 月 22 号分洪流量 3390m³/s 下,蓄洪垸水深流场情况。共双茶水深在 0.2~3m 范围内变化,河道水深明显大于周边区域。流速方面,共双茶分流口门附近,尤其是河道内水体,流速较大,其在蓄洪垸内亦呈现出河道流速明显大于周边区域的特点。图 6.4-10 呈现了九垸 7 月 6 号分洪流量 1060m³/s 下,蓄洪垸的水深流场情况。九垸水深在 0.5~7m 范围内变化,西北侧入口附近流速显著大于东侧和南侧。上述结果与水动力学基本机理是一致的。

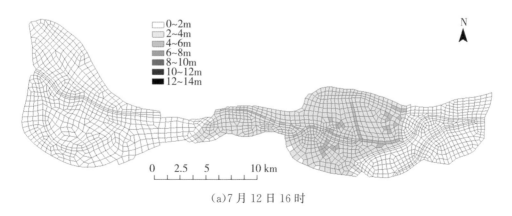

(a)7 月 12 日 16 时

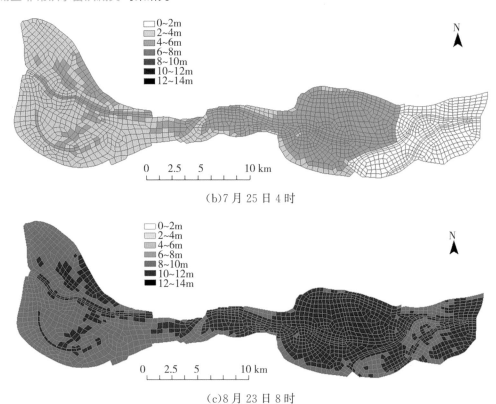

（b）7月25日4时

（c）8月23日8时

图 6.4-2　共双茶水深分布变化

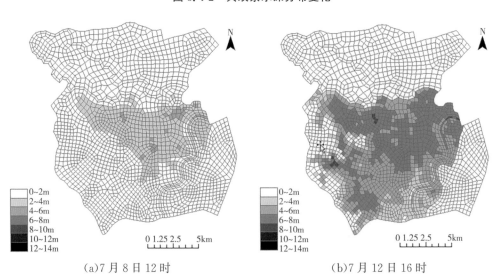

（a）7月8日12时　　　　　　　　　　（b）7月12日16时

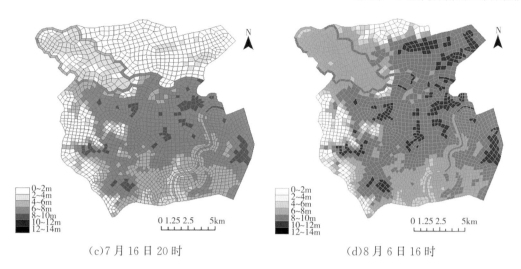

（c）7月16日20时 （d）8月6日16时

图 6.4-3 钱粮湖垸水深分布变化

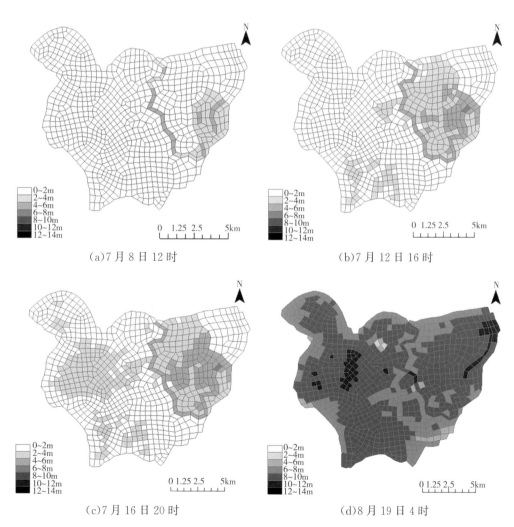

（a）7月8日12时 （b）7月12日16时

（c）7月16日20时 （d）8月19日4时

图 6.4-4 大通湖东垸水深分布变化

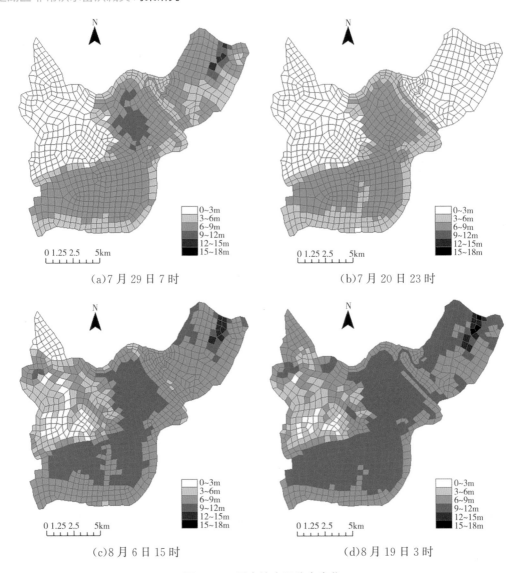

(a)7月29日7时   (b)7月20日23时

(c)8月6日15时   (d)8月19日3时

图 6.4-5　民主垸水深分布变化

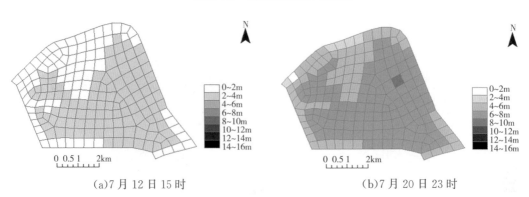

(a)7月12日15时   (b)7月20日23时

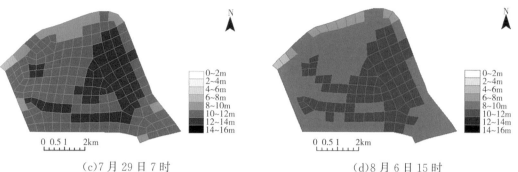

(c)7月29日7时　　　　　　　　　(d)8月6日15时

图 6.4-6　围堤湖垸水深分布变化

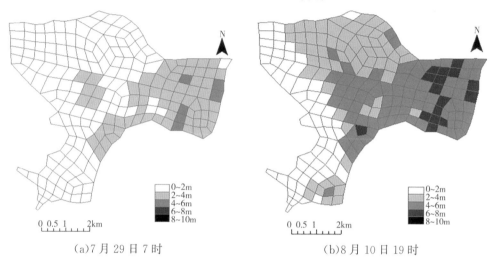

(a)7月29日7时　　　　　　　　　(b)8月10日19时

图 6.4-7　澧南垸水深分布变化

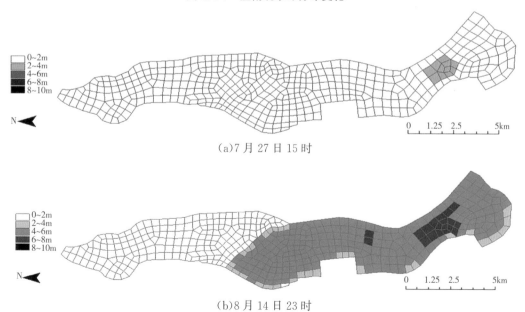

(a)7月27日15时

(b)8月14日23时

图 6.4-8　西官垸水深分布变化

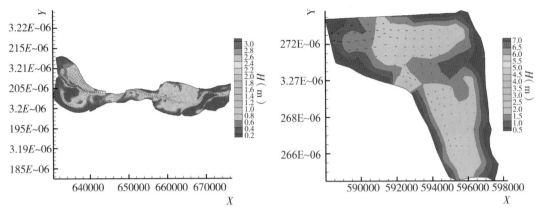

<table>
<tr><td>图 6.4-9　1954 年 7 月 22 日 6 时共双茶垸水深流场</td><td>图 6.4-10　1954 年 7 月 6 日 22 时九垸水深流场</td></tr>
</table>

6.4.3　蓄洪垸分洪量

利用三峡水库调度后的 1954 年洪水过程,按沙市 45.0m(吴淞)、城陵矶(莲花塘) 34.4m(吴淞)、汉口 29.5m(吴淞)分洪运用控制,计算并统计长江中游超额洪量情况,其中, 荆江分洪区不分洪,城陵矶附近区分洪 203.70 亿 m³。城陵矶附近区各蓄洪垸分洪量见 表 6.4-1。从表 6.4-1 中可见,洞庭湖钱粮湖垸等 12 个洪垸分洪 100.01 亿 m³,洪湖分洪区 分洪 103.69 亿 m³,各分蓄洪垸蓄洪情形下相应洞庭湖区各主要站点的水位分布见 表 6.4-2,洞庭湖区各站最高水位为 34.53~37.54m。

表 6.4-1　　　　　　　　　　城陵矶附近区各蓄洪垸分洪量　　　　　　　　　　(单位:亿 m³)

序号	蓄洪区	蓄洪容积	蓄洪量	序号	蓄洪区	蓄洪容积	蓄洪量
1	围堤湖	2.22	2.22	14	城西垸	7.92	7.78
2	六角山	1.53	0.00	15	屈原农场	12.89	0.00
3	九垸	3.82	3.56	16	义合垸	0.79	0.00
4	西官垸	4.89	4.62	17	北湖垸	1.91	0.00
5	安澧垸	9.42	0.00	18	集成、安合垸	6.26	0.00
6	澧南垸	2.21	1.89	19	钱粮湖	25.54	24.85
7	安昌、安宏垸	7.23	0.00	20	建设垸	3.72	3.72
8	南汉垸	6.15	0.00	21	建新垸	2.25	0.00
9	安化垸	4.72	0.00	22	君山农场	4.69	0.00
10	南顶垸	2.20	0.00	23	大通湖东垸	12.62	12.62
11	和康垸	6.16	0.00	24	江南、陆城	10.58	10.45
12	民主垸	12.18	12.18	25	洪湖分洪区	180.94	103.69
13	共双茶	16.12	16.12		总计	348.96	203.70

表 6.4-2　　　　各分蓄洪垸蓄洪情形下相应洞庭湖区各主要站点的水位分布　　（单位：吴淞，m）

河系	站名	水位	河系	站名	水位
四口河系尾间	官垸	41.81	洞庭湖湖区	小河嘴	37.23
	自治局	40.81		南嘴	37.54
	大湖口	41.07		杨柳潭	35.29
	安乡	39.90		营田	35.25
	肖家湾	37.69		鹿角	34.74
	注滋口	34.49		城陵矶（七里山）	34.53

6.5　小结

根据蓄洪垸内部的阻水建筑物特点，按照尽可能少的单元，兼顾模型计算精度及计算耗时的原则，采用无结构四边形网格，概化荆江分洪区以及洞庭湖 24 个蓄洪垸。

按照蓄洪垸与江河湖泊地理位置关系，建立蓄洪垸口门与河道断面之间一一对应关系数组，蓄洪垸口口门宽度为闸门宽度或规划溃堤宽度，并将蓄洪垸分洪流量作为河道旁侧进出流量纳入整体模型中。其中，蓄滞洪方案的设置包括启用蓄洪垸的选择、分洪方式、分洪口门溃决历时、口门宽度等参数，以交互方式实现对分蓄洪垸运用的控制。采用长江中游一、二维洪水演进数学模型，数值模拟了河道与蓄洪垸洪水水量吐纳及其水位交替变化过程。计算了 1954 年典型洪水蓄洪垸淹没范围及水深变化和蓄洪垸分洪量。

第 7 章 蓄洪减灾研究

在三峡水库坝下河道长历时冲刷影响下,荆江河段水文情势发生了变化。与 2002 年前水文系列相比,2008—2018 年长江干流荆江河段主要控制站的发生变化如下:①枝城站多年平均水位降低 1.10m;②沙市站多年平均水位降低 1.86m;③监利站多年平均水位基本持平;④螺山站多年平均水位抬高 0.26m,1—6 月、12 月抬高、8—11 月降低。因此江湖关系出现新的变化,进而对洞庭湖区水文情势产生影响。为此,在新的地形和水工程调控下,复盘历史典型洪水,揭示水情变化规律,复核洞庭湖区超额洪量的分配格局及其分洪效果,为新形势下洞庭湖防洪对策研究提供科学依据。

7.1 计算工况设置

洞庭湖历史较大的典型洪水有 1870 年、1935 年、1954 年、1996 年、1998 年。按照螺山或宜昌—汉口区间 30d 洪量,将上述历史洪水划分为:标准洪水 1954 年、1996 年、1998 年洪水,非常洪水 1870 年、1935 年洪水。

非常洪水计算工况见表 7.1-1,具体如下:①上游来水条件分为:上游水库不调蓄,考虑纳入 2017 年长江上游水库群调蓄和澧水上游水库群调蓄;②荆江分洪区及洞庭湖分蓄洪区应用情况分为:不分洪,莲花塘按 34.4m 控制水位分洪,莲花塘按 34.9m 控制水位分洪。

表 7.1-1   非常洪水计算工况

上游来水条件	分蓄洪区应用情况
上游水库不调蓄	不分洪
考虑纳入长江上游水库群调蓄、澧水上游水库群调蓄	莲花塘按 34.4m 控制水位分洪,莲花塘按 34.9m 控制水位分洪

纳入长江上游联合调度的水库群,包括金沙江上的梨园、阿海、金安桥、龙开口、鲁地拉、观音岩、乌东德、白鹤滩、溪洛渡、向家坝,雅砻江上的锦屏一级、二滩水库,岷江上的瀑布沟、紫坪铺,嘉陵江上的碧口、宝珠寺、亭子口、草街水库,乌江上的洪家渡、东风、乌江渡、构皮滩、思林、沙沱、彭水水库,干流上的三峡水库,清江上的隔河岩、水布垭水库,以及澧水上参与调蓄的溇水上的江垭水库和渫水上的皂市水库等共计 30 座。

特别地,对于 1870 年洪水仅考虑金沙江下游 4 座梯级水库及三峡水库调蓄。

计算采用的长江及洞庭湖四口河系地形为 2016 年地形,洞庭湖湖盆地形为 2011 年地形。各典型年按照上述条件组合成各种工况,具体工况的内涵分别见各典型年的计算方案。

7.2 标准洪水数值模拟

7.2.1 1996 年洪水

在 2016 年地形基础上,考虑 1996 年典型洪水,在分蓄洪区启用与否条件下,计算分析洞庭湖高洪水位情势及变化、超额洪量情势、主要河道泄流变化等内容。

7.2.1.1 洞庭湖高洪水位情势及变化

(1)工况 1:上游水库不调蓄、蓄洪垸不启用

①荆江洪水传播

图 7.2-1 给出了上游水库不调蓄、蓄洪垸不启用工况(工况 1)条件下,荆江、城陵矶—螺山河段、洞庭湖"四水"尾闾的水位流量过程。在工况 1 条件下,枝城站最大 7d 洪量为 258.12 亿 m³,枝城站最大 30d 洪量为 993.92 亿 m³,枝城站最大流量未超过 56700m³/s。

枝城站洪峰特征及三口分流计算成果见表 7.2-1,荆江三口各口门分流量计算成果见表 7.2-2(调弦口设计分流量相对较小,计算中未考虑)。

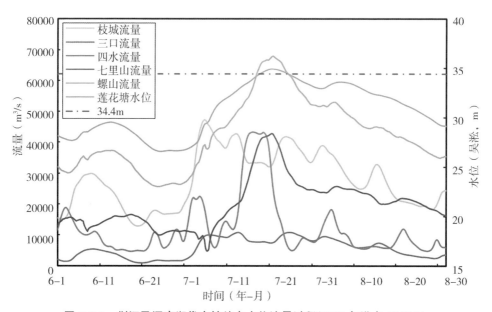

图 7.2-1　荆江及洞庭湖代表性站点水位流量过程(1996 年洪水、工况 1)

表 7.2-1 枝城站洪峰特征及三口分流计算成果(1996 年洪水、工况 1)

枝城站		相应三口合成 流量(m³/s)	分流比 (%)	相应 莲花塘水位 (吴淞,m)	相应 螺山流量 (m³/s)
峰现时间 (月-日 时:分)	洪峰流量(m³/s)				
7-6 日 01:00	48140	9376	19.48%	29.22	39194

表 7.2-2 荆江三口各口门分流量计算成果(1996 年洪水、工况 1)　　　　(单位:m³/s)

三口合成 流量	新江口 流量	沙道观 流量	弥陀寺 流量	康家岗 流量	管家铺 流量
9376	4014	1505	1527	113	2217

经三口分流后沙市、监利站洪峰水位 42.69m、36.66m,均在防洪标准范围内。螺山站于 7 月 22 日 0 时出现洪峰,对应洪峰流量为 68419m³/s。

该工况下,研究区域各站点最高水位、洪峰流量及发生时间等详细信息,见表 7.2-3。

②洞庭湖"四水"洪水传播

洞庭"四水"尾闾合成流量于 7 月 17 日 7 时、7 月 20 日 7 时出现洪峰,对应洪峰流量分别为 43430m³/s、43630m³/s。城陵矶(七里山)站于 7 月 22 日 1 时出现洪峰,对应洪峰流量为 43250m³/s。

受长江、"四水"洪水共同影响,莲花塘站于 7 月 19 日 3 时至 7 月 25 日 23 时(约 6.8d)水位超过 34.4 m,最高水位 34.92m(7 月 21 日 17 时)。

③三口河系高洪水位

a."三口五站"

新江口站最高水位为 44.43m(7 月 26 日 1 时),沙道观站最高水位为 43.90m(7 月 26 日 1 时),弥陀寺站最高水位为 42.69m(7 月 26 日 3 时),康家岗站最高水位为 38.61m(7 月 25 日 8 时),管家铺站最高水位为 38.48m(7 月 25 日 8 时)。

b. 松虎水系

官垸站最高水位为 40.81m(7 月 22 日 4 时),自治局站最高水位为 39.91m(7 月 22 日 5 时),大湖口站最高水位为 40.04m(7 月 22 日 4 时),安乡站最高水位为 39.40m(7 月 22 日 1 时),肖家湾站最高水位为 37.92m(7 月 21 日 11 时),石龟山站最高水位为 39.79m(7 月 22 日 4 时)。

c. 藕池水系

三岔河站最高水位为 37.24m(7 月 21 日 14 时),南县站最高水位为 36.14m(7 月 22 日 0 时),注滋口站最高水位为 35.24m(7 月 22 日 0 时)。

④洞庭湖区高洪水位

东洞庭湖鹿角站最高水位为 35.44m(7 月 22 日 0 时),南洞庭湖营田站最高水位为 36.06m(7 月 21 日 18 时),杨柳潭站最高水位为 36.09m(7 月 21 日 17 时),西洞庭湖南嘴站最高水位为 37.82m(7 月 21 日 1 时),小河嘴站最高水位为 37.66m(7 月 21 日 1 时)。

表 7.2-3

研究区域洪水水情计算成果（1996 年洪水，工况 1）

水系	站名	设计水位（吴淞，m）	洪峰水位（吴淞，m）	洪峰水位时间（月-日　时:分）	洪峰水位对应流量（m³/s）	超保时间（h）	最大流量（m³/s）	最大流量时间（月-日　时:分）	最大 7d 洪量（亿 m³）	最大 30d 洪量（亿 m³）
长江	宜昌	55.73	50.73	7-25 08:00	41054		41100	7-25 07:00	232.18	934.72
	枝城	51.75	47.00	7-6 20:00	46156		48140	7-6 01:00	258.12	993.92
	沙市	45.00	42.69	7-26 04:00	34691		39552	7-6 12:00	216.44	838.26
	新厂		39.46	7-26 04:00	34690		38893	7-6 14:00	214.53	835.89
	石首	40.38	38.88	7-26 02:00	31057		35977	7-6 13:00	196.41	757.12
	监利	37.28	36.66	7-25 17:00	30872		34969	7-7 04:00	193.21	753.41
	调弦口		38.00	7-25 22:00	31002		35384	7-7 04:00	194.47	754.84
	莲花塘	34.40	34.92	7-21 17:00	66763	165	68410	7-22 01:00	399.32	1454.91
	螺山	34.09	33.45	7-22 21:00	67478		68419	7-22 00:00	398.93	1454.06
	汉口	29.50	28.58	7-22 08:00	69168		69168	7-22 08:00	407.57	1530.39
	新江口	45.77	44.43	7-26 01:00	4115		4144	7-6 14:00	23.22	91.64
	沙道观	45.21	43.90	7-26 01:00	1578		1580	7-25 20:00	8.78	34.47
	瓦窑河	41.59	41.59	7-25 21:00	806	2	870	7-27 10:00	4.78	17.73
松滋河	官垸	41.87	40.81	7-22 04:00	1241		2278	7-26 10:00	12.63	48.56
	自治局	40.34	39.91	7-22 05:00	2108		3144	7-8 03:00	17.52	67.93
	大湖口	40.32	40.04	7-22 04:00	1168		1894	7-7 22:00	10.39	39.27
	安乡	39.38	39.40	7-22 01:00	4256	14	5876	7-7 21:00	31.59	115.01
	肖家湾	36.58	37.92	7-21 11:00	5576	187	8332	7-7 21:00	43.21	162.39
	汇口	40.88	40.01	7-22 04:00	1014		1479	7-4 15:00	6.28	14.35
	弥陀寺	44.15	42.69	7-26 03:00	1525		1772	7-14 04:00	9.34	34.58
	黄山头闸上		39.90	7-26 00:00	2263		2267	7-26 11:00	12.33	47.92
虎渡河	黄山头闸下	40.18	39.75	7-21 22:00	1700		2269	7-26 12:00	12.35	47.91
	董家垱	39.36	39.34	7-21 21:00	1696		2282	7-26 12:00	12.43	47.88
	新开口		38.77	7-21 18:00	1687		2303	7-26 10:00	12.53	47.88

续表

水系	站名	设计水位(吴淞,m)	洪峰水位(吴淞,m)	洪峰水位时间(月-日 时:分)	洪峰水位对应流量(m³/s)	超保时间(h)	最大流量(m³/s)	最大流量时间(月-日 时:分)	最大7d洪量(亿m³)	最大30d洪量(亿m³)
藕池河	康家岗	39.87	38.61	7-25 08:00	307		311	7-26 04:00	1.65	5.66
	管家铺	39.50	38.48	7-25 08:00	3279		3317	7-26 12:00	18.79	72.89
	官垱	38.84	37.69	7-21 16:00	177		315	7-26 05:00	1.68	5.66
	三岔河	36.05	37.24	7-21 14:00	70	218	250	7-26 11:00	1.37	4.49
	梅田湖	38.04	37.54	7-21 14:00	247		917	7-26 20:00	5.06	17.18
	鲇鱼须	37.58	37.06	7-21 21:00	594		646	7-25 08:00	3.66	13.88
	南县	36.35	36.14	7-22 00:00	1566		1787	7-26 19:00	10.32	41.74
	注滋口	34.95	35.24	7-22 00:00	2158	97	2480	7-25 08:00	14.12	55.33
澧水	石龟山	40.82	39.79	7-22 04:00	5459		6188	7-6 09:00	29.73	101.93
洪道	西河		38.62	7-21 21:00	5298		6046	7-6 08:00	29.49	101.59
沅江	桃源		46.40	7-18 10:00	27388		27500	7-18 07:00	145.24	286.84
	常德	40.68	42.74	7-18 17:00	28643	140	28755	7-18 10:00	150.74	299.91
	牛鼻滩	38.63	41.31	7-18 23:00	28489	170	28602	7-18 14:00	149.51	298.00
	周文庙	37.06	39.04	7-19 12:00	28137	181	28508	7-18 17:00	148.82	296.27
	南嘴	36.05	37.82	7-21 01:00	14432	220	14898	7-17 23:00	84.31	239.74
	小河嘴	35.72	37.66	7-21 01:00	22025	232	23107	7-18 22:00	129.27	336.69
	沙湾		37.92	7-20 23:00						
	沅江	35.28	36.30	7-21 16:00		192				
	杨柳潭	35.10	36.09	7-21 17:00		190				
东南洞庭湖	沙头	36.57	37.08	7-21 09:00	8650	122	9877	7-16 19:00	49.63	84.19
	杨堤	35.30	36.21	7-21 10:00	2395	178	2857	7-16 19:00	14.13	25.88
	甘溪港	35.37	37.15	7-21 09:00	1323	228	1573	7-16 17:00	7.61	10.25
	湘阴	35.41	36.10	7-21 18:00	3838	150	7430	8-4 21:00	27.42	84.60

续表

水系	站名	设计水位(吴淞,m)	洪峰水位(吴淞,m)	洪峰水位时间(月-日 时:分)	洪峰水位对应流量(m³/s)	超保时间(h)	最大流量(m³/s)	最大流量时间(月-日 时:分)	最大7d洪量(亿m³)	最大30d洪量(亿m³)
东南洞庭湖	营田	35.05	36.06	7-21 18:00		193				
	东南湖	35.37	36.49	7-21 17:00		205				
	草尾	35.62	36.91	7-21 13:00	3723	203	3860	7-17 23:00	21.97	65.51
	鹿角	35.00	35.44	7-22 00:00		125				
	岳阳	34.82	35.32	7-22 00:00		139				
	城陵矶(七里山)	34.55	35.14	7-22 00:00	43248	164	43250	7-22 01:00	242.16	752.92
湘江	湘潭		37.43	8-4 18:00	10788		11200	8-4 07:00	38.69	108.37
	长沙	39.00	36.52	7-21 09:00	5462		11618	8-4 17:00	41.27	116.73
	濠河口	35.41	36.15	7-21 17:00	5233	155	11997	8-4 21:00	42.80	126.60
资江	桃江		43.27	7-16 15:00	11033		11200	7-16 07:00	55.24	90.16
	益阳	38.32	37.88	7-21 09:00	9986		11500	7-16 17:00	57.51	94.32
澧水	石门		59.13	7-3 08:00	8870		9050	7-3 07:00	26.46	68.73
	津市	44.01	40.95	7-21 22:00	5209		8062	7-3 21:00	28.00	74.51

	涨水段	落水段
莲花塘34.4m时间(月-日 时:分)	7-19 03:00	7-25 23:00
对应螺山流量(m³/s)	63472	61029

（2）工况2：上游水库不调蓄、蓄洪垸启用（34.4m控制水位）

①超额洪量情势

上游水库不调蓄、蓄洪垸启用（34.4m控制水位）工况（工况2）条件下，1996年典型洪水分洪计算成果见表7.2-4。其中，荆江分洪区分洪0亿m³，城陵矶附近区分洪30.85亿m³，洪湖分洪区分洪13.32亿m³，洞庭湖区分洪17.53亿m³（钱粮湖垸分洪）。该工况下由于蓄洪垸的启用，莲花塘最高水位34.44m，小于上游水库不调蓄、蓄洪垸不启用工况（工况1）条件下的34.92m。

表 7.2-4 蓄洪垸分洪计算成果（1996 年洪水、工况 2）

蓄洪垸	可蓄容量 （亿 m³）	分洪量 （亿 m³）	最大分洪流量 （m³/s）	最高水位 （吴淞 m）
荆江分洪区	54.00	0.00		
浣市扩大区	2.00	0.00		
虎西备蓄区	3.80	0.00		
人民大垸	11.80	0.00		
围堤湖垸	2.22	0.00		
六角山垸	1.53	0.00		
九垸	3.82	0.00		
西官垸	4.89	0.00		
安澧垸	9.42	0.00		
澧南垸	2.21	0.00		
安昌垸	7.23	0.00		
南汉垸	6.15	0.00		
安化垸	4.72	0.00		
南鼎垸	2.20	0.00		
和康垸	6.16	0.00		
民主垸	12.18	0.00		
共双茶垸	16.12	0.00		
城西垸	7.92	0.00		
屈原垸	12.89	0.00		
义合垸	0.79	0.00		
北湖垸	1.91	0.00		
集成安合垸	6.26	0.00		
钱粮湖垸	25.54	17.53	5000	33.05
建设垸	3.72	0.00		
建新垸	2.25	0.00		
君山垸	4.69	0.00		
大通湖东垸	12.62	0.00		

	可蓄容量 (亿 m³)	分洪量 (亿 m³)	最大分洪流量 (亿 m³/s)	最高水位 (吴淞 m)
江南陆城垸	10.58	0.00		
洪湖分洪区	180.94	13.32	13000	23.82
荆江河段	71.60	0.00		
洞庭湖区蓄洪垸	168.02	17.53		
城陵矶附近区	348.96	30.85		

②三口河系高洪水位

a. "三口五站"

工况 2 下新江口站最高水位为 44.40m(7 月 25 日 23 时),略小于工况 1 下的 44.43m (降幅 0.03m);工况 2 下沙道观站最高水位为 43.86m(7 月 26 日 0 时),略小于工况 1 下的 43.90m(降幅 0.04m);工况 2 下弥陀寺站最高水位为 42.64m(7 月 26 日 5 时),略小于工况 1 下的 42.69m(降幅 0.05m);工况 2 下康家岗站最高水位为 38.55m(7 月 25 日 14 时),略小于工况 1 下的 38.61m(降幅 0.06m);工况 2 下管家铺站最高水位为 38.42m(7 月 25 日 14 时),略小于工况 1 下的 38.48m(降幅 0.06m)。

b. 松虎水系

工况 2 下官垸站最高水位为 40.76m(7 月 22 日 4 时),略小于工况 1 下的 40.81m(降幅 0.05m);工况 2 下自治局站最高水位为 39.84m(7 月 22 日 3 时),略小于工况 1 下的 39.91m(降幅 0.07m);工况 2 下大湖口站最高水位为 39.96m(7 月 22 日 2 时),略小于工况 1 下的 40.04m(降幅 0.08m);工况 2 下安乡站最高水位为 39.30m(7 月 22 日 0 时),略小于工况 1 下的 39.40m(降幅 0.10m);工况 2 下肖家湾站最高水位为 37.86m(7 月 19 日 19 时),略小于工况 1 下的 37.92m(降幅 0.06m);工况 2 下石龟山站最高水位为 39.72m(7 月 22 日 3 时),略小于工况 1 下的 39.79m(降幅 0.07m)。

c. 藕池水系

工况 2 下三岔河站最高水位为 37.15m(7 月 19 日 22 时),略小于工况 1 下的 37.24m (降幅 0.09m);工况 2 下南县站最高水位为 35.84m(7 月 20 日 19 时),明显小于工况 1 下的 36.14m(降幅 0.30m);工况 2 下注滋口站最高水位为 34.81m(7 月 21 日 14 时),明显小于工况 1 下的 35.24m(降幅 0.43m)。

③洞庭湖区高洪水位

工况 2 下东洞庭湖鹿角站最高水位为 35.00m(7 月 21 日 14 时),明显小于工况 1 下的 35.44m(降幅 0.56m);工况 2 下南洞庭湖营田站最高水位为 35.73m(7 月 20 日 19 时),明显小于工况 1 下的 36.06m(降幅 0.33m);工况 2 下杨柳潭站最高水位为 35.79m(7 月 20 日 20 时),明显小于工况 1 下的 36.09m(降幅 0.30m);工况 2 下西洞庭湖南嘴站最高水位为

37.77m(7月19日19时)，略小于工况1下的37.82m(降幅0.05m)；工况2下小河嘴站最高水位为37.59m(7月19日19时)，略小于工况1下的37.66m(降幅0.07m)。

7.2.1.2　主要河道泄流变化

(1)荆江及城陵矶—螺山河段过流流量变化

主要考虑在上游水库群不调蓄的来水条件下，蓄洪垸启用与否对于荆江及城陵矶—螺山河段流量具有一定影响。计算分析结果表明，蓄洪垸的启用对于荆江流量影响较小，而小幅增加了螺山站洪峰流量。

①荆江(沙市站)

相较工况1(蓄洪垸不启用)，工况2(蓄洪垸启用，莲花塘控制水位34.4m)条件下河段最大7d洪量几乎相同(相对变化小于1%)，峰值流量几乎相同(相对变化<1%)。

②荆江(监利站)

相较工况1，工况2条件下河段最大7d洪量几乎相同(相对变化小于1%)，峰值流量几乎相同(相对变化小时1%)。

③城陵矶—螺山河段(螺山站)

相较工况1，工况2条件下河段最大7d洪量变化很小(相对变化小于2%)，峰值流量由68419m³/s增加至70008m³/s。

(2)三口河系主要河段过流流量变化

三口河系主要河段过流流量同样受到蓄洪垸启用的影响。从总体上来看，蓄洪垸启用条件下，各河道过流流量及洪峰流量变化不显著。

①官垸河(官垸站)

相较工况1(蓄洪垸不启用)，工况2(蓄洪垸启用，莲花塘控制水位34.4m)条件下河段最大7d洪量几乎相同(相对变化小于1%)，峰值流量由2278m³/s增加至2346m³/s。

②自治局河(自治局站)

相较工况1，工况2条件下河段最大7d洪量几乎相同(相对变化小于1%)，洪峰流量变化很小(相对变化小于2%)

③大湖口河(大湖口站)

相较工况1，工况2条件下河段最大7d洪量几乎相同(相对变化小于1%)，峰值流量几乎相同(相对变化小于1%)。

④松虎洪道(安乡站)

相较工况1，工况2条件下河段最大7d洪量几乎相同(相对变化小于1%)，峰值流量几乎相同(相对变化小于1%)。

⑤澧水洪道(石龟山站)

相较工况1，工况2条件下河段最大7d洪量几乎相同(相对变化小于1%)，峰值流量几乎相同(相对变化小于1%)。

⑥藕池西支(康家岗站)

相较工况 1,工况 2 条件下河段的最大 7d 洪量由 1.65 亿 m³ 减少至 1.59 亿 m³,峰值流量由 311m³/s 减少至 302m³/s。

⑦藕池东支(管家铺站)

相较工况 1,工况 2 条件下河段最大 7d 洪量由 18.79 亿 m³ 减少至 18.59 亿 m³,峰值流量由 3317m³/s 减少至 3292m³/s。

⑧藕池中西支汇合河段(三岔河站)

相较工况 1,工况 2 条件下河段最大 7d 洪量由 1.37 亿 m³ 减少至 1.34 亿 m³,峰值流量由 250m³/s 减少至 245m³/s。

⑨草尾河(草尾站)

相较工况 1,工况 2 条件下河段最大 7d 洪量由 21.97 亿 m³ 减少至 22.09 亿 m³,峰值流量几乎相同(相对变化小于 1%)。

7.2.1.3　1996 洪水情势小结

在 2016 年地形基础上,考虑 1996 年典型洪水,在分蓄洪区启用与否条件下,分析、比较了洞庭湖高洪水位情势及其变化。各工况条件下研究区域洪水情势主要差异总结,见表 7.2-5 至表 7.2-7。工况 1:上游水库不调蓄、蓄洪垸不启用;工况 2:上游水库不调蓄、蓄洪垸启用。

表 7.2-5　　　　　1996 年洪水各工况洪水流量计算成果对比

统计指标	工况 2～工况 1
枝城站最大流量(m³/s)	0
枝城站最大 7d 洪量(亿 m³)	0
枝城站最大 30d 洪量(亿 m³)	0
枝城站流量大于 56700 m³/s 天数(d)	0
荆江三口最大流量(m³/s)	0
监利站最大流量(m³/s)	0
城陵矶(七里山)最大流量(m³/s)	1229
螺山站最大流量(m³/s)	1590

表 7.2-6　　　　　1996 年洪水各工况洪水水位计算成果对比

统计指标	工况 2～工况 1
莲花塘站最高水位(m)	−0.48
莲花塘站水位大于 34.4m 天数(d)	−5.8
新江口站最高水位(m)	−0.03
沙道观站最高水位(m)	−0.04
弥陀寺站最高水位(m)	−0.05

统计指标	工况 2~工况 1
康家岗站最高水位(m)	−0.06
管家铺站最高水位(m)	−0.06
官垸站最高水位(m)	−0.05
自治局站最高水位(m)	−0.07
大湖口站最高水位(m)	−0.08
安乡站最高水位(m)	−0.10
肖家湾站最高水位(m)	−0.06
石龟山站最高水位(m)	−0.07
三岔河站最高水位(m)	−0.09
南县站最高水位(m)	−0.30
注滋口站最高水位(m)	−0.43
鹿角站最高水位(m)	−0.44
营田站最高水位(m)	−0.33
杨柳潭站最高水位(m)	−0.30
南嘴站最高水位(m)	−0.05
小河嘴站最高水位(m)	−0.06

表 7.2-7　　　　　　　　1996 年洪水各工况洪水分蓄洪计算成果对比　　　　　　(单位:亿 m³)

统计指标	工况 2
荆江河段分洪量	0.00
洪湖分洪区分洪量	13.32
洞庭湖区蓄洪垸分洪量	17.53
城陵矶附近区分洪量	30.85

对比工况 1 与工况 2,通过城陵矶附近区蓄洪垸分洪有效降低了莲花塘洪峰水位及其超出 34.4m 的天数,并减小了东洞庭湖和南洞庭湖的高洪水位。蓄洪垸的启用对于荆江流量影响较小,小幅增加了螺山站洪峰流量,三口河系主要河段过流流量及洪峰流量变化不显著。

7.2.2　1998 年洪水

在 2016 年地形基础上,考虑 1998 年典型洪水,在长江上游水库群调蓄与否条件下,计算分析洞庭湖高洪水位情势及变化、超额洪量情势、主要河道泄流变化等内容。

7.2.2.1　洞庭湖高洪水位情势及变化

(1)工况 1:上游水库不调蓄、蓄洪垸不启用

①荆江洪水传播

图 7.2-2 给出了上游水库不调蓄、蓄洪垸不启用工况(工况 1)条件下,荆江、城陵矶—螺山河段、洞庭湖"四水"尾闾的水位及流量过程。在工况 1 条件下,枝城站最大 7d 洪量为

368.16 亿 m³,最大 30d 洪量为 1445.72 亿 m³。枝城站于 8 月 6 日 1 时至 8 月 9 日 5 时(约 3.2d)、8 月 11 日 17 时至 8 月 19 日 16 时(约 8d)流量超过 56700 m³/s,超出时间共 11.2d。

枝城站洪峰特征及三口分流计算成果见表 7.2-8,荆江三口各口门分流量计算成果见表 7.2-9(调弦口设计分流量相对较小,计算中未考虑)。

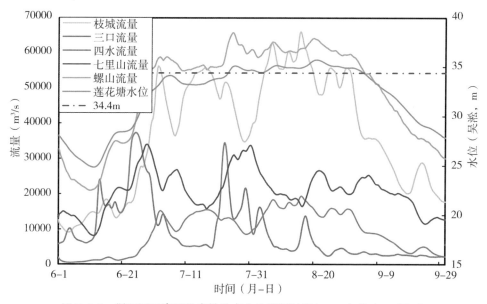

图 7.2-2　荆江及洞庭湖代表性站点水位流量过程(1998 年洪水、工况 1)

表 7.2-8　　　　枝城站洪峰特征及三口分流计算成果(1998 年洪水、工况 1)

序号	时间 (月-日 时:分)	枝城流量 (m³/s)	相应三口合成 流量(m³/s)	分流比 (%)	相应莲花 塘水位(吴淞,m)	相应螺山 流量(m³/s)
1	7-2 23:00	56749	14728	25.95	33.23	58217
2	7-17 16:00	56006	15494	27.66	33.37	55623
3	7-24 09:00	51834	13078	25.23	34.20	61170
4	8-7 08:00	63544	17798	28.01	34.96	
5	8-12 10:00	60694	17207	28.35	34.95	
6	8-16 09:00	66627	19024	28.55	34.91	51158
7	8-25 14:00	55994	15731	28.09	35.	60873

表 7.2-9　　　　荆江三口各口门分流量计算成果(1998 年洪水　　　　　　(单位:m³/s)

序号	三口合成 流量	新江口 流量	沙道观 流量	弥	康家岗 流量	管家铺 流量
1	14728	5604	2348	103	468	4206
2	15494	5736	2459	1994	579	4726
3	13078	5041	2231	928	517	4361
4	17798	6402	2887	2200	737	5572

序号	三口合成流量	新江口流量	沙道观流量	弥陀寺流量	康家岗流量	管家铺流量
5	17207	6227	2779	2124	696	5380
6	19024	6758	3088	2409	788	5981
7	15731	5813	2517	1856	660	4885

监利站于 7 月 3 日 16 时、7 月 18 日 7 时、7 月 25 日 2 时、8 月 8 日 7 时、8 月 13 日 15 时、8 月 17 日 7 时、8 月 26 日 19 时出现洪峰,对应洪峰流量分别为 39385m³/s、40195m³/s、37711m³/s、43751m³/s、42562m³/s、46013m³/s、39730m³/s。螺山站于 7 月 3 日 13 时、7 月 17 日 9 时、7 月 26 日 7 时、8 月 8 日 7 时、8 月 13 日 15 时、8 月 20 日 16 时、8 月 27 日 15 时出现洪峰,对应洪峰流量分别为 59603m³/s、56798m³/s、66078m³/s、63398m³/s、60775m³/s、64499m³/s、60915m³/s。

该工况下,研究区域各站点最高水位、洪峰流量及发生时间等详细信息,见表 7.2-10。

②洞庭湖"四水"洪水传播

洞庭湖"四水"尾闾合成流量于 6 月 14 日 7 时、6 月 26 日 7 时、7 月 24 日 7 时出现洪峰,对应洪峰流量分别为 26970m³/s、37390m³/s、34667m³/s。城陵矶(七里山)站于 6 月 29 日 6 时、7 月 31 日 20 时出现洪峰,对应洪峰流量分别为 34330m³/s、33989m³/s。

受"三口""四水"洪水共同影响,莲花塘站于 7 月 24 日 21 时至 9 月 5 日 9 时(约 42.50d)水位超过 34.40m,最高水位 35.75m(8 月 21 日 8 时)。

③"三口"河系高洪水位

a."三口五站"

新江口站最高水位为 46.75m(8 月 17 日 3 时),沙道观站最高水位为 46.39m(8 月 17 日 4 时),弥陀寺站最高水位为 44.73m(8 月 17 日 9 时),康家岗站最高水位为 40.21m(8 月 17 日 8 时),管家铺站最高水位为 40.0m(8 月 17 日 8 时)。

b.松虎水系

自家站最高水位为 43.06m(7 月 24 日 11 时),自治局站最高水位为 42.23m(7 月 24 日 12 时),大湖口站最高水位为 43.10m(7 月 24 日 16 时),安乡站最高水位为 41.09m(7 月 24 日 19 时),肖家湾站最高水位为 38.15m(7 月 26 日 8 时),石龟山站最高水位为 42.58m(7 月 25 日 5 时)。

c.藕池水系

三岔河站最高水位为 37.47m(7 月 25 日 12 时),南县站最高水位为 36.71m(8 月 20 日 20 时),注滋口站最高水位为 35.61m(8 月 21 日 16 时)。

④洞庭湖区高洪水位

东洞庭湖鹿角站最高水位为 35.84m(8 月 21 日 7 时),南洞庭湖营田站最高水位为 36.01m(8 月 21 日 15 时),杨柳潭站最高水位为 35.98m(8 月 21 日 15 时),西洞庭湖南嘴站最高水位为 37.93m(7 月 25 日 8 时),小河嘴站最高水位为 37.58m(7 月 25 日 9 时)。

表7.2-10　研究区域洪水水情计算成果（1998年洪水，工况1）

水系	站名	设计水位（吴淞，m）	洪峰水位（吴淞，m）	洪峰水位时间（月-日 时:分）	洪峰水位对应流量（m³/s）	超保时间（h）	最大流量（m³/s）	最大流量时间（月-日 时:分）	最大7d洪量（亿m³）	最大30d洪量（亿m³）
长江	宜昌	55.73	53.87	8-16 09:00	61283		61700	8-16 07:00	347.22	1379.43
	枝城	51.75	49.91	8-16 20:00	66211		66627	8-16 09:00	368.16	1445.72
	沙市	45.00	45.12	8-17 02:00	53449	26	53546	8-16 22:00	299.91	1183.83
	新厂		41.35	8-17 06:00	53289		53383	8-17 02:00	299.68	1183.35
	石首	40.38	40.60	8-17 07:00	46081	74	46211	8-17 08:00	260.28	1033.68
	监利	37.28	37.88	8-20 21:00	39395	687	46013	8-17 07:00	259.91	1033.10
	调弦口		39.33	8-17 20:00	44464		46311	8-17 08:00	260.08	1033.29
	莲花塘	34.40	35.75	8-21 08:00	63964	1021	66313	7-26 07:00	381.00	1601.64
	螺山	34.09	34.85	8-21 02:00	64348	526	66078	7-26 07:00	380.81	1600.45
	汉口	29.50	29.31	8-20 22:00	71841		71841	8-20 22:00	428.66	1772.76
松滋河	新江口	45.77	46.75	8-17 03:00	6792	453	6862	8-16 20:00	38.43	150.96
	沙道观	45.21	46.39	8-17 04:00	3144	549	3184	8-16 21:00	17.42	66.36
	瓦窑河	41.59	43.68	7-24 14:00	357	911	1948	8-8 21:00	11.18	44.36
	官垸	41.87	43.85	7-24 05:00	506	117	2743	8-8 19:00	15.73	62.47
	自治局	40.34	42.23	7-24 12:00	3277	208	3770	8-8 19:00	21.50	85.46
	大湖口	40.32	42.19	7-24 16:00	1733	397	2009	8-8 20:00	11.68	46.90
	安乡	39.38	41.09	7-24 19:00	7488	205	7794	7-24 06:00	36.36	131.29
	肖家湾	36.58	38.15	7-25 08:00	10134	202	10380	7-25 00:00	51.22	199.51
	汇口	40.88	43.02	7-24 05:00	2923	82	2976	7-23 23:00	8.43	10.73
虎渡河	弥陀寺	44.15	44.73	8-17 09:00	2199	153	2447	8-16 12:00	12.55	46.76
	黄山头闸上		43.67	8-17 14:00	3387		3405	8-17 08:00	18.71	70.74

续表

水系	站名	设计水位（吴淞，m）	洪峰水位（吴淞，m）	洪峰水位时间（月-日 时：分）	洪峰水位对应流量（m³/s）	超保时间（h）	最大流量（m³/s）	最大流量时间（月-日 时：分）	最大7d洪量（亿m³）	最大30d洪量（亿m³）
虎渡河	黄山头闸下	40.18	43.63	8-17 14:00	3387	1426	3398	8-17 09:00	18.70	70.74
	董家垱	39.36	40.75	7-25 00:00	2721	592	3375	8-17 12:00	18.66	70.73
	新开口	39.87	39.82	7-24 23:00	2717		3349	8-17 13:00	18.62	70.74
	康家岗	39.87	40.21	8-17 08:00	823	109	825	8-17 05:00	4.52	17.20
	管家铺	39.50	40.00	8-17 08:00	6340	241	6342	8-17 07:00	34.77	132.32
	官垱	38.84	38.76	8-17 10:00	815		846	8-17 13:00	4.51	17.20
藕池河	三岔河	36.05	37.47	7-25 12:00	282	946	517	8-17 13:00	2.78	10.52
	梅田湖	38.04	37.91	7-25 13:00	994		1857	8-17 09:00	10.03	38.13
	鲇鱼须	37.58	38.25	8-17 09:00	1364	638	1380	8-17 13:00	7.35	27.47
	南县	36.35	36.71	8-20 20:00	2605	230	3105	8-17 13:00	17.34	66.69
	注滋口	34.95	35.61	8-21 16:00	3397	373	4477	8-17 16:00	24.60	94.12
澧水	石龟山	40.82	42.58	7-24 05:00	12516	72	12563	7-24 02:00	48.25	137.83
洪道	西河		40.04	7-24 12:00	12195		12423	7-24 05:00	47.97	137.60
沅江	桃源		44.15	7-24 10:00	21138		22100	7-24 07:00	74.12	173.67
	常德	40.68	40.88	7-24 15:00	20612	12	20694	7-24 16:00	73.86	174.09
	牛鼻滩	38.63	39.88	7-24 19:00	19754	49	20197	7-24 16:00	73.67	172.51
	周文庙	37.06	38.39	7-25 02:00	18408	71	19646	7-24 17:00	73.74	170.96
东南洞	南嘴	36.05	37.93	7-25 08:00	15465	375	15620	7-25 03:00	68.12	215.77
	小河嘴	35.72	37.58	7-25 09:00	24759	589	25053	7-25 02:00	104.02	313.65
庭湖	沙湾		38.01	7-25 08:00						
	沅江	35.28	36.09	8-21 14:00		606				

续表

水系	站名	设计水位（吴淞，m）	洪峰水位（吴淞，m）	洪峰水位时间（月-日 时:分）	洪峰水位对应流量（m³/s）	超保时间（h）	最大流量（m³/s）	最大流量时间（月-日 时:分）	最大7d洪量（亿m³）	最大30d洪量（亿m³）
	杨柳潭	35.10	35.98	8-21 15:00		749				
	沙头	36.57	36.06	8-21 13:00	699		6785	6-27 10:00	36.95	85.55
	杨堤	35.30	35.78	8-21 16:00	368	229	2242	6-14 15:00	9.53	26.87
	甘溪港	35.37	36.07	8-21 13:00	-245	488	1181	6-27 16:00	6.37	13.53
东南洞庭湖	湘阴	35.41	36.04	8-21 15:00	-11	331	14057	6-28 06:00	66.67	154.76
	营田	35.05	36.01	8-21 15:00		885				
	东南湖	35.37	36.33	8-21 15:00		894				
	草尾	35.62	36.86	7-25 11:00	4004	368	4040	7-25 04:00	18.83	64.06
	鹿角	35.00	35.84	8-21 07:00		553				
	岳阳	34.82	35.77	8-21 07:00		851				
	城陵矶（七里山）	34.55	35.74	8-21 08:00	26149	952	34330	6-29 06:00	192.47	635.30
湘江	湘潭	39.00	39.44	6-28 04:00	14588		15200	6-27 07:00	75.69	169.13
	长沙	39.00	37.56	6-28 07:00	17617		17741	6-27 21:00	86.63	190.80
	濠河口	35.41	36.06	8-21 15:00	771	362	21435	6-28 06:00	98.90	214.10
资江	桃江		40.68	6-27 08:00	7819		8880	6-14 07:00	42.01	92.06
	益阳	38.32	36.12	8-21 11:00	454		8019	6-27 10:00	43.53	99.10
澧水	石门		63.91	7-23 07:00	17300		17300	7-23 07:00	45.53	90.71
	津市	44.01	45.94	7-23 19:00	16095	53	16361	7-23 15:00	46.92	93.24

		涨水段	落水段
莲花塘 34.4m 时间（月-日 时:分）		7-24 21:00	9-5 09:00
对应螺山流量（m³/s）		63176	54720

(2)工况2:上游水库不调蓄、蓄洪垸启用(34.4m 控制水位)

①超额洪量情势

上游水库调蓄、蓄洪垸启用(34.4m 控制水位)工况(工况 2)条件下,1998 年典型洪水分洪计算成果见表 7.2-11。其中,荆江分洪区分洪 1.06 亿 m³,洪湖分洪区分洪 55.92 亿 m³,洞庭湖区蓄洪垸分洪 58.13 亿 m³,城陵矶附近区分洪 114.05 亿 m³。该工况下由于蓄洪垸的启用,莲花塘最高水位 34.41m,小于上游水库不调蓄、蓄洪垸不启用工况(工况 1)条件下的 35.75m。

表 7.2-11 蓄洪垸分洪计算成果(1998 年洪水、工况 2)

蓄洪垸	可蓄容量 (亿 m³)	分洪量 (亿 m³)	最大分洪流量 (m³/s)	最高水位 (吴淞,m)
荆江分洪区	54.00	1.06	8000	32.40
浣市扩大区	2.00	0.00		
虎西备蓄区	3.80	0.00		
人民大垸	11.80	0.00		
围堤湖垸	2.22	0.00		
六角山垸	1.53	0.00		
九垸	3.82	0.00		
西官垸	4.89	0.00		
安澧垸	9.42	0.00		
澧南垸	2.21	1.31	2380	41.52
安昌垸	7.23	0.00		
南汉垸	6.15	0.00		
安化垸	4.72	0.00		
南鼎垸	2.20	0.00		
和康垸	6.16	0.00		
民主垸	12.18	5.36	4000	31.55
共双茶垸	16.12	15.75	3630	34.59
城西垸	7.92	3.14	2551	30.69
屈原垸	12.89	0.00		
义合垸	0.79	0.00		
北湖垸	1.91	0.00		
集成安合垸	6.26	0.00		
钱粮湖垸	25.54	20.94	5000	33.81
建设垸	3.72	2.96	2210	32.29

蓄洪垸	可蓄容量 （亿 m³）	分洪量 （亿 m³）	最大分洪流量 （m³/s）	最高水位 （吴淞，m）
建新垸	2.25	0.00		
君山垸	4.69	0.00		
大通湖东垸	12.62	8.68	2190	34.01
江南陆城垸	10.58	0.00		
洪湖分洪区	180.94	55.92	12000	26.58
荆江河段	71.60	1.06		
洞庭湖区蓄洪垸	168.02	58.13		
城陵矶附近区	348.96	114.05		

②三口河系高洪水位

a. "三口五站"

工况 2 下新江口站最高水位为 46.67m(8 月 17 日 1 时)，略小于工况 1 下的 46.75m(降幅 0.08 m)；工况 2 下沙道观站最高水位为 46.30m(8 月 17 日 1 时)，略小于工况 1 下的 46.39m(降幅 0.09m)；工况 2 下弥陀寺站最高水位为 44.58m(8 月 17 日 11 时)，明显小于工况 1 下的 44.73m(降幅 0.15m)；工况 2 下康家岗站最高水位为 40.02m(8 月 17 日 8 时)，明显小于工况 1 下的 40.21m(降幅 0.19 m)；工况 2 下管家铺站最高水位为 39.82m(8 月 17 日 8 时)，明显小于工况 1 下的 40.00m(降幅 0.18 m)。

b. 松虎水系

工况 2 下官垸站最高水位为 43.85m(7 月 24 日 5 时)，与工况 1 下的水位一致；工况 2 下自治局站最高水位为 42.23m(7 月 24 日 12 时)，与工况 1 下的水位一致；工况 2 下大湖口站最高水位为 42.19m(7 月 24 日 16 时)，与工况 1 下的水位一致；工况 2 下安乡站最高水位为 41.09m(7 月 24 日 19 时)，与工况 1 下的水位一致；工况 2 下肖家湾站最高水位为 38.09m(7 月 25 日 3 时)，略小于工况 1 下的 38.15m(降幅 0.06m)；工况 2 下石龟山站最高水位为 42.58m(7 月 24 日 5 时)，与工况 1 下的水位一致。

c. 藕池水系

工况 2 下三岔河站最高水位为 37.37m(7 月 25 日 6 时)，明显小于工况 1 下的 37.47m(降幅 0.10m)；工况 2 下南县站最高水位为 36.12m(8 月 17 日 12 时)，明显小于工况 1 下的 36.71m(降幅 0.59m)；工况 2 下注滋口站最高水位为 34.63m(7 月 26 日 1 时)，明显小于工况 1 下的 35.61m(降幅 0.98 m)。

③洞庭湖区高洪水位

工况 2 下东洞庭湖鹿角站最高水位为 34.63m(7 月 25 日 16 时)，明显小于工况 1 下的 35.84m(降幅 1.21m)；工况 2 下南洞庭湖营田站最高水位为 35.18m(7 月 25 日 14 时)，明显小于工况 1 下的 36.01m(降幅 0.83m)；工况 2 下杨柳潭站最高水位为 35.23m(7 月 25

14时),明显小于工况 1 下的 35.98m(降幅 0.75m);工况 2 下西洞庭湖南嘴站最高水位为 37.86m(7 月 25 日 3 时),明显小于工况 1 下的 37.93m(降幅 0.08m);工况 2 下小河嘴站最高水位为 37.44m(7 月 25 日 3 时),明显小于工况 1 下的 37.58m(降幅 0.14m)。

（3）工况 3：上游水库调蓄、蓄洪垸不启用

①荆江洪水传播

图 7.2-3 给出了上游水库调蓄、蓄洪垸不启用工况(工况 3)条件下,荆江、城陵矶—螺山河段、洞庭湖"四水"尾闾的水位流量过程。在工况 3 条件下,枝城站最大 7d 洪量为 317.50 亿 m³,枝城站最大 30d 洪量为 1295.20 亿 m³。枝城站流量未超过 56700m³/s。

1998 年洪水、工况 3 条件下枝城站洪峰特征及三口分流计算成果见表 7.2-12,荆江三口各口门分流量计算成果见表 7.2-13(调弦口设计分洪流量相对较小,计算中未考虑)。

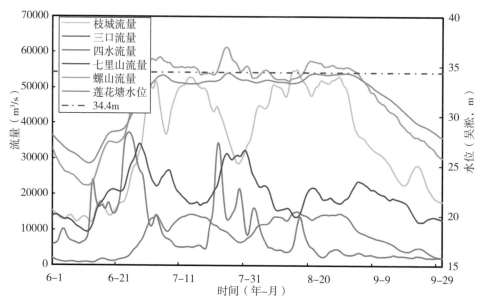

图 7.2-3　荆江及洞庭湖代表性站点水位流量过程(1998 年洪水、工况 3)

表 7.2-12　　　　　枝城站洪峰特征及三口分流计算成果(1998 洪水、工况 3)

序号	时间 (月-日 时:分)	枝城流量 (m³/s)	相应三口合 成流量(m³/s)	分流比 (%)	相应莲花 塘水位(吴淞,m)	相应螺山 流量(m³/s)
1	7-4 08:00	53334	14098	26.43	33.77	57986
2	7-14 22:00	52982	14331	27.05	33.24	55640
3	8-9 23:00	51097	13819	27.04	33.53	52728
4	8-15 09:00	55479	14275	25.73	33.33	52889
5	8-24 10:00	52688	14214	26.98	34.26	57347
6	8-30 09:00	53293	14705	27.59	34.28	55733

表 7.2-13 　　　　　　　荆江三口各口门分流量计算成果(1998 年洪水、工况 3) 　　　　(单位:m³/s)

序号	三口合成流量	新江口流量	沙道观流量	弥陀寺流量	康家岗流量	管家铺流量
1	14098	5375	2249	1805	468	4202
2	14331	5415	2274	1832	490	4321
3	13819	5234	2169	1806	453	4157
4	14275	5430	2258	1911	467	4209
5	14214	5389	2271	1726	503	4324
6	14705	5509	2348	1737	550	4561

监利站于 7 月 4 日 13 时、7 月 15 日 23 时、8 月 11 日 3 时、8 月 17 日 18 时、8 月 25 日 2 时、8 月 30 日 20 时出现洪峰,对应洪峰流量分别为 37314m³/s、38532m³/s、36809m³/s、39848m³/s、37942m³/s、38434m³/s。螺山站于 7 月 5 日 8 时、7 月 25 日 20 时、8 月 7 日 8 时、8 月 21 日 8 时、8 月 27 日 20 时出现洪峰,对应洪峰流量分别为 58865m³/s、61616m³/s、55100m³/s、57803m³/s、56875m³/s。

该工况下,研究区域各站点最高水位、洪峰流量及发生时间信息,见表 7.2-14。

②洞庭湖"四水"洪水传播

洞庭湖"四水"尾闾合成流量于 6 月 14 日 7 时、6 月 26 日 7 时、7 月 24 日 7 时现洪峰,对应洪峰流量分别为 26970m³/s、37390m³/s、34667m³/s。城陵矶(七里山)站于 6 月 29 日 4 时、7 月 26 日 9 时、8 月 1 日 4 时出现洪峰,对应洪峰流量分别为 34614m³/s、31706m³/s、32673m³/s。

受"三口""四水"洪水共同影响,莲花塘洪峰水位为 34.35m,未超过 34.40m。

③"三口"河系高洪水位

a. "三口五站"

新江口站最高水位为 45.57m(8 月 17 日 13 时),沙道观站最高水位为 45.12m(8 月 17 日 14 时),弥陀寺站最高水位为 43.42m(8 月 17 日 18 时),康家岗站最高水位为 39.29m(8 月 17 日 19 时),管家铺站最高水位为 39.13m(8 月 17 日 19 时)。

b. 松虎水系

官垸站最高水位为 43.50m(7 月 24 日 4 时),自治局站最高水位为 41.82m(7 月 24 日 9 时),大湖口站最高水位为 41.74m(7 月 24 日 11 时),安乡站最高水位为 40.64m(7 月 24 日 13 时),肖家湾站最高水位为 37.73m(7 月 25 日 5 时),石龟山站最高水位为 42.30m(7 月 24 日 4 时)。

c. 藕池水系

三岔河站最高水位为 37.03m(7 月 25 日 11 时),南县站最高水位为 35.82m(7 月 26 日 6 时),注滋口站最高水位为 34.50m(7 月 26 日 16 时)。

表 7.2-14　研究区域洪水水情计算成果（1998 年洪水，工况 3）

水系	站名	设计水位 (吴淞,m)	洪峰水位 (吴淞,m)	洪峰水位时间 (月-日 时:分)	对应流量 (m³/s)	超保时间 (h)	最大流量 (m³/s)	最大流量时间 (月-日 时:分)	最大 7d 洪量 (亿 m³)	最大 30d 洪量 (亿 m³)
长江	宜昌	55.73	52.68	8-30 07:00	52748		52748	8-30 07:00	307.05	1232.59
	枝城	51.75	48.65	8-17 08:00	55294		55479	8-15 09:00	317.50	1295.20
	沙市	45.00	43.94	8-17 13:00	45246		45290	8-17 10:00	260.93	1067.05
	新厂		40.30	8-17 16:00	45191		45221	8-17 13:00	260.76	1066.54
	石首	40.38	39.58	8-17 18:00	39879		39994	8-17 20:00	230.74	944.74
	监利	37.28	37.11	8-31 06:00	37527		39848	8-17 18:00	230.34	944.10
	调弦口		38.56	8-31 05:00	37556		40016	8-17 20:00	230.52	944.34
	莲花塘	34.40	34.35	7-26 18:00	61286		61918	7-25 20:00	352.84	1465.32
	螺山	34.09	33.41	8-31 02:00	55932		61616	7-25 20:00	352.80	1464.11
	汉口	29.50	28.16	8-31 08:00	64280		64753	7-28 11:00	388.67	1616.65
松滋河	新江口	45.77	45.57	8-17 13:00	5604		5630	8-17 08:00	32.79	132.68
	沙道观	45.21	45.12	8-17 14:00	2406		2417	8-17 10:00	13.90	54.99
	瓦窑河	41.59	43.16	7-24 08:00	-422	333	1664	8-30 22:00	9.85	39.90
	官垸	41.87	43.50	7-24 04:00	-487	66	2338	7-16 11:00	13.90	55.44
	自治局	40.34	41.82	7-24 09:00	2980	74	3088	8-30 22:00	18.35	74.03
	大湖口	40.32	41.74	7-24 11:00	1578	77	1889	7-16 11:00	11.04	44.10
	安乡	39.38	40.64	7-24 13:00	7232	75	7402	7-24 17:00	33.86	120.73
	肖家湾	36.58	37.73	7-25 05:00	9145	68	9572	7-24 14:00	46.07	178.84
	汇口	40.88	42.71	7-24 04:00	2854	70	2893	7-23 19:00	9.25	16.77

续表

水系	站名	设计水位(吴淞,m)	洪峰水位(吴淞,m)	洪峰水位时间(月-日 时:分)	洪峰水位对应流量(m³/s)	超保时间(h)	最大流量(m³/s)	最大流量时间(月-日 时:分)	最大7d洪量(亿m³)	最大30d洪量(亿m³)
虎渡河	弥陀寺	44.15	43.42	8-17 18:00	1909		1985	8-15 13:00	10.78	42.61
	黄山头闸上		42.44	7-24 15:00	2341		2671	8-18 00:00	14.98	58.26
	黄山头闸下	40.18	42.41	7-24 15:00	2343	1307	2666	8-18 00:00	14.98	58.26
	董家垱	39.36	40.11	7-24 19:00	2314	63	2649	8-17 20:00	14.94	58.25
	新开口		39.32	7-25 01:00	2235		2621	8-17 19:00	14.90	58.26
藕池河	康家岗	39.87	39.29	8-17 19:00	571		572	8-17 17:00	3.19	12.32
	管家铺	39.50	39.13	8-17 19:00	4694		4695	8-17 17:00	26.90	109.29
	官垱	38.84	37.83	7-25 15:00	353		569	8-17 21:00	3.19	12.31
	三岔河	36.05	37.03	7-25 11:00	213	91	355	8-29 23:00	2.08	8.34
	梅田湖	38.04	37.47	7-25 10:00	783		1332	8-17 19:00	7.74	31.10
	鲇鱼须	37.58	37.35	8-29 23:00	913		917	8-17 21:00	5.31	21.19
	南县	36.35	35.82	7-26 06:00	1943		2433	8-17 21:00	13.97	56.96
	注滋口	34.95	34.50	7-26 16:00	2615		3334	8-17 23:00	19.16	78.09
澧水洪道	石龟山	40.82	42.30	7-24 04:00	11834	63	11872	7-24 01:00	44.73	119.26
	西河		39.77	7-24 10:00	11596		11735	7-24 05:00	44.54	119.16
沅水	桃源		44.08	7-24 10:00	21138		22100	7-24 07:00	74.12	173.67
	常德	40.68	40.74	7-24 15:00	20614	6	20697	7-24 16:00	73.96	174.08
	牛鼻滩	38.63	39.70	7-24 19:00	19788	43	20198	7-24 16:00	73.93	172.46
	周文庙	37.06	38.08	7-25 02:00	18523	54	19673	7-24 17:00	74.16	170.88

续表

水系	站名	设计水位（吴淞,m）	洪峰水位（吴淞,m）	洪峰水位时间（月-日 时:分）	洪峰水位对应流量（m³/s）	超保时间（h）	最大流量（m³/s）	最大流量时间（月-日 时:分）	最大7d洪量（亿 m³/s）	最大30d洪量（亿 m³/s）
	南嘴	36.05	37.52	7-25 08:00	14668	89	15590	7-24 22:00	65.12	200.54
	小河嘴	35.72	37.16	7-25 08:00	23830	99	24006	7-25 03:00	97.91	280.20
	沙湾		37.60	7-25 08:00						
	沅江	35.28	35.38	7-26 04:00		35				
	杨柳潭	35.10	35.15	7-26 09:00						
东南洞庭湖	沙头	36.57	35.32	7-26 12:00	2367		6783	6-27 10:00	36.94	85.53
	杨堤	35.30	34.97	7-26 11:00	814		2239	6-14 15:00	9.50	26.69
	甘溪港	35.37	35.34	7-26 12:00	-138		1180	6-27 16:00	6.36	13.55
	湘阴	35.41	35.17	7-26 10:00	2870		14046	6-28 06:00	66.59	154.42
	营田	35.05	35.13	7-26 11:00		30				
	东南湖	35.37	35.56	7-26 06:00		50				
	草尾	35.62	36.44	7-25 09:00	3766	71	3969	7-24 22:00	17.76	57.97
	鹿角	35.00	34.65	7-26 16:00						
	岳阳	34.82	34.56	7-26 17:00						
	城陵矶（七里山）	34.55	34.45	7-26 17:00	31539		34614	6-29 04:00	187.94	622.94
湘江	湘潭		39.44	6-28 04:00	14588		15200	6-27 07:00	75.69	169.13
	长沙	39.00	37.58	6-28 07:00	17615		17737	6-27 21:00	86.61	190.76
	濠河口	35.41	35.21	7-26 10:00	4417		21430	6-28 07:00	98.83	213.98
资江	桃江		40.68	6-27 08:00	7819		8880	6-14 07:00	42.01	92.06
	益阳	38.32	35.87	6-28 14:00	7736		8017	6-27 10:00	43.53	99.09
澧水	石门		63.91	7-23 07:00	17300		17300	7-23 07:00	45.53	90.71
	津市	44.01	45.81	7-23 18:00	16225	49	16367	7-23 15:00	47.01	93.40

④洞庭湖区高洪水位

东洞庭湖鹿角站最高水位为 34.65m(7 月 26 日 16 时),南洞庭湖营田站最高水位为 35.13m(7 月 26 日 11 时),杨柳潭站最高水位为 35.15m(7 月 26 日 9 时),西洞庭湖南嘴站最高水位为 37.52m(7 月 25 日 8 时),小河嘴站最高水位为 37.16m(7 月 25 日 8 时)。

7.2.2.2　主要河道泄流变化

(1)荆江及城陵矶—螺山河段过流流量变化

考虑上游水库群调蓄与否的来水条件下对于荆江及城陵矶—螺山河段流量有一定影响。水库调蓄改变了来流过程,对于荆江及螺山站洪峰流量均有大幅削减。

①荆江(沙市站)

相较工况 1,工况 3 条件下河段最大 7d 洪量由 299.91 亿 m^3 减少至 260.93 亿 m^3,峰值流量由 53546m^3/s 减少至 45290m^3/s。

②荆江(监利站)

相较工况 1,工况 3 条件下河段最大 7d 洪量由 259.91 亿 m^3 减少至 230.34 亿 m^3,峰值流量由 46013m^3/s 减少至 39848m^3/s。

③城陵矶—螺山河段(螺山站)

相较工况 1,工况 3 条件下河段最大 7d 洪量由 380.81 亿 m^3 减少至 352.80 亿 m^3,峰值流量由 66078m^3/s 减少至 61616m^3/s。

(2)"三口"河系主要河段过流流量变化

"三口"河系主要河段过流流量同样受到蓄洪垸启用的影响。从总体上来看,蓄洪垸启用条件下,各河道过流流量及洪峰流量变化不显著。

①官垸河(官垸站)

相较工况 1,工况 3 条件下河段最大 7d 洪量由 15.73 亿 m^3 减少至 13.90 亿 m^3,峰值流量由 2743m^3/s 减少至 2338m^3/s。

②自治局河(自治局站)

相较工况 1,工况 3 条件下河段最大 7d 洪量由 21.5 亿 m^3 减少至 18.35 亿 m^3,峰值流量由 3770m^3/s 减少至 3088m^3/s。

③大湖口河(大湖口站)

相较工况 1,工况 3 条件下河段最大 7d 洪量为 11.68 亿 m^3 减少至 11.04 亿 m^3,峰值流量由 2009m^3/s 减少至 1889m^3/s。

④松虎洪道(安乡站)

相较工况 1,工况 3 条件下河段最大 7d 洪量由 36.36 亿 m^3 减少至 33.86 亿 m^3,峰值流量由 7795m^3/s 减少至 7402m^3/s。

⑤澧水洪道(石龟山站)

相较工况 1,工况 3 条件下河段最大 7d 洪量由 48.25 亿 m³ 减少至 44.73 亿 m³,峰值流量减少至 11872m³/s。

⑥藕池西支(康家岗站)

相较工况 1,工况 3 条件下河段最大 7d 洪量由 4.52 亿 m³ 减少至 3.19 亿 m³,峰值流量由 825m³/s 减少至 572m³/s。

⑦藕池东支(管家铺站)

相较工况 1,工况 3 条件下河段最大 7d 洪量由 34.77 亿 m³ 减少至 26.90 亿 m³,峰值流量由 6342m³/s 减少至 4695m³/s。

⑧藕池中西支汇合河段(三岔河站)

相较工况 1,工况 3 条件下河段最大 7d 洪量由 2.78 亿 m³ 减少至 2.08 亿 m³,峰值流量由 517m³/s 减少至 355m³/s。

⑨草尾河(草尾站)

相较工况 1,工况 3 条件下河段最大 7d 洪量由 18.83 亿 m³ 减少至 17.76 亿 m³,峰值流量由 4040m³/s 减少至 3969m³/s。

7.2.2.3 1998 年洪水情势小结

在 2016 年地形基础上,考虑 1998 年典型洪水,在长江上游水库群调蓄与否条件下,分析、比较了洞庭湖高洪水位情势及变化等内容。各工况条件下研究区域洪水情势主要差异总结,见表 7.2-15、表 7.2-16。工况 1:上游水库不调蓄、蓄洪垸不启用;工况 3:上游水库调蓄、蓄洪垸不启用。

表 7.2-15　　　　　　　　　　1998 年洪水各工况洪水流量计算成果对比

统计指标	工况 3～工况 1
枝城站最大流量(m³/s)	−11148
枝城站最大 7d 洪量(亿 m³)	−50.66
枝城站最大 30d 洪量(亿 m³)	−150.52
枝城站流量大于 56700 m³/s 天数(d)	−11.2
荆江三口最大流量(m³/s)	−4255
监利站最大流量(m³/s)	−6165
城陵矶(七里山)最大流量(m³/s)	284
螺山站最大流量(m³/s)	−4476

表 7.2-16　　　　　　　　　　1998 年洪水各工况洪水水位计算成果对比

统计指标	工况 3～工况 1
莲花塘站最高水位(m)	−1.40

统计指标	工况 3～工况 1
莲花塘站水位大于 34.4 m 天数(d)	−42.5
新江口站最高水位(m)	−1.18
沙道观站最高水位(m)	−1.27
弥陀寺站最高水位(m)	−1.31
康家岗站最高水位(m)	−0.92
管家铺站最高水位(m)	−0.87
官垸站最高水位(m)	−0.35
自治局站最高水位(m)	−0.41
大湖口站最高水位(m)	−0.46
安乡站最高水位(m)	−0.45
肖家湾站最高水位(m)	−0.43
石龟山站最高水位(m)	−0.28
三岔河站最高水位(m)	−0.44
南县站最高水位(m)	−0.89
注滋口站最高水位(m)	−1.11
鹿角站最高水位(m)	−1.19
营田站最高水位(m)	−0.89
杨柳潭站最高水位(m)	−0.83
南嘴站最高水位(m)	−0.41
小河嘴站最高水位(m)	−0.42

对比工况 1 与工况 3,长江上游水库群联合防洪调度显著减小了枝城站的洪峰流量及洪量,同时荆江三口分流流量、三口河系及洞庭湖区水位也明显下降。

7.2.3 1954 年洪水

在 2016 年地形基础上,考虑 1954 年典型洪水,在长江上游水库群调蓄与否、分蓄洪区启用与否的多种组合条件下,计算分析洞庭湖高洪水位情势及变化、超额洪量情势、主要河道泄流变化等内容。

7.2.3.1 洞庭湖高洪水位情势及变化

(1)工况 1:上游水库不调蓄、蓄洪垸不启用

①荆江洪水传播

图 7.2-4 给出了上游水库不调蓄、蓄洪垸不启用工况(工况 1)条件下,荆江、城陵矶—螺山河段、洞庭湖"四水"尾闾的水位及流量过程。在工况 1 条件下,枝城站最大 7d 洪量为

401.89 亿 m³,最大 30d 洪量为 1445.19 亿 m³。枝城站于 7 月 21 日 9 时至 7 月 23 日 8 时
(约 2d)、7 月 28 日 15 时至 8 月 11 日 12 时(约 13.9d)流量超过 56700 m³/s,超出时间共
15.9d。

枝城站洪峰特征及三口分流计算成果见表 7.2-17,荆江三口各口门分流量计算成果见
表 7.2-18(调弦口设计分洪流量相对较小,计算中未考虑)。

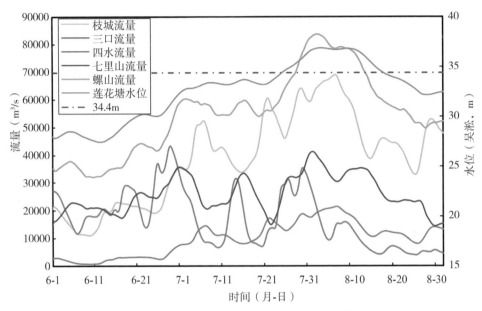

图 7.2-4　荆江及洞庭湖代表性站点水位流量过程(1954 年洪水、工况 1)

表 7.2-17　　　　枝城站洪峰特征及三口分流计算成果(1954 年洪水、工况 1)

序号	时间 (月-日 时:分)	枝城流量 (m³/s)	相应三口合 成流量(m³/s)	分流比 (%)	相应莲花塘 水位(吴淞,m)	相应螺山 流量(m³/s)
1	7-7 09:00	53182	14491	27.25	33.29	58844
2	7-22 09:00	61388	17225	28.06	33.32	56291
3	8-7 08:00	69503	21596	31.07	36.71	78591
4	8-18 09:00	46344	12452	26.87	34.41	59611
5	8-29 10:00	53195	13641	25.64	32.18	51319

表 7.2-18　　　　荆江三口各口门分流量计算成果(1954 年洪水、工况 1)　　　　(单位:m³/s)

序号	三口合成 流量	新江口 流量	沙道观 流量	弥陀寺 流量	康家岗 流量	管家铺 流量
1	14491	5414	2288	1911	505	4373
2	17225	6246	2765	2428	688	5098
3	21596	7471	3603	2352	1014	7156

序号	三口合成流量	新江口流量	沙道观流量	弥陀寺流量	康家岗流量	管家铺流量
4	12452	4709	1863	1564	424	3893
5	13641	5247	2146	1921	408	3918

监利站于7月7日16时、7月23日1时、7月30日14时、8月7日20时、8月30日13时出现洪峰,对应洪峰流量分别为38623m³/s、42556m³/s、43924m³/s、47376m³/s、38088m³/s。螺山站于8月2日21时出现洪峰,对应洪峰流量分别为84251m³/s。

该工况下,研究区域各站点最高水位、洪峰流量及发生时间等详细信息,见表7.2-19。

②洞庭湖"四水"洪水传播

洞庭湖"四水"尾闾合成流量于6月29日7时、7月15日7时、7月30日7时出现洪峰,对应洪峰流量分别为44684m³/s、31830m³/s、36490m³/s。城陵矶(七里山)站于7月1日17时、7月16日17时、8月1日19时、8月13日13时出现洪峰,对应洪峰流量分别为35821m³/s、33848m³/s、41614m³/s、35462m³/s。

受"三口""四水"洪水共同影响,莲花塘站于7月25日17时至8月18日10时(约23.7d)水位超过34.4m,最高水位36.89m(8月3日20时)。

③"三口"河系高洪水位

a."三口五站"

新江口站最高水位为47.51m(8月7日15时),沙道观站最高水位为47.18m(8月7日16时),弥陀寺站最高水位为45.53m(8月7日19时),康家岗站最高水位为40.98m(8月7日21时),管家铺站最高水位为40.75m(8月7日22时)。

b.松虎水系

官垸站最高水位为42.97m(7月31日0时),自治局站最高水位为42.09m(7月31日1时),大湖口站最高水位为42.34m(7月31日1时),安乡站最高水位为41.23m(7月31日4时),肖家湾站最高水位为39.17m(7月31日21时),石龟山站最高水位为41.52m(7月31日1时)。

c.藕池水系

三岔河站最高水位为38.66m(8月1日9时),南县站最高水位为38.03m(8月8日9时),注滋口站最高水位为36.77m(8月3日11时)。

④洞庭湖区高洪水位

东洞庭湖鹿角站最高水位为37.05m(8月3日11时),南洞庭湖营田站最高水位为37.4m(8月2日23时),杨柳潭站最高水位为37.39m(8月2日21时),西洞庭湖南嘴站最高水位为39.0m(7月31日23时),小河嘴站最高水位为38.82m(8月1日9时)。

表 7.2-19

研究区域洪水水情计算成果（1954 年洪水，工况 1）

水系	站名	设计水位 (吴淞, m)	洪峰水位 (吴淞, m)	洪峰水位时间 (月-日 时:分)	洪峰水位对应流量 (m³/s)	超保时间 (h)	最大流量 (m³/s)	最大流量时间 (月-日 时:分)	最大 7d 洪量 (亿 m³)	最大 30d 洪量 (亿 m³)
长江	宜昌	55.73	54.63	8-7 07:00	65100		66100	8-6 07:00	385.22	1386.20
	枝城	51.75	50.63	8-7 10:00	69349		69503	8-7 08:00	401.89	1445.19
	沙市	45.00	45.78	8-7 15:00	57144	217	57196	8-7 12:00	330.73	1197.53
	新厂		42.07	8-7 18:00	57058		57090	8-7 15:00	330.57	1197.04
	石首	40.38	41.36	8-7 20:00	48738	328	48777	8-7 17:00	282.88	1039.78
	监利	37.28	38.73	8-8 00:00	48669	439	48716	8-7 20:00	282.74	1039.14
	调弦口		40.22	8-7 21:00	48722		48735	8-7 19:00	282.81	1039.39
	莲花塘	34.40	36.89	8-3 20:00	83346	570	84408	8-2 21:00	495.15	1837.66
	螺山	34.09	36.09	8-4 00:00	83206	481	84251	8-2 21:00	494.45	1837.48
	汉口	29.50	31.78	8-9 16:00	90180	425	90180	8-9 16:00	542.59	2041.06
	新江口	45.77	47.51	8-7 15:00	7447	428	7482	8-7 11:00	43.05	151.65
	沙道观	45.21	47.18	8-7 16:00	3595	450	3614	8-7 11:00	20.45	67.49
	瓦窑河	41.59	44.44	8-8 04:00	1977	599	2138	8-5 12:00	12.28	42.97
	官垸	41.87	42.97	7-31 00:00	2534	335	3057	8-5 11:00	17.98	61.70
松滋河	自治局	40.34	42.09	7-31 01:00	3910	427	4355	8-8 11:00	25.03	86.93
	大湖口	40.32	42.34	7-31 01:00	2031	472	2246	8-8 11:00	12.99	46.90
	安乡	39.38	41.23	7-31 04:00	6665	413	6787	7-31 05:00	35.31	133.92
	肖家湾	36.58	39.17	7-31 21:00	9181	479	10372	8-8 11:00	56.50	205.34
	汇口	40.88	41.88	7-31 01:00	806	236	1830	6-26 17:00	5.40	13.54
虎渡河	弥陀寺	44.15	45.53	8-7 19:00	2264	333	2432	7-22 11:00	13.06	45.35
	黄山头闸上		44.66	8-8 03:00	3727		3758	8-7 18:00	21.18	71.67

续表

水系	站名	设计水位（吴淞，m）	洪峰水位（吴淞，m）	洪峰水位 时间（月-日 时:分）	洪峰水位对应流量（m³/s）	超保时间（h）	最大流量（m³/s）	最大流量 时间（月-日 时:分）	最大7d洪量（亿m³）	最大30d洪量（亿m³）
虎渡河	黄山头闸下	40.18	44.63	8-8 03:00	3727	1089	3752	8-7 19:00	21.18	71.67
	董家垱	39.36	41.43	8-8 10:00	3681	519	3729	8-7 20:00	21.19	71.64
	新开口	39.87	40.36	7-31 12:00	3188		3704	8-8 11:00	21.21	71.60
	康家岗	39.50	40.98	8-7 21:00	1025	340	1027	8-7 17:00	5.73	17.80
	管家铺	39.50	40.75	8-7 22:00	7231	367	7238	8-7 19:00	41.93	139.25
	管垱	38.84	39.81	8-8 05:00	1011	332	1020	8-7 20:00	5.74	17.79
藕池河	三岔河	36.05	38.66	8-1 09:00	396	589	630	8-7 19:00	3.54	10.86
	梅田湖	38.04	39.15	8-3 06:00	1718	366	2130	8-7 18:00	11.89	37.87
	鲇鱼须	37.58	39.32	8-8 02:00	1732	440	1751	8-8 16:00	10.14	31.60
	南县	36.35	38.03	8-8 09:00	3341	442	3470	8-8 17:00	19.95	69.72
	注滋口	34.95	36.77	8-3 11:00	4895	488	5348	8-8 17:00	30.11	101.22
澧水洪道	石龟山	40.82	41.52	7-31 01:00	8842	125	8842	7-31 01:00	44.33	142.05
	西河		39.99	7-31 10:00	8430		8767	7-31 05:00	44.03	142.02
沅江	桃源		44.86	7-31 07:00	22900	86	23000	7-30 07:00	112.02	283.78
	常德	40.68	41.91	7-31 13:00	22401	276	22611	7-31 09:00	110.92	281.81
	牛鼻滩	38.63	41.00	7-31 17:00	22118	449	22298	7-31 11:00	109.94	279.82
	周文庙	37.06	39.56	7-31 20:00	21976	519	22129	7-31 14:00	109.15	278.31
	南嘴	36.05	39.00	7-31 23:00	16374	579	16613	7-31 14:00	85.65	264.69
东南洞庭湖	小河嘴	35.72	38.82	8-1 09:00	24207		25543	7-31 12:00	132.56	396.44
	沙湾		39.09	7-31 23:00					0.00	0.00
	沅江	35.28	37.56	8-2 09:00		531			0.00	0.00
	杨柳潭	35.10	37.39	8-2 21:00		537			0.00	0.00

续表

水系	站名	设计水位 (吴淞,m)	洪峰水位 (吴淞,m)	洪峰水位时间 (月-日 时:分)	洪峰水位对应流量 (m³/s)	超保时间 (h)	最大流量 (m³/s)	最大流量时间 (月-日 时:分)	最大7d洪量 (亿m³)	最大30d洪量 (亿m³)
东南	沙头	36.57	37.53	8-2 07:00	3020	354	8474	7-25 23:00	33.59	89.97
	杨堤	35.30	37.19	8-2 10:00	1045	495	2440	7-25 17:00	9.27	26.20
	甘溪港	35.37	37.55	8-2 07:00	−221	556	1351	6-29 12:00	5.57	14.53
	湘阴	35.41	37.42	8-2 23:00	441	502	11446	6-30 20:00	56.34	181.80
	营田	35.05	37.40	8-2 23:00		543			0.00	0.00
洞庭湖	东南湖	35.37	37.76	8-2 11:00		547			0.00	0.00
	草尾	35.62	38.11	8-1 12:00	4351	515	4529	7-31 15:00	23.83	77.22
	鹿角	35.00	37.05	8-3 11:00		510			0.00	0.00
	岳阳	34.82	36.96	8-3 13:00		525			0.00	0.00
	城陵矶(七里山)	34.55	36.91	8-3 17:00	38007	552	41614	8-1 19:00	226.55	819.24
湘江	湘潭		39.62	6-30 14:00	18008		18300	6-30 07:00	88.79	264.76
	长沙	39.00	37.63	8-2 16:00	1689		17855	6-30 13:00	87.33	263.21
	濠河口	35.41	37.43	8-2 23:00	1567	504	17392	6-30 23:00	84.91	259.45
资江	桃江		42.30	7-25 07:00	11000		11000	7-25 07:00	39.94	103.53
	益阳	38.32	37.64	8-2 03:00	2893		9862	7-25 22:00	39.44	102.77
澧水	石门		61.14	6-25 08:00	11537		11700	6-25 07:00	35.80	85.24
	津市	44.01	43.14	7-30 16:00	7669		10587	6-25 22:00	35.19	84.47
莲花塘34.4m时间(月-日 时:分)		涨水段					落水段			
		7-25 17:00					8-18 10:00			
对应螺山流量(m³/s)		61881					59556			

（2）工况2：上游水库不调蓄、蓄洪垸启用（34.4m 控制水位）

①超额洪量情势

上游水库不调蓄、蓄洪垸启用（34.4m 控制水位）工况（工况2）条件下，1954年典型洪水分洪计算成果见表7.2-20。研究区域各站点最高水位、洪峰流量及发生时间等详细信息，见表7.2-21。其中，荆江分洪区分洪20.06亿 m^3，洪湖分洪区分洪155.64亿 m^3，洞庭湖区蓄洪垸分洪147.83亿 m^3，城陵矶附近区分洪303.47亿 m^3。由于蓄洪垸启用，莲花塘最高水位34.40 m，小于上游水库不调蓄、蓄洪垸不启用（工况1）的36.89 m。

表 7.2-20　　　　　蓄洪垸分洪计算成果（1954年洪水、工况2）

蓄洪垸	可蓄容量（亿 m^3）	分洪量（亿 m^3）	最大分洪流量（m^3/s）	最高水位（吴淞,m）
荆江分洪区	54.00	20.06	12000	37.06
浣市扩大区	2.00	0.00	0	
虎西备蓄区	3.80	0.00	0	
人民大垸	11.80	0.00	0	
围堤湖垸	2.22	2.22	3190	38.12
六角山	1.53	1.4	640	35.75
九垸	3.82	3.35	2920	40.16
西官垸	4.89	4.43	1810	39.98
安澧垸	9.42	7.92	3550	38.59
澧南垸	2.21	1.24	2339	41.28
安昌垸	7.23	6.32	2740	37.51
南汉垸	6.15	3.04	1500	34.32
安化垸	4.72	2.62	1740	35.18
南鼎垸	2.20	2.18	2180	37.10
和康垸	6.16	4.82	2390	35.80
民主垸	12.18	12.18	4000	35.29
共双茶垸	16.12	16.12	3630	35.41
城西垸	7.92	7.64	4959	35.13
屈原垸	12.89	9.31	4088	33.12
义合垸	0.79	0.67	823	34.99
北湖垸	1.91	1.04	823	30.61
集成安合垸	6.26	5.01	2640	35.11
钱粮湖垸	25.54	24.56	5000	34.62
建设垸	3.72	3.72	2210	34.66

	可蓄容量 （亿 m³）	分洪量 （亿 m³）	最大分洪流量 （m³/s）	最高水位 （吴淞，m）
建新垸	2.25	2.25	2660	34.61
君山垸	4.69	4.25	1850	33.80
大通湖东垸	12.62	10.99	2190	34.62
江南陆城垸	10.58	10.55	3500	33.41
洪湖分洪区	180.94	155.64	20000	30.87
荆江河段	71.60	20.06		
洞庭湖区蓄洪垸	168.02	147.83		
城陵矶附近区	348.96	303.47		

②"三口"河系高洪水位

a."三口五站"

工况 2 下新江口站最高水位为 46.85m(8 月 7 日 14 时)，明显小于工况 1 下的 47.51m (降幅 0.66 m)；工况 2 下沙道观站最高水位为 46.45m(8 月 7 日 13 时)，明显小于工况 1 下的 47.18m(降幅 0.73 m)；工况 2 下弥陀寺站最高水位为 45.24m(8 月 7 日 4 时)，明显小于工况 1 下的 45.53m(降幅 0.29m)；工况 2 下康家岗站最高水位为 40.03m(8 月 7 日 15 时)，明显小于工况 1 下的 40.98m(降幅 0.95m)；工况 2 下管家铺站最高水位为 39.82m(8 月 7 日 15 时)，明显小于工况 1 下的 40.75m(降幅 0.93m)。

b.松虎水系

工况 2 下官垸站最高水位为 42.22m(7 月 30 日 13 时)，明显小于工况 1 下的 42.97m (降幅 0.75m)；工况 2 下自治局站最高水位为 41.25m(7 月 30 日 6 时)，明显小于工况 1 下的 42.09m(降幅 0.84 m)；工况 2 下大湖口站最高水位为 41.47m(7 月 29 日 23 时)，明显小于工况 1 下的 42.34m(降幅 0.87m)；工况 2 下安乡站最高水位为 40.20m(7 月 30 日 6 时)，明显小于工况 1 下的 41.23m(降幅 1.03m)；工况 2 下肖家湾站最高水位为 37.65m(7 月 31 日 12 时)，明显小于工况 1 下的 39.17m(降幅 1.52m)；工况 2 下石龟山站最高水位为 40.84m(7 月 28 日 9 时)，明显小于工况 1 下的 41.52m(降幅 0.68m)。

c.藕池水系

工况 2 下三岔河站最高水位为 37.30m(7 月 31 日 19 时)，明显小于工况 1 下的 38.66m (降幅 1.36m)；工况 2 下南县站最高水位为 36.15m(8 月 4 日 10 时)，明显小于工况 1 下的 38.03m(降幅 1.88 m)；工况 2 下注滋口站最高水位为 34.68m(7 月 29 日 19 时)，明显小于工况 1 下的 36.77m(降幅 2.09m)。

表7.2-21

研究区域洪水水情计算成果（1954年洪水、工况2）

水系	站名	设计水位 （吴淞，m）	洪峰水位 （吴淞，m）	洪峰水位时间 （月-日 时:分）	洪峰水位对应流量 （m³/s）	超保时间 （h）	最大流量 （m³/s）	最大流量时间 （月-日 时:分）	最大7d洪量 （亿m³）	最大30d洪量 （亿m³）
长江	宜昌	55.73	54.40	8-7 07:00	65100		66100	8-6 07:00	385.22	1386.20
	枝城	51.75	50.17	8-7 09:00	69532		69590	8-7 08:00	402.05	1445.29
	沙市	45.00	44.98	8-7 08:00	54723		55748	8-7 06:00	314.06	1180.49
	新厂		41.19	8-7 17:00	52521		52740	8-7 04:00	313.78	1179.82
	石首	40.38	40.42	8-7 14:00	45526	129	45526	8-7 14:00	272.40	1033.83
	监利	37.28	37.48	8-11 00:00	43147	307	45312	8-7 16:00	272.36	1033.64
	调弦口		39.12	8-9 16:00	44289		45293	8-7 10:00	272.42	1033.72
	莲花塘	34.40	34.40	8-7 00:00	67354	1	77884	8-3 01:00	449.63	1710.05
	螺山	34.09	33.58	8-7 00:00	67107		77702	8-3 00:00	445.33	1701.60
	汉口	29.50	28.68	7-25 14:00	67944		71066	8-8 23:00	422.36	1758.22
松滋河	新江口	45.77	46.85	8-7 14:00	7051	414	7076	8-7 05:00	41.25	148.18
	沙道观	45.21	46.45	8-7 13:00	3323	438	3349	8-7 10:00	19.27	65.06
	瓦窑河	41.59	43.52	7-30 00:00	1605	582	1936	8-9 14:00	10.19	39.84
	官垸	41.87	42.22	7-30 13:00	2297	84	2729	7-31 22:00	15.80	58.90
	自治局	40.34	41.25	7-30 06:00	3501	222	4245	7-31 20:00	22.25	82.83
	大湖口	40.32	41.47	7-29 23:00	1850	438	2162	7-31 14:00	11.75	45.93
	安乡	39.38	40.20	7-30 06:00	5980	152	6341	7-23 19:00	31.99	126.37
	肖家湾	36.58	37.65	7-31 12:00	8474	203	9159	7-23 21:00	47.14	187.70
	汇口	40.88	41.19	7-28 08:00	1572	42	1830	6-26 17:00	5.40	13.54

续表

水系	站名	设计水位（吴淞，m）	洪峰水位（吴淞，m）	洪峰水位时间（月-日 时:分）	洪峰水位对应流量（m³/s）	超保时间（h）	最大流量（m³/s）	最大流量时间（月-日 时:分）	最大7d洪量（亿m³）	最大30d洪量（亿m³）
虎渡河	弥陀寺	44.15	45.24	8-7 04:00	2641	314	3274	8-4 00:00	11.99	45.14
	黄山头闸上		43.54	7-31 11:00	3234		3627	8-7 18:00	18.49	67.87
	黄山头闸下	40.18	43.51	7-31 11:00	3226	1031	3464	7-31 07:00	18.47	67.83
	董家垱	39.36	40.53	7-29 23:00	3034	480	3732	7-31 13:00	18.42	67.70
	新开口		39.13	7-31 12:00	2972		3026	8-10 03:00	15.83	61.49
藕池河	康家岗	39.87	40.03	8-7 15:00	800	250	800	8-7 12:00	4.77	15.98
	管家铺	39.50	39.82	8-7 15:00	6100	313	6112	8-7 18:00	36.63	129.98
	官垱	38.84	38.60	7-31 05:00	730		862	7-31 21:00	4.78	15.98
	三岔河	36.05	37.30	7-31 19:00	407	508	584	8-5 11:00	2.59	8.22
	梅田湖	38.04	37.93	7-31 12:00	1444		1824	8-3 05:00	10.34	36.03
	鲇鱼须	37.58	38.02	8-7 16:00	1286	344	1300	7-30 14:00	7.62	26.36
	南县	36.35	36.15	8-4 10:00	3002		3089	8-7 15:00	16.56	62.31
	注滋口	34.95	34.68	7-29 19:00	3086		5006	7-31 11:00	24.28	88.77
澧水	石龟山	40.82	40.84	7-28 09:00	8139	3	8163	7-28 07:00	38.22	125.32
洪道	西河	38.87	38.87	7-28 10:00	8058		8058	7-28 10:00	38.15	125.38
沅水	桃源	44.59	44.59	7-31 07:00	22900		23000	7-30 07:00	112.02	283.78
	常德	40.68	41.32	7-31 12:00	22509	55	22955	7-31 07:00	111.51	282.81
	牛鼻滩	38.63	40.21	7-31 12:00	22355	176	23731	7-31 05:00	111.34	281.98
	周文庙	37.06	38.34	7-31 12:00	21976	189	22042	7-31 10:00	108.64	278.73

续表

水系	站名	设计水位（吴淞，m）	洪峰水位（吴淞，m）	洪峰水位时间（月-日 时:分）	洪峰水位对应流量（m³/s）	超保时间（h）	最大流量（m³/s）	最大流量时间（月-日 时:分）	最大7d洪量（亿m³）	最大30d洪量（亿m³）
东南洞庭湖	南嘴	36.05	37.47	7-31 12:00	14433	302	16949	7-31 22:00	81.29	250.58
	小河嘴	35.72	37.17	7-31 13:00	23317	421	23317	7-31 13:00	124.91	373.13
	沙湾	35.28	37.56	7-31 12:00					0.00	0.00
	沅江		35.47	8-1 02:00		109			0.00	0.00
	杨柳潭	35.10	35.22	8-1 03:00		64			0.00	0.00
	沙头	36.57	36.32	7-25 23:00	8509		8543	7-25 18:00	33.59	89.97
	杨堤	35.30	35.31	7-25 23:00	2427	2	2457	7-25 19:00	9.27	26.20
	甘溪港	35.37	36.39	7-25 23:00	1354	111	1354	7-25 17:00	5.57	14.53
	湘阴	35.41	35.22	8-1 06:00	1419		11446	6-30 20:00	56.34	181.80
	营田	35.05	35.18	8-1 03:00		91			0.00	0.00
	东南湖	35.37	35.63	7-31 19:00		215			0.00	0.00
	草尾	35.62	36.48	7-31 19:00	3709	224	3853	7-31 02:00	20.94	70.35
	鹿角	35.00	34.67	8-1 11:00					0.00	0.00
	岳阳	34.82	34.57	8-1 03:00					0.00	0.00
	城陵矶（七里山）	34.55	34.48	8-1 11:00	32149		35821	7-1 17:00	200.24	711.20
湘江	湘潭	39.00	39.62	6-30 14:00	18008		18300	6-30 07:00	88.79	264.76
	长沙		36.82	7-1 04:00	17527		17855	6-30 13:00	87.33	263.21
	濠河口	35.41	35.22	8-1 03:00	2735		17392	6-30 23:00	84.91	259.45
资江	桃江		42.30	7-25 07:00	11000		11000	7-25 07:00	39.94	103.53
	益阳	38.32	37.24	7-25 23:00	9872		9905	7-25 19:00	39.44	102.77
澧水	石门		61.14	6-25 08:00	11537		11700	6-25 07:00	35.80	85.24
	津市	44.01	43.07	7-27 23:00	9296		10587	6-25 22:00	34.51	83.51

④洞庭湖区高洪水位

工况 2 下东洞庭湖鹿角站最高水位为 34.67m(8 月 1 日 11 时),明显小于工况 1 下的 37.05m(降幅 2.38m);工况 2 下南洞庭湖营田站最高水位为 35.18m(8 月 1 日 3 时),明显小于工况 1 下的 37.40m(降幅 2.22m);工况 2 下杨柳潭站最高水位为 35.22m(8 月 1 日 3 时),明显小于工况 1 下的 37.39m(降幅 2.17 m);工况 2 下西洞庭湖南嘴站最高水位为 37.47m(7 月 31 日 12 时),明显小于工况 1 下的 39.0m(降幅 1.53m);工况 2 下小河嘴站最高水位为 37.17m(7 月 31 日 13 时),明显小于工况 1 下的 38.82m(降幅 1.65m)。

(3)工况 3:上游水库调蓄、蓄洪垸不启用

①荆江洪水传播

图 7.2-5 给出了上游水库调蓄、蓄洪垸不启用工况(工况 3)条件下,荆江、城陵矶—螺山河段、洞庭湖"四水"尾闾的水位流量过程。在工况 3 条件下,枝城站最大 7d 洪量为 338.84 亿 m³,最大 30d 洪量为 1314.81 亿 m³。由于长江上游水库群调蓄,宜昌站流量最大值为 54832m³/s,枝城站流量最大值为 56271m³/s,流量未超过 56700m³/s。

1954 年洪水、工况 3 条件下枝城站洪峰特征及三口分流计算成果见表 7.2-22,荆江三口各口门分流量计算成果见表 7.2-23(调弦口设计分洪流量相对较小,计算中未考虑)。

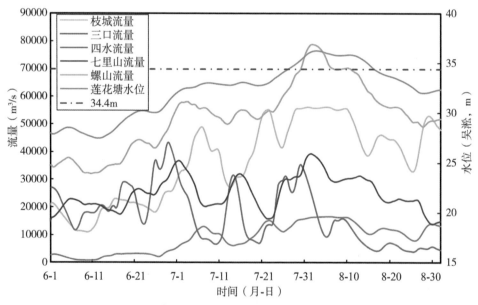

图 7.2-5 荆江及洞庭湖代表性站点水位流量过程(1954 年洪水、工况 3)

表 7.2-22 枝城站洪峰特征及三口分流计算成果(1954 年洪水、工况 3)

序号	峰现时间 (月-日 时:分)	枝城流量 (m³/s)	相应三口合 成流量(m³/s)	分流比 (%)	相应莲花 塘水位(吴淞,m)	相应螺山 流量(m³/s)
1	7-7 09:00	49592	12959	26.13	32.92	55812

序号	峰现时间 （月-日 时：分）	枝城流量 （m³/s）	相应三口合 成流量（m³/s）	分流比 （%）	相应莲花 塘水位（吴淞，m）	相应螺山 流量（m³/s）
2	7-23 09：00	55659	15315	27.52	33.09	55200
3	8-5 10：00	56271	16606	29.51	36.04	74373
4	8-29 10：00	53193	13629	25.62	32.07	50812

表 7.2-23 　　　荆江三口各口门分流量计算成果（1954 年洪水、工况 3）　　（单位：m³/s）

序号	三口合成 流量	新江口 流量	沙道观 流量	弥陀寺 流量	康家岗 流量	管家铺 流量
1	12959	4911	1962	1798	405	3883
2	15315	5632	2426	1981	572	4704
3	16606	6030	2680	1738	716	5441
4	13629	5248	2144	1928	404	3905

监利站于 7 月 8 日 3 时、7 月 23 日 17 时、8 月 7 日 14 时、8 月 30 日 13 时出现洪峰，对应洪峰流量分别为 36622m³/s、40176m³/s、40474m³/s、38332m³/s。螺山站于 7 月 3 日 20 时、8 月 2 日 7 时出现洪峰，对应洪峰流量分别为 58622m³/s、78819m³/s。

该工况下，研究区域各站点最高水位、洪峰流量及发生时间信息，详见表 7.2-24。

②洞庭湖"四水"洪水传播

洞庭湖"四水"尾闾合成流量于 6 月 19 日 7 时、6 月 29 日 7 时、7 月 15 日 7 时、7 月 30 日 7 时出现洪峰，对应洪峰流量分别为 29240m³/s、44684m³/s、31830m³/s、36490m³/s。城陵矶（七里山）站于 7 月 1 日 8 时、7 月 16 日 6 时、8 月 1 日 18 时出现洪峰，对应洪峰流量分别为 36999m³/s、32294m³/s、39569m³/s。

受"三口""四水"洪水共同影响，莲花塘站于 7 月 27 日 16 时至 8 月 16 日 20 时（约 20.2d）水位超过 34.4m，最高水位 36.25m（8 月 3 日 6 时）。

③"三口"河系高洪水位

a．"三口五站"

新江口站最高水位为 46.19m（8 月 1 日 15 时），对应流量 5973m³/s；沙道观站最高水位为 45.80m（8 月 1 日 15 时），对应流量 2670m³/s；弥陀寺站最高水位为 44.12m（8 月 2 日 8 时），对应流量 1664m³/s；康家岗站最高水位为 39.93m（8 月 2 日 19 时），对应流量 703m³/s；管家铺站最高水位为 39.77m（8 月 2 日 19 时），对应流量 5436m³/s。

表7.2-24

研究区域洪水水情计算成果（1954年洪水、工况3）

水系	站名	设计水位（吴淞，m）	洪峰水位（吴淞，m）	洪峰水位时间（月-日 时:分）	洪峰水位对应流量（m³/s）	超保时间（h）	最大流量（m³/s）	最大流量时间（月-日 时:分）	最大7d洪量（亿m³）	最大30d洪量（亿m³）
长江	宜昌	55.73	53.07	8-5 07:00	54832		54832	8-5 07:00	324.56	1255.93
	枝城	51.75	49.13	8-1 13:00	56221		56271	8-5 10:00	338.84	1314.81
	沙市	45.00	44.35	8-2 10:00	46523		46621	8-7 07:00	280.65	1096.07
	新厂		40.90	8-3 01:00	46407		46613	8-7 10:00	280.68	1095.56
	石首	40.38	40.31	8-3 06:00	40239		40435	8-7 11:00	243.52	960.77
	监利	37.28	38.17	8-3 09:00	40230	380	40474	8-7 14:00	243.73	960.09
	调弦口		39.45	8-3 09:00	40230		40455	8-7 13:00	243.63	960.34
	莲花塘	34.40	36.25	8-3 06:00	78434	485	78992	8-1 18:00	459.00	1709.91
	螺山	34.09	35.35	8-3 09:00	78318	407	78819	8-2 07:00	458.49	1710.20
	汉口	29.50	30.81	8-5 12:00	83395	351	83395	8-5 12:00	496.29	1910.95
松滋河	新江口	45.77	46.19	8-1 15:00	5973	322	6035	8-5 14:00	36.19	136.58
	沙道观	45.21	45.80	8-1 15:00	2670	339	2683	8-5 17:00	16.13	58.01
	瓦窑河	41.59	43.29	7-30 18:00	1317	484	1765	8-5 11:00	10.24	38.43
	官垸	41.87	42.44	7-30 22:00	2085	73	2514	8-4 11:00	14.84	54.66
	自治局	40.34	41.49	7-31 00:00	3345	348	3482	8-4 11:00	20.77	77.51
	大湖口	40.32	41.67	7-31 04:00	1804	385	1912	8-30 12:00	11.05	43.10
	安乡	39.38	40.67	7-31 06:00	6248	370	6311	7-31 04:00	33.06	125.95
	肖家湾	36.58	38.69	7-31 23:00	8338	423	8851	7-31 05:00	49.18	188.67
	汇口	40.88	41.47	7-30 22:00	1199	81	1825	6-26 12:00	5.40	15.12
虎渡河	弥陀寺	44.15	44.12	8-2 08:00	1664		2113	7-22 06:00	10.50	40.91
	黄山头闸上		43.31	7-31 04:00	2768		2950	8-7 14:00	17.24	62.99

续表

水系	站名	设计水位（吴淞，m）	洪峰水位（吴淞，m）	洪峰水位 时间（月-日 时:分）	洪峰水位对应流量（m³/s）	超保时间（h）	最大流量（m³/s）	最大流量 时间（月-日 时:分）	最大7d洪量（亿m³）	最大30d洪量（亿m³）
虎渡河	黄山头闸下	40.18	43.29	7-31 04:00	2780	1009	2947	8-7 14:00	17.25	62.99
	董家垱	39.36	40.76	7-31 18:00	2735	397	2940	8-7 19:00	17.27	62.95
	新开口	39.83	39.83	7-31 15:00	2727	89	2936	8-7 17:00	17.30	62.92
	康家岗	39.87	39.93	8-2 19:00	703	291	755	8-11 03:00	4.32	14.70
	管家铺	39.50	39.77	8-2 19:00	5436	291	5462	8-7 12:00	32.91	119.91
	官垱	38.84	39.00	8-2 04:00	689	91	749	8-11 04:00	4.34	14.69
藕池河	三岔河	36.05	38.16	8-1 18:00	353	501	447	8-6 11:00	2.61	9.03
	梅田湖	38.04	38.59	8-1 21:00	1225	148	1567	8-7 06:00	9.14	32.36
	鲇鱼须	37.58	38.45	8-2 18:00	1305	380	1308	8-2 10:00	7.58	25.57
	南县	36.35	37.31	8-1 16:00	2801	370	2815	8-1 16:00	16.68	61.93
	注滋口	34.95	36.22	8-3 03:00	4101	408	4106	8-2 17:00	24.27	87.41
澧水	石龟山	40.82	41.11	7-30 22:00	8210	34	8311	7-30 23:00	41.45	129.78
洪道	西河		39.54	7-31 09:00	7933		8243	7-31 04:00	41.18	129.74
	桃源		44.75	7-31 07:00	22900	76	23000	7-30 07:00	112.02	283.78
沅江	常德	40.68	41.71	7-31 13:00	22417	192	22622	7-31 09:00	110.96	282.13
	牛鼻滩	38.63	40.74	7-31 16:00	22191	323	22322	7-31 11:00	110.05	280.51
	周文庙	37.06	39.17	7-31 20:00	21998		22156	7-31 14:00	109.31	279.28
东南	南嘴	36.05	38.54	8-1 00:00	15550	474	15798	7-31 14:00	82.39	250.47
	小河嘴	35.72	38.33	8-1 04:00	23907	495	24603	7-31 13:00	127.83	374.21
洞庭湖	沙湾		38.63	8-1 00:00					0.00	0.00
	沅江	35.28	37.03	8-2 11:00		461			0.00	0.00

续表

水系	站名	设计水位（吴淞，m）	洪峰水位（吴淞，m）	洪峰水位时间（月-日 时:分）	洪峰水位对应流量（m³/s）	超保时间（h）	最大流量（m³/s）	最大流量时间（月-日 时:分）	最大7d洪量（亿m³）	最大30d洪量（亿m³）
东南洞庭湖	杨柳潭	35.10	36.85	8-2 15:00		463			0.00	0.00
	沙头	36.57	37.00	8-2 09:00	2931	124	8478	7-25 23:00	33.62	89.95
	杨堤	35.30	36.65	8-2 14:00	1006	401	2480	7-25 20:00	9.27	26.26
	甘溪港	35.37	37.02	8-2 09:00	-181	485	1352	6-29 12:00	5.58	14.54
	湘阴	35.41	36.88	8-2 17:00	652	420	11489	6-30 21:00	56.70	182.04
	营田	35.05	36.86	8-2 17:00		470			0.00	0.00
	东南湖	35.37	37.23	8-2 13:00		482			0.00	0.00
	草尾	35.62	37.63	8-1 14:00	4087	461	4242	7-31 17:00	22.57	71.92
	鹿角	35.00	36.47	8-3 03:00		428			0.00	0.00
	岳阳	34.82	36.38	8-3 03:00		442			0.00	0.00
	城陵矶（七里山）	34.55	36.31	8-3 04:00	38325	471	39569	8-1 18:00	218.15	766.39
湘江	湘潭		39.61	6-30 14:00	18008		18300	6-30 07:00	88.79	264.76
	长沙	39.00	37.09	8-2 17:00	1671		17861	6-30 13:00	87.44	263.27
	濠河口	35.41	36.89	8-2 17:00	1674	422	17439	6-30 23:00	85.31	259.73
资江	桃江		42.23	7-25 07:00	11000		11000	7-25 07:00	39.94	103.53
	益阳	38.32	37.12	8-2 05:00	2846		9868	7-25 22:00	39.47	102.89
澧水	石门		61.14	6-25 08:00	11537		11700	6-25 07:00	35.80	85.24
	津市	44.01	42.96	7-28 00:00	9181		10589	6-25 22:00	35.22	84.62

	涨水段	落水段
莲花塘 34.4m 时间（月-日 时:分）	7-27 16:00	8-16 20:00
对应螺山流量（m³/s）	62392	59357

b. 松虎水系

官垸站最高水位为 42.44m(7 月 30 日 22 时),对应流量 2085m³/s;自治局站最高水位为 41.49m(7 月 31 日 0 时),对应流量 3345m³/s;大湖口站最高水位为 41.67m(7 月 31 日 4 时),对应流量 1804m³/s;安乡站最高水位为 40.67m(7 月 31 日 6 时),对应流量 6248m³/s;肖家湾站最高水位为 38.69m(7 月 31 日 23 时),对应流量 8338m³/s;石龟山站最高水位为 41.11m(7 月 30 日 22 时),对应流量 8210m³/s。

c. 藕池水系

三岔河站最高水位为 38.16m(8 月 1 日 18 时),对应流量 353m³/s;南县站最高水位为 37.31m(8 月 3 日 2 时),对应流量 2801m³/s;注滋口站最高水位为 36.22m(8 月 3 日 3 时),对应流量 4101m³/s。

④洞庭湖区高洪水位

东洞庭湖鹿角站最高水位为 36.47m(8 月 3 日 3 时),南洞庭湖营田站最高水位为 36.86m(8 月 2 日 17 时),杨柳潭站最高水位为 36.85m(8 月 2 日 15 时),西洞庭湖南嘴站最高水位为 38.54m(8 月 1 日 0 时),小河嘴站最高水位为 38.33m(8 月 1 日 4 时)。

(4)工况 4:上游水库调蓄、蓄洪垸启用(34.4m 控制水位)

①超额洪量情势

上游水库调蓄、蓄洪垸启用(34.4m 控制水位)工况(工况 4)条件下,1954 年典型洪水分洪计算成果见表 7.2-25。研究区域各站点最高水位、洪峰流量及发生时间等详细信息,见表 7.2-26。其中,荆江分洪区分洪 0 亿 m³,城陵矶附近区分洪 203.70 亿 m³,洪湖分洪区分洪 103.69 亿 m³,洞庭湖区蓄洪垸分洪 100.01 亿 m³,实施分洪的蓄洪垸分别为围堤湖垸、九垸、西官垸、澧南垸、民主垸、共双茶垸、城西垸、钱粮湖垸、建设垸、大通湖东垸、江南陆城垸。该工况下由于蓄洪垸的启用,莲花塘最高水位 34.40m,小于上游水库调蓄、蓄洪垸不启用工况(工况 3)条件下的 36.25m。

表 7.2-25 　　　　　　　　　蓄洪垸分洪计算成果(1954 年洪水、工况 4)

蓄滞垸	可蓄容量 (亿 m³)	分洪量 (亿 m³)	最大分洪流量 (m³/s)	最高水位 (吴淞,m)
荆江分洪区	54.00	0.00	0	
浣市扩大区	2.00	0.00	0	
虎西备蓄区	3.80	0.00	0	
人民大垸	11.80	0.00	0	
围堤湖垸	2.22	2.22	3101	37.00
六角山垸	1.53	0.00	0	
九垸	3.82	3.56	2920	40.27
西官垸	4.89	4.62	1810	40.20

蓄滞垸	可蓄容量 （亿 m³）	分洪量 （亿 m³）	最大分洪流量 （m³/s）	最高水位 （吴淞,m）
安澧垸	9.42	0.00	0	
澧南垸	2.21	1.89	2380	43.53
安昌垸	7.23	0.00	0	
南汉垸	6.15	0.00	0	
安化垸	4.72	0.00	0	
南鼎垸	2.20	0.00	0	
和康垸	6.16	0.00	0	
民主垸	12.18	12.18	4000	34.75
共双茶垸	16.12	16.12	3630	35.37
城西垸	7.92	7.78	4740	35.27
屈原垸	12.89	0.00	0	
义合垸	0.79	0.00	0	
北湖垸	1.91	0.00	0	
集成安合垸	6.26	0.00	0	
钱粮湖垸	25.54	24.85	5000	34.67
建设垸	3.72	3.72	2210	34.78
建新垸	2.25	0.00	0	
君山垸	4.69	0.00	0	
大通湖东垸	12.62	12.62	2190	34.74
江南陆城垸	10.58	10.45	3500	32.12
洪湖分洪区	180.94	103.69	12000	30.32
荆江河段	71.60	0.00		
洞庭湖区蓄洪垸	168.02	100.01		
城陵矶附近区	348.96	203.70		

②"三口"河系高洪水位

a."三口五站"

工况 4 下新江口站最高水位为 45.99m（7 月 31 日 20 时），明显小于工况 3 下的 46.19m（降幅 0.20m）；工况 4 下沙道观站最高水位为 45.59m（7 月 31 日 21 时），明显小于工况 3 下的 45.80m（降幅 0.21m）；工况 4 下弥陀寺站最高水位为 43.96m（7 月 31 日 10 时），明显小于工况 3 下的 44.12m（降幅 0.16m）；工况 4 下康家岗站最高水位为 39.59m（8 月 2 日 11 时），明显小于工况 3 下的 39.93m（降幅 0.35 m）；工况 4 下管家铺站最高水位为 39.42m（8 月 2 日 11 时），明显小于工况 3 下的 39.77m（降幅 0.35m）。

表7.2-26

研究区域洪水水情计算成果（1954洪水，工况4）

水系	站名	设计水位（吴淞，m）	洪峰水位（吴淞，m）	洪峰水位时间（月-日 时:分）	洪峰水位对应流量（m³/s）	超保时间（h）	最大流量（m³/s）	最大流量时间（月-日 时:分）	最大7d洪量（亿m³）	最大30d洪量（亿m³）
长江	宜昌	55.73	52.98	8-5 07:00	54832		54832	8-5 07:00	324.56	1255.93
	枝城	51.75	48.96	8-1 11:00	56269		56290	8-1 09:00	338.93	1314.90
	沙市	45.00	44.26	8-2 08:00	46730		46763	8-7 07:00	281.70	1098.43
	新厂		40.60	8-2 10:00	46718		46736	8-7 11:00	281.70	1098.01
	石首	40.38	39.90	8-2 11:00	40990		40993	8-2 10:00	247.08	968.67
	监利	37.28	37.29	8-11 08:00	40036	53	41011	8-2 14:00	247.08	968.31
	调弦口		38.82	8-2 14:00	40972		41001	8-2 12:00	247.08	968.42
	莲花塘	34.40	34.40	7-30 20:00	61830		78086	8-3 02:00	437.48	1642.75
	螺山	34.09	33.58	7-30 20:00	61615		75827	8-2 21:00	430.88	1633.08
	汉口	29.50	28.64	8-8 14:00	71350		71350	8-8 14:00	422.88	1743.01
	新江口	45.77	45.99	7-31 20:00	5782	304	5851	8-5 18:00	35.15	134.31
	沙道观	45.21	45.59	7-31 21:00	2555	324	2569	8-5 19:00	15.46	56.52
	瓦窑河	41.59	42.99	7-30 17:00	1424	472	1753	8-5 15:00	10.20	38.49
	官垸	41.87	41.81	7-28 04:00	1235	177	2474	8-5 06:00	14.57	54.45
松滋河	自治局	40.34	40.81	7-30 21:00	3291	177	3461	7-31 04:00	20.30	76.33
	大湖口	40.32	41.07	7-31 22:00	1749	351	1901	8-31 05:00	10.92	43.25
	安乡	39.38	39.90	7-31 09:00	5528	165	6167	7-23 21:00	31.15	123.99
	肖家湾	36.58	37.69	7-31 22:00	7847	198	8647	7-23 23:00	48.30	186.28
	汇口	40.88	40.93	7-28 04:00	1661	2	1825	6-26 12:00	5.40	15.12

续表

水系	站名	设计水位 (吴淞,m)	洪峰水位 (吴淞,m)	洪峰水位时间 (月-日 时:分)	洪峰水位对应流量 (m³/s)	超保时间 (h)	最大流量 (m³/s)	最大流量时间 (月-日 时:分)	最大7d洪量 (亿 m³)	最大30d洪量 (亿 m³)
虎渡河	弥陀寺	44.15	43.96	7-31 10:00	1708		2113	7-22 06:00	11.15	42.63
	黄山头闸上		43.02	7-31 03:00	2830		2912	8-7 15:00	17.05	62.42
	黄山头闸下	40.18	42.99	7-31 03:00	2837	953	2909	8-7 16:00	17.05	62.41
	董家垱	39.36	40.25	7-31 17:00	2778	374	2900	8-7 17:00	17.06	62.39
	新开口		39.01	7-31 16:00	2772		2890	8-7 15:00	17.08	62.38
藕池河	康家岗	39.87	39.59	8-2 11:00	675		689	8-7 12:00	4.12	13.94
	管家铺	39.50	39.42	8-2 11:00	5047		5083	8-7 13:00	30.54	115.25
	官垱	38.84	38.37	8-1 06:00	665		689	8-7 15:00	4.12	13.94
	三岔河	36.05	37.26	8-1 01:00	345	452	392	8-7 13:00	2.34	8.58
	梅田湖	38.04	37.80	8-1 03:00	1222		1437	8-7 14:00	8.49	31.42
	鲇鱼须	37.58	37.72	8-2 09:00	1089	281	1089	8-2 01:00	6.44	23.20
	南县	36.35	36.01	8-2 13:00	2688		2691	8-1 08:00	16.03	60.60
	注滋口	34.95	34.49	8-11 09:00	3455		4032	7-30 15:00	22.44	83.80
澧水洪道	石龟山	40.82	40.60	7-28 04:00	7775		7775	7-28 04:00	35.75	120.80
	西河	38.64	38.64	7-28 06:00	7531		7667	7-28 07:00	35.68	120.82
沅江	桃源		44.56	7-31 07:00	22900		23000	7-30 07:00	112.02	283.78
	常德	40.68	41.32	7-31 13:00	22437	57	22641	7-31 09:00	111.31	282.61
	牛鼻滩	38.63	40.24	7-31 17:00	22148	135	22342	7-31 11:00	110.92	281.59
	周文庙	37.06	38.40	7-31 19:00	22021	172	22037	7-31 15:00	107.39	277.57

续表

水系	站名	设计水位 (吴淞,m)	洪峰水位 (吴淞,m)	洪峰水位时间 (月-日 时:分)	洪峰水位对应流量 (m³/s)	超保时间 (h)	最大流量 (m³/s)	最大流量时间 (月-日 时:分)	最大7d洪量 (亿m³)	最大30d洪量 (亿m³)
东南洞庭湖	南嘴	36.05	37.54	7-31 22:00	13983	334	14358	7-31 05:00	76.52	241.66
	小河嘴	35.72	37.23	7-31 23:00	23826	377	23860	7-31 18:00	125.07	368.66
	沙湾		37.62	7-31 22:00					0.00	0.00
	沅江	35.28	35.53	8-2 06:00		98			0.00	0.00
	杨柳潭	35.10	35.29	8-2 08:00		91			0.00	0.00
	沙头	36.57	36.07	7-26 00:00	8414		8478	7-25 23:00	33.62	89.95
	杨堤	35.30	35.10	8-2 07:00	1020		2480	7-25 20:00	9.27	26.26
	甘溪港	35.37	36.14	7-25 23:00	1341	119	1352	6-29 12:00	5.58	14.54
	湘阴	35.41	35.27	8-2 08:00	1181		11489	6-30 21:00	56.70	182.04
	营田	35.05	35.25	8-2 09:00		99			0.00	0.00
	东南湖	35.37	35.70	8-2 07:00		143			0.00	0.00
	草尾	35.62	36.52	7-31 23:00	3716	256	3800	7-31 05:00	20.77	69.26
	鹿角	35.00	34.74	8-2 22:00					0.00	0.00
	岳阳	34.82	34.65	8-3 00:00					0.00	0.00
	坡陵矶（七里山）	34.55	34.53	8-2 09:00	35303		36999	7-1 18:00	201.87	703.13
湘江	湘潭		39.61	6-30 14:00	18008		18300	6-30 07:00	88.79	264.76
	长沙	39.00	36.80	7-1 03:00	17571		17861	6-30 13:00	87.44	263.27
	濠河口	35.41	35.29	8-2 08:00	1918		17439	6-30 23:00	85.31	259.73
资江	桃江		42.23	7-25 07:00	11000		11000	7-25 07:00	39.94	103.53
	益阳	38.32	37.04	7-25 23:00	9868		9868	7-25 22:00	39.47	102.89
澧水	石门		61.14	6-25 08:00	11537		11700	6-25 07:00	35.80	85.24
	津市	44.01	42.96	7-28 00:00	9182		10589	6-25 22:00	33.57	82.80

b. 松虎水系

工况 4 下官垸站最高水位为 41.81m(7 月 28 日 4 时),明显小于工况 3 下的 42.44m(降幅 0.63 m);工况 4 下自治局站最高水位为 40.81m(7 月 30 日 21 时),明显小于工况 3 下的 41.49m(降幅 0.68m);工况 4 下大湖口站最高水位为 41.07m(7 月 30 日 22 时),明显小于工况 3 下的 41.67m(降幅 0.60m);工况 4 下安乡站最高水位为 39.90m(7 月 31 日 9 时),明显小于工况 3 下的 40.67m(降幅 0.77m);工况 4 下肖家湾站最高水位为 37.69m(7 月 31 日 22 时),明显小于工况 3 下的 38.69m(降幅 1.00m);工况 4 下石龟山站最高水位为 40.60m(7 月 28 日 4 时),明显小于工况 3 下的 41.11m(降幅 0.51m)。

c. 藕池水系

工况 4 下三岔河站最高水位为 37.26m(8 月 1 日 1 时),明显小于工况 3 下的 38.16m(降幅 0.90m);工况 4 下南县站最高水位为 36.01m(8 月 2 日 13 时),明显小于工况 3 下的 37.31m(降幅 1.30m);工况 4 下注滋口站最高水位为 34.49m(8 月 11 日 9 时),明显小于工况 3 下的 36.22m(降幅 1.73m)。

④洞庭湖区高洪水位

工况 4 下东洞庭湖鹿角站最高水位为 34.74m(8 月 2 日 22 时),明显小于工况 3 下的 36.47m(降幅 1.73m);工况 4 下南洞庭湖营田站最高水位为 35.25m(8 月 2 日 9 时),明显小于工况 3 下的 36.86m(降幅 1.61m);工况 4 下杨柳潭站最高水位为 35.29m(8 月 2 日 8 时),明显小于工况 3 下的 36.85m(降幅 1.56m);工况 4 下西洞庭湖南嘴站最高水位为 37.54m(7 月 31 日 22 时),明显小于工况 3 下的 38.54m(降幅 1.00m);工况 4 下小河嘴站最高水位为 37.23m(7 月 31 日 23 时),明显小于工况 3 下的 38.33m(降幅 1.10m)。

(5)工况 5:上游水库调蓄、蓄洪垸启用(34.9m 控制水位)

①超额洪量情势

上游水库调蓄、蓄洪垸启用(34.9m 控制水位)工况(工况 5)条件下,1954 年典型洪水分洪计算成果见表 7.2-27。研究区域各站点最高水位、洪峰流量及发生时间等详细信息,见表 7.2-28。其中,荆江分洪区不分洪,城陵矶附近区分洪 132.91 亿 m³,洪湖分洪区分洪 67.63 亿 m³,洞庭湖区蓄洪垸分洪 65.88 亿 m³(西官垸、共双茶垸、城西垸、钱粮湖垸、大通湖东垸)。该工况下由于蓄洪垸的启用,莲花塘最高水位 34.90m,小于上游水库调蓄、蓄洪垸不启用工况(工况 3)条件下的 36.25m。

表 7.2-27 蓄洪垸分洪计算成果(1954 年洪水、工况 5)

蓄洪垸区	可蓄容量 (亿 m³)	分洪量 (亿 m³)	最大分洪流量 (m³/s)	最高水位 (吴淞,m)
荆江分洪区	54.00	0.00	0	
浣市扩大区	2.00	0.00	0	
虎西备蓄区	3.80	0.00	0	

蓄洪垸区	可蓄容量 （亿 m³）	分洪量 （亿 m³）	最大分洪流量 （m³/s）	最高水位 （吴淞，m）
人民大垸	11.80	0.00	0	
围堤湖垸	2.22	0.00	0	
六角山垸	1.53	0.00	0	
九垸	3.82	0.00	0	
西官垸	4.89	3.10	1810	37.50
安澧垸	9.42	0.00	0	
澧南垸	2.21	0.00	0	
安昌垸	7.23	0.00	0	
南汉垸	6.15	0.00	0	
安化垸	4.72	0.00	0	
南鼎垸	2.20	0.00	0	
和康垸	6.16	0.00	0	
民主垸	12.18	0.00	0	
共双茶垸	16.12	16.12	3630	35.93
城西垸	7.92	7.90	5905	35.15
屈原垸	12.89	0.00	0	
义合垸	0.79	0.00	0	
北湖垸	1.91	0.00	0	
集成安合垸	6.26	0.00	0	
钱粮湖垸	25.54	25.54	5000	35.11
建设垸	3.72	0.00	0	
建新垸	2.25	0.00	0	
君山垸	4.69	0.00	0	
大通湖东垸	12.62	12.62	2190	35.02
江南陆城垸	10.58	0.00	0	
洪湖分洪区	180.94	67.63	12000	28.37
荆江河段	71.60	0.00		
洞庭湖区蓄洪垸	168.02	65.28		
城陵矶附近区	348.96	132.91		

②三口河系高洪水位

a."三口五站"

工况 5 下新江口站最高水位为 46.06m（7 月 31 日 17 时），明显小于工况 3 下的 46.19m

（降幅 0.13 m）；工况 5 下沙道观站最高水位为 45.67m（7 月 31 日 17 时），明显小于工况 3 下的 45.80m（降幅 0.13m）；工况 5 下弥陀寺站最高水位为 44.08m（7 月 31 日 16 时），明显小于工况 3 下的 44.12m（降幅 0.04m）；工况 5 下康家岗站最高水位为 39.67m（8 月 1 日 2 时），明显小于工况 3 下的 39.93m（降幅 0.26m）；工况 5 下管家铺站最高水位为 39.51m（8 月 1 日 1 时），明显小于工况 3 下的 39.77m（降幅 0.26m）。

b. 松虎水系

工况 5 下官垸站最高水位为 42.40m（7 月 30 日 21 时），明显小于工况 3 下的 42.44m（降幅 0.04m）；工况 5 下自治局站最高水位为 41.43m（7 月 30 日 23 时），明显小于工况 3 下的 41.49m（降幅 0.06m）；工况 5 下大湖口站最高水位为 41.60m（7 月 30 日 23 时），明显小于工况 3 下的 41.67m（降幅 0.07m）；工况 5 下安乡站最高水位为 40.55m（7 月 31 日 4 时），明显小于工况 3 下的 40.67m（降幅 0.12 m）；工况 5 下肖家湾站最高水位为 38.32m（7 月 31 日 14 时），明显小于工况 3 下的 38.69m（降幅 0.37m）；工况 5 下石龟山站最高水位为 41.06m（7 月 30 日 22 时），明显小于工况 3 下的 41.11m（降幅 0.05m）。

c. 藕池水系

工况 5 下三岔河站最高水位为 37.71m（7 月 31 日 18 时），明显小于工况 3 下的 38.16m（降幅 0.45m）；工况 5 下南县站最高水位为 36.26m（8 月 3 日 15 时），明显小于工况 3 下的 37.31m（降幅 1.04m）；工况 5 下注滋口站最高水位为 35.01m（8 月 3 日 13 时），明显小于工况 3 下的 36.22m（降幅 1.21m）。

③洞庭湖区高洪水位

工况 5 下东洞庭湖鹿角站最高水位为 35.15m（8 月 1 日 7 时），明显小于工况 3 下的 36.47m（降幅 1.32m）；工况 5 下南洞庭湖营田站最高水位为 35.68m（8 月 1 日 6 时），明显小于工况 3 下的 36.86m（降幅 1.18m）；工况 5 下杨柳潭站最高水位为 35.73m（7 月 31 日 6 时），明显小于工况 3 下的 36.85m（降幅 1.12m）；工况 5 下西洞庭湖南嘴站最高水位为 38.14m（7 月 31 日 15 时），明显小于工况 3 下的 38.54m（降幅 0.40m）；工况 5 下小河嘴站最高水位为 37.83m（7 月 31 日 15 时），明显小于工况 3 下的 38.33m（降幅 0.50m）。

7.2.3.2 主要河道泄流变化

（1）荆江及城陵矶—螺山河段过流流量变化

考虑上游水库群调蓄的来水条件下，蓄洪垸启用与否对于荆江及城陵矶—螺山河段流量具有一定影响。蓄洪垸的启用略微增加了监利站流量，总体减小了螺山站过流流量。

①荆江（沙市站）

相较工况 3（蓄洪垸不启用），工况 4（蓄洪垸启用，莲花塘控制水位 34.4m）条件下河段最大 7d 洪量由 280.65 亿 m³ 增加至 281.70 亿 m³，峰值流量由 46621m³/s 增加至 46763m³/s。相较工况 3，工况 5（蓄洪垸启用，莲花塘控制水位 34.9 m）条件下河段最大 7d 洪量由 280.65 亿 m³ 增加至 281.87 亿 m³，峰值流量由 46621m³/s 增加至 46811m³/s。

表 7.2-28　　研究区域洪水水情计算成果（1954 年洪水，工况 5）

水系	站名	设计水位（吴淞，m)	洪峰水位（吴淞，m)	洪峰水位时间（月-日 时:分)	洪峰水位对应流量（m³/s)	超保时间（h)	最大流量（m³/s)	最大流量时间（月-日 时:分)	最大 7d 洪量（亿 m³)	最大 30d 洪量（亿 m³)
长江	宜昌	55.73	52.99	8-5 07:00	54832		54832	8-5 07:00	324.56	1255.93
	枝城	51.75	48.98	8-1 10:00	56288		56293	8-1 09:00	338.94	1314.88
	沙市	45.00	44.30	8-2 07:00	46811		46811	8-2 07:00	281.87	1098.69
	新厂	40.67		8-2 09:00	46805		46805	8-2 09:00	281.87	1098.25
	石首	40.38	39.99	8-2 08:00	40999		41004	8-2 10:00	246.83	967.67
	监利	37.28	37.47	8-2 17:00	40916	341	41042	8-2 12:00	246.84	967.21
	调弦口		38.95	8-2 03:00	40955		41022	8-2 12:00	246.83	967.36
	莲花塘	34.40	34.90	8-7 03:00	65015	442	76412	8-1 03:00	439.49	1665.45
	螺山	34.09	34.05	8-7 03:00	65015		76465	8-1 02:00	439.50	1665.45
	汉口	29.50	29.15	8-7 23:00	75440		75526	8-7 05:00	451.68	1803.67
	新江口	45.77	46.06	7-31 17:00	5743	308	5854	8-6 08:00	35.12	134.30
	沙道观	45.21	45.67	7-31 17:00	2552	327	2573	8-6 08:00	15.49	56.62
	瓦窑河	41.59	43.25	7-30 17:00	1320	475	1749	8-6 05:00	10.15	38.23
	官垸	41.87	42.40	7-30 21:00	2063	67	2473	8-5 22:00	14.50	53.98
松滋河	自治局	40.34	41.43	7-30 23:00	3338	237	3426	8-1 20:00	20.41	76.46
	大湖口	40.32	41.60	7-30 23:00	1776	367	1904	8-31 04:00	10.95	42.99
	安乡	39.38	40.55	7-31 04:00	6361	244	6363	7-31 03:00	33.35	126.30
	肖家湾	36.58	38.32	7-31 14:00	8799	283	8993	7-31 04:00	49.82	188.62
	汇口	40.88	41.42	7-30 21:00	1241	76	1825	6-26 12:00	5.40	15.12

续表

水系	站名	设计水位(吴淞,m)	洪峰水位(吴淞,m)	洪峰水位时间(月-日 时:分)	洪峰水位对应流量(m³/s)	超保时间(h)	最大流量(m³/s)	最大流量时间(月-日 时:分)	最大7d洪量(亿m³)	最大30d洪量(亿m³)
虎渡河	弥陀寺	44.15	44.08	7-31 16:00	1608		2113	7-22 06:00	11.10	42.18
	黄山头闸上		43.26	7-31 03:00	2788		2917	8-7 15:00	17.07	62.50
	黄山头闸下	40.18	43.23	7-31 02:00	2806	975	2914	8-7 16:00	17.08	62.50
	董家垱	39.36	40.63	7-31 11:00	2761	381	2907	8-7 17:00	17.09	62.47
	新开口		39.62	7-31 10:00	2760		2900	8-7 15:00	17.12	62.45
藕池河	康家岗	39.87	39.67	8-1 02:00	672		709	8-7 11:00	4.23	14.23
	管家铺	39.50	39.51	8-1 01:00	5070	40	5147	8-7 11:00	30.92	116.19
	官垱	38.84	38.64	7-31 22:00	671		708	8-7 14:00	4.24	14.23
	三岔河	36.05	37.71	7-31 18:00	323	471	403	8-7 02:00	2.39	8.63
	梅田湖	38.04	38.16	7-31 19:00	1126	44	1464	8-7 14:00	8.60	31.41
	鲇鱼须	37.58	37.91	8-1 00:00	1155	334	1155	7-31 22:00	6.71	23.80
	南县	36.35	36.26	8-1 00:00	2660		2779	8-1 03:00	16.31	60.96
	注滋口	34.95	35.01	8-3 13:00	3396	1	4102	8-3 15:00	23.03	84.73
澧水洪道	石龟山	40.82	41.06	7-30 22:00	8221	29	8338	7-30 23:00	41.41	127.66
	西河		39.36	7-31 05:00	8247		8328	7-31 03:00	41.32	127.65
沅江	桃源		44.71	7-31 07:00	22900	66	23000	7-30 07:00	112.02	283.78
	常德	40.68	41.60	7-31 11:00	22600	177	22672	7-31 09:00	111.20	282.49
	牛鼻滩	38.63	40.58	7-31 14:00	22423	194	22459	7-31 11:00	110.68	281.30
	周文庙	37.06	38.88	7-31 15:00	22405		22405	7-31 15:00	110.33	280.44
东南洞庭湖	南嘴	36.05	38.14	7-31 15:00	15682	416	15692	7-31 13:00	81.57	247.45
	小河嘴	35.72	37.83	7-31 15:00	25694	458	25694	7-31 15:00	132.00	376.06
	沙湾		38.23	7-31 15:00					0.00	0.00

续表

水系	站名	设计水位(吴淞,m)	洪峰水位(吴淞,m)	洪峰水位时间(月-日 时:分)	洪峰水位对应流量(m³/s)	超保时间(h)	最大流量(m³/s)	最大流量时间(月-日 时:分)	最大7d洪量(亿m³)	最大30d洪量(亿m³)
东南洞庭湖	沅江	35.28	35.98	7-31 07:00		410			0.00	0.00
	杨柳潭	35.10	35.73	7-31 06:00		413			0.00	0.00
	沙头	36.57	36.07	7-26 00:00	8414		8478	7-25 23:00	33.62	89.95
	杨堤	35.30	35.58	7-31 07:00	1303	107	2480	7-25 20:00	9.27	26.26
	甘溪港	35.37	36.14	7-25 23:00	1341	370	1352	6-29 12:00	5.58	14.54
	湘阴	35.41	35.71	7-31 06:00	1607	165	11489	6-30 21:00	56.70	182.04
	营田	35.05	35.68	8-1 06:00		423			0.00	0.00
	东南湖	35.37	36.14	7-31 07:00		436			0.00	0.00
	草尾	35.62	37.07	7-31 16:00	4138	374	4142	7-31 14:00	22.08	70.73
	鹿角	35.00	35.15	8-1 07:00		278			0.00	0.00
	岳阳	34.82	35.05	8-1 07:00		388			0.00	0.00
	城陵矶(七里山)	34.55	34.97	8-1 07:00	32960	426	36999	7-1 18:00	201.87	711.06
湘江	湘潭		39.61	6-30 14:00	18008		18300	6-30 07:00	88.79	264.76
	长沙	39.00	36.80	7-1 03:00	17571		17861	6-30 13:00	87.44	263.27
	濠河口	35.41	35.73	7-31 06:00	2587	169	17439	6-30 23:00	85.31	259.73
资江	桃江		42.23	7-25 07:00	11000		11000	7-25 07:00	39.94	103.53
	益阳	38.32	37.04	7-25 23:00	9868		9868	7-25 22:00	39.47	102.89
澧水	石门		61.14	6-25 08:00	11537		11700	6-25 07:00	35.80	85.24
	津市	44.01	42.96	7-28 00:00	9181		10589	6-25 22:00	35.31	84.67

	涨水段	落水段
莲花塘34.4m时间(月-日 时:分)	7-27 16:00	8-15 01:00
对应螺山流量(m³/s)	62392	59900

②荆江(监利站)

相较工况 3,工况 4 条件下河段最大 7d 洪量由 243.73 亿 m³ 增加至 247.08 亿 m³,峰值流量由 40474 m³/s 增加至 41011m³/s。相较工况 3,工况 5 条件下河段最大 7d 洪量由 243.73 亿 m³ 增加至 246.84 亿 m³,峰值流量由 40474 m³/s 增加至 41042 m³/s。

③城陵矶—螺山河段(螺山站)

相较工况 3,工况 4 条件下河段最大 7d 洪量由 458.49 亿 m³ 减小至 430.88 亿 m³,峰值流量由 78819m³/s 减小至 75827m³/s。相较工况 3,工况 5 条件下河段最大 7d 洪量由 458.49 亿 m³ 减小至 439.50 亿 m³,峰值流量由 78819m³/s 减小至 76465m³/s。

(2)三口河系主要河段过流流量变化

三口河系主要河段过流流量同样受到蓄洪垸启用的影响。从总体上来看,蓄洪垸的启用(尤其是工况 4 条件下),各河道过流流量及洪峰流量普遍减小。

①官垸河(官垸站)

相较工况 3,工况 4 条件下河段最大 7d 洪量由 14.84 亿 m³ 减小至 14.57 亿 m³,峰值流量由 2514 m³/s 减小至 2474m³/s。相较工况 3,工况 5 条件下河段最大 7d 洪量由 14.84 亿 m³ 减小至 14.50 亿 m³,峰值流量由 2514m³/s 减小至 2473m³/s。

②自治局河(自治局站)

相较工况 3,工况 4 条件下河段最大 7d 洪量由 20.77 亿 m³ 减小至 20.30 亿 m³,峰值流量由 3482 m³/s 减小至 3461m³/s。相较工况 3,工况 5 条件下河段最大 7d 洪量由 20.77 亿 m³ 减小至 20.41 亿 m³,峰值流量由 3482m³/s 减小至 3426m³/s。

③大湖口河(大湖口站)

相较工况 3,工况 4 条件下河段最大 7d 洪量由 11.05 亿 m³ 减小至 10.92 亿 m³,峰值流量由 1912m³/s 减小至 1901m³/s。相较工况 3,工况 5 条件下河段最大 7d 洪量由 11.05 亿 m³ 减小至 10.95 亿 m³,峰值流量由 1912m³/s 减小至 1904m³/s。

④松虎洪道(安乡站)

相较工况 3,工况 4 条件下河段最大 7d 洪量由 33.06 亿 m³ 减小至 31.15 亿 m³,峰值流量由 6311m³/s 减小至 6167m³/s。相较工况 3,工况 5 条件下河段最大 7d 洪量由 33.06 亿 m³ 减小至 33.35 亿 m³,峰值流量由 6311m³/s 减小至 6363m³/s。

⑤澧水洪道(石龟山站)

相较工况 3,工况 4 条件下河段最大 7d 洪量由 41.45 亿 m³ 减小至 35.75 亿 m³,峰值流量由 8311 m³/s 减小至 7775m³/s。相较工况 3,工况 5 条件下河段最大 7d 洪量由 41.45 亿 m³ 减小至 41.41 亿 m³,峰值流量由 8311m³/s 减小至 8338m³/s。

⑥藕池西支(康家岗站)

相较工况 3,工况 4 条件下河段最大 7d 洪量由 4.32 亿 m³ 减小至 4.12 亿 m³,峰值流量由 755m³/s 减小至 689m³/s。相较工况 3,工况 5 条件下河段最大 7d 洪量由 4.32 亿 m³ 减小至 4.23 亿 m³,峰值流量由 755m³/s 减小至 709m³/s。

⑦藕池东支(管家铺站)

相较工况 3,工况 4 条件下河段最大 7d 洪量由 32.91 亿 m³ 减小至 30.54 亿 m³,峰值流量由 5462 m³/s 减小至 5083m³/s。相较工况 3,工况 5 条件下河段最大 7d 洪量由 32.91 亿 m³ 减小至 30.92 亿 m³,峰值流量由 5462m³/s 减小至 5147m³/s。

⑧藕池中西支汇合河段(三岔河站)

相较工况 3,工况 4 条件下河段最大 7d 洪量由 2.61 亿 m³ 减小至 2.34 亿 m³,峰值流量由 447m³/s 减小至 392m³/s。相较工况 3,工况 5 条件下河段最大 7d 洪量由 2.61 亿 m³ 减小至 2.39 亿 m³,峰值流量由 447m³/s 减小至 403m³/s。

⑨草尾河(草尾站)

相较工况 3,工况 4 条件下河段最大 7d 洪量由 22.57 亿 m³ 减小至 20.77 亿 m³,峰值流量由 4242m³/s 减小至 3800m³/s。相较工况 3,工况 5 条件下河段最大 7d 洪量由 22.57 亿 m³ 减小至 22.08 亿 m³,峰值流量由 4242m³/s 减小至 4142m³/s。

7.2.3.3　1954 年洪水情势小结

在 2016 年地形基础上,考虑 1954 年典型洪水,在长江上游水库群调蓄与否、分蓄洪区启用与否的多种组合条件下,分析、比较了洞庭湖高洪水位情势及变化等内容。各工况条件下研究区域洪水情势主要差异总结,见表 7.2-29 至表 7.2-31。工况 1:上游水库不调蓄、蓄洪垸不启用;工况 3:上游水库调蓄、蓄洪垸不启用;工况 4:上游水库调蓄、蓄洪垸启用(34.4m 控制水位);工况 5:上游水库调蓄、蓄洪垸启用(34.9m 控制水位)。

表 7.2-29　　　　　　　　　　1954 年洪水各工况洪水流量计算成果对比

统计指标	工况 3～工况 1	工况 4～工况 3	工况 5～工况 3
枝城站最大流量(m³/s)	−13232	19	22
枝城站最大 7d 洪量(亿 m³)	−63.02	0.09	0.10
枝城站最大 30d 洪量(亿 m³)	−130.38	0.09	0.08
枝城站流量大于 56700m³/s 天数(d)	−15.8	0.0	0.0
荆江三口最大流量(m³/s)	−4987	−615	−520
监利站最大流量(m³/s)	−8242	537	568
城陵矶(七里山)最大流量(m³/s)	−2045	−2570	−2570
螺山站最大流量(m³/s)	−5432	−2992	−2354

表 7.2-30　　　　　　　　　　1954 年洪水各工况洪水水位计算成果对比

统计指标	工况 3～工况 1	工况 4～工况 3	工况 5～工况 3
莲花塘站最高水位(m)	−0.64	−1.85	−1.36
莲花塘站水位大于 34.4 m 天数(d)	−3.5	−20.2	−1.9

统计指标	工况3~工况1	工况4~工况3	工况5~工况3
新江口站最高水位(m)	−1.32	−0.20	−0.13
沙道观站最高水位(m)	−1.37	−0.22	−0.13
弥陀寺站最高水位(m)	−1.41	−0.17	−0.05
康家岗站最高水位(m)	−1.04	−0.35	−0.26
管家铺站最高水位(m)	−0.98	−0.35	−0.26
官垸站最高水位(m)	−0.53	−0.63	−0.04
自治局站最高水位(m)	−0.60	−0.67	−0.06
大湖口站最高水位(m)	−0.67	−0.60	−0.07
安乡站最高水位(m)	−0.57	−0.77	−0.12
肖家湾站最高水位(m)	−0.48	−1.00	−0.38
石龟山站最高水位(m)	−0.41	−0.51	−0.05
三岔河站最高水位(m)	−0.50	−0.91	−0.45
南县站最高水位(m)	−0.73	−1.30	−1.04
注滋口站最高水位(m)	−0.55	−1.73	−1.21
鹿角站最高水位(m)	−0.58	−1.73	−1.32
营田站最高水位(m)	−0.55	−1.61	−1.17
杨柳潭站最高水位(m)	−0.54	−1.57	−1.13
南嘴站最高水位(m)	−0.47	−0.99	−0.40
小河嘴站最高水位(m)	−0.48	−1.11	−0.51

表 7.2-31　　　　　　　1954 年洪水各工况洪水分蓄洪计算成果对比　　　　　　　（单位：亿 m³/s）

统计指标	工况3	工况4	工况5
荆江河段分洪量	0.00	0.00	0.00
洪湖分洪区分洪量	0.00	103.69	67.63
洞庭湖区蓄洪垸分洪量	0.00	97.59	62.88
城陵矶附近区分洪量	0.00	201.28	130.50

　　对比工况1与工况3,长江上游水库群联合防洪调度显著减小了枝城站的洪峰流量及洪量,同时荆江三口分流流量、"三口"河系及洞庭湖区水位也明显下降。

　　工况4通过在城陵矶附近区分洪201.28亿 m³,相较工况3显著减小了"三口"河系及洞庭湖区高洪水位以及莲花塘水位超出34.4m 天数。工况5在城陵矶附近区分洪 132.91 亿 m³,同样减小了河湖高洪水位及持续时间,但减幅不及工况4。

　　蓄洪垸的启用略微增加了监利站流量,总体减小了螺山站过流流量,"三口"河系主要河段过流流量及洪峰流量普遍减小。

7.2.4 数值模拟合理性分析

数学模型计算成果合理性不仅仅取决于模型的算法及参数的合理性,还取决于数值模拟在逼近物理过程中具有一定可复制性和预测性。为此,采用长江干流主要控制站的水位流量关系,来分析1996年、1998年和1954年典型洪水在2016年地形上计算的合理性。

20世纪90年代及其以前发生的洪水,在河道地形发生变化条件下,洪水过程也相应发生变化,在没有实测资料进行核实的情景下,只有按照河道过流能力的变化对计算成果进行复核。依据长江水利委员会水文局90年代至2016年的水位流量关系的变化成果,见表7.2-32。

表 7.2-32　　　　　　　　　　　长江干流主要控制站同流量下水位变化

沙市			螺山			汉口		
流量 (m³/s)	水位 (吴淞,m)	1000m³/s 流量水位 变化	流量 (m³/s)	水位 (吴淞,m)	1000m³/s 流量水位 变化	流量 (m³/s)	水位 (吴淞,m)	1000m³/s 流量水位 变化
5000	30.55							
10000	34.26	0.74	10000	20.52		15000	16.076	
20000	38.42	0.36	20000	24.38	0.39	20000	18.480	0.48
30000	41.04	0.24	30000	27.22	0.28	30000	21.696	0.29
40000	42.87	0.17	40000	29.61	0.24	40000	23.985	0.21
50000	44.06	0.12	50000	31.43	0.18	50000	25.760	0.17
			60000	32.97	0.15	60000	27.324	0.15
						70000	28.738	0.14

经上述计算的成果来分析,历史典型洪水在2016年地形上的洪峰水位较典型洪水的实测值偏低,且变化值为每1000m³/s的水位变化值为0.10m左右,这与表7.2-32的水位流量关系变化有关是吻合的,即受坝下河道冲刷和水库群调蓄的综合影响,相同流量下每变化1000m³/s沙市、螺山和汉口的水位下降0.10m左右。因此认为上述计算成果是合理的。

7.3 非常洪水数值模拟

7.3.1 1870年洪水

在2016年地形基础上,考虑1870年典型洪水,在长江上游水库群(乌东德、白鹤滩、溪洛渡、向家坝、三峡等五库)调蓄与否、分蓄洪区启用与否的多种组合条件下,计算分析洞庭湖高洪水位情势及变化、超额洪量情势、主要河道泄流变化等内容。其中工况1~工况3的1870年洪水过程为:采用1958年6月1日至7月13日宜昌、洞庭湖"四水"流量过程作为

1870年该时段相应控制站的流量边界,7月14日至8月30日宜昌站流量过程采用根据历史水情调查还原的1870年流量过程,洞庭湖"四水"仍采用1958年实测流量过程;工况4的1870年洪水过程,1870年6月1日至7月13日组合了1954年的洪水过程,7月14日至8月30日宜昌站流量过程采用根据历史水情调查还原的1870年流量过程。

7.3.1.1 洞庭湖高洪水位情势及变化

(1)工况1:上游水库不调蓄、蓄洪垸不启用

①荆江洪水传播

图7.3-1给出了上游水库不调蓄、蓄洪垸不启用工况(工况1)条件下,荆江、城陵矶—螺山河段、洞庭湖"四水"尾闾的水位流量过程。在工况1条件下,枝城站最大30d洪量为1706.50亿m³。枝城站流量超过56700m³/s,历时22.6d。

枝城站洪峰特征及三口分流计算成果见表7.3-1,荆江三口各口门分流量计算成果见表7.3-2(调弦口设计分洪流量相对较小,计算中未考虑)。

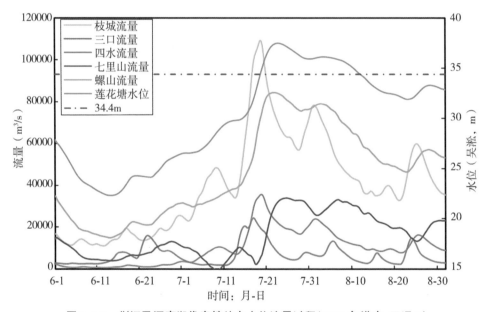

图7.3-1 荆江及洞庭湖代表性站点水位流量过程(1870年洪水、工况1)

表7.3-1   枝城站洪峰特征及三口分流计算成果(1870年洪水、工况1)

序号	时间 (月-日 时:分)	枝城流量 (m³/s)	相应三口 合成流量(m³/s)	分流比 (%)	相应莲花塘 水位(吴淞,m)	相应螺山流 量(m³/s)
1	7-20 08:00	111487	35983	32.28	34.70	73972
2	8-1 12:00	78721	23668	30.07	35.95	77266
3	8-25 07:00	60436	15413	25.50	32.19	50953

表 7.3-2　　　　　　　荆江三口各口门分流量计算成果(1870 年洪水、工况 1)　　　　(单位:m³/s)

序号	三口合成流量	新江口流量	沙道观流量	弥陀寺流量	康家岗流量	管家铺流量
1	35983	12262	6548	2861	2008	12304
2	23668	8507	4157	2230	1121	7653
3	15413	5849	2469	2078	521	4497

监利站于 7 月 20 日 13 时、8 月 2 日 15 时、8 月 26 日 12 时出现洪峰,对应洪峰流量为73022m³/s、53591m³/s、42469 m³/s。螺山站于 7 月 23 日 8 时、8 月 3 日 8 时、8 月 28 日 12时出现洪峰,对应洪峰流量为 84530m³/s、79073m³/s、57356 m³/s。

该工况下,研究区域各站点最高水位、洪峰流量及发生时间等详细信息,见表 7.3-3。

②洞庭湖"四水"洪水传播

洞庭湖"四水"尾闾合成流量于 8 月 5 日 7 时出现洪峰,对应洪峰流量分别为 25624m³/s。城陵矶(七里山)站于 7 月 26 日 2 时、8 月 7 日 4 时出现洪峰,对应洪峰流量分别为 34183m³/s、33335m³/s。

受"三口""四水"洪水共同影响,莲花塘站于 7 月 20 日 4 时至 8 月 12 日 12 时(约23.3d)水位超过 34.40m,最高水位 37.50m(7 月 24 日 5 时)。

③"三口"河系高洪水位

a."三口五站"

新江口站最高水位为 51.44m(7 月 20 日 16 时),沙道观站最高水位为 51.26m(7 月 20日 16 时),弥陀寺站最高水位为 49.60m(7 月 20 日 13 时),康家岗站最高水位为 43.01m(7月 20 日 20 时),管家铺站最高水位为 42.64m(7 月 20 日 21 时)。

b.松虎水系

官垸站最高水位为 45.19m(7 月 20 日 19 时),自治局站最高水位为 44.15m(7 月 20 日21 时),大湖口站最高水位为 44.74m(7 月 20 日 21 时),安乡站最高水位为 42.48m(7 月 21日 0 时),肖家湾站最高水位为 38.68m(7 月 22 日 23 时),石龟山站最高水位为 42.56m(7月 20 日 21 时)。

c.藕池水系

三岔河站最高水位为 39.58m(7 月 21 日 10 时),南县站最高水位为 39.16m(7 月 21 日9 时),注滋口站最高水位为 37.30m(7 月 24 日 9 时)。

④洞庭湖区高洪水位

东洞庭湖鹿角站最高水位为 37.57m(7 月 24 日 8 时),南洞庭湖营田站最高水位为37.79m(7 月 24 日 7 时),杨柳潭站最高水位为 37.76m(7 月 24 日 7 时),西洞庭湖南嘴站最高水位为 38.54m(7 月 23 日 4 时),小河嘴站最高水位为 38.42m(7 月 23 日 15 时)。

表 7.3-3　研究区域洪水水情计算成果（1870 年洪水、工况 1）

水系	站名	设计水位 (吴淞,m)	堤顶高程 (吴淞,m)	洪峰水位 (吴淞,m)	洪峰水位时间 (月-日 时:分)	洪峰水位对应流量 (m³/s)	超保时间 (h)	最大流量 (m³/s)	最大流量时间 (月-日 时:分)	最大 7d 洪量 (亿 m³)	最大 30d 洪量 (亿 m³)
长江	宜昌	55.73		60.28	7-20 07:00	105000	169	105000	7-20 07:00	535.72	1650.26
	枝城	51.75	51.80	55.37	7-20 09:00	111358	128	111487	7-20 08:00	551.86	1706.50
	沙市	45.00	46.50	49.66	7-20 13:00	89076	405	89159	7-20 11:00	450.67	1408.75
	新厂			44.67	7-20 15:00	88726		88920	7-20 14:00	449.24	1407.14
	石首	40.38	41.40	43.67	7-20 18:00	73249	478	73881	7-20 15:00	378.48	1210.28
	监利	37.28	39.23	39.87	7-21 04:00	71074	556	73022	7-20 13:00	375.11	1206.32
	调弦口			41.91	7-21 00:00	72066		73356	7-20 13:00	376.53	1207.93
	莲花塘	34.40	37.00	37.50	7-24 05:00	84232	561	84854	7-22 23:00	499.69	1875.36
	螺山	34.09	37.00	36.77	7-24 10:00	84030	519	84530	7-23 08:00	498.43	1874.08
	汉口	29.50	31.73	32.53	7-24 03:00	97180	487	97184	7-24 04:00	564.25	2042.92
松滋河	新江口	45.77	47.30	51.44	7-20 16:00	12117	564	12316	7-20 10:00	60.42	181.91
	沙道观	45.21	46.37	51.26	7-20 16:00	6494	591	6586	7-20 11:00	31.22	85.77
	瓦窑河	41.59	44.00	48.10	7-20 18:00	3958	651	3971	7-20 16:00	19.11	59.29
	官垸	41.87	43.50	45.19	7-20 19:00	5466	338	5466	7-20 19:00	26.57	79.50
	自治局	40.34	42.30	44.15	7-20 21:00	7784	517	7792	7-20 19:00	37.26	110.55
	大湖口	40.32	42.17	44.74	7-20 21:00	3836	539	3841	7-20 19:00	18.82	58.93
	安乡	39.38	41.50	42.48	7-21 00:00	10445	512	10519	7-20 19:00	50.76	159.37
	肖家湾	36.58	38.80	38.68	7-22 23:00	10803	510	13979	7-20 21:00	67.46	213.30
	汇口	40.88	42.10	43.30	7-20 20:00	-1092	153	1539	8-17 06:00	4.43	7.41

续表

水系	站名	设计水位 (吴淞,m)	堤顶高程 (吴淞,m)	洪峰水位 (吴淞,m)	洪峰水位时间 (月-日 时:分)	洪峰水位对应流量 (m³/s)	超保时间 (h)	最大流量 (m³/s)	最大流量时间 (月-日 时:分)	最大7d洪量 (亿m³)	最大30d洪量 (亿m³)
虎渡河	弥陀寺	44.15	45.90	49.60	7-20 13:00	2691	502	4261	7-18 14:00	15.03	41.18
	黄山头闸上			49.40	7-20 17:00	3768		3788	7-20 14:00	18.04	54.65
	黄山头闸下	40.18	41.00	49.39	7-20 17:00	3765	1151	3772	7-20 15:00	17.98	54.64
	董家垱	39.36	40.50	41.99	7-21 00:00	3672	438	3728	7-20 17:00	17.83	54.59
	新开口	40.00	40.00	40.90	7-21 06:00	3575		3687	7-20 19:00	17.67	54.54
	康家岗	39.87	42.00	43.01	7-20 20:00	2029	486	2062	7-20 15:00	9.41	24.15
	管家铺	39.50	41.50	42.64	7-20 21:00	12545	507	12621	7-20 16:00	60.82	173.60
	官垱	38.84	40.30	41.76	7-21 01:00	1996	444	2021	7-20 17:00	9.35	24.13
藕池河	三岔河	36.05	39.40	39.58	7-21 10:00	1122	602	1172	7-20 21:00	5.54	14.93
	梅田湖	38.04	39.70	40.63	7-21 04:00	3821	478	3908	7-20 19:00	18.56	51.36
	鲇鱼须	37.58	39.90	41.05	7-21 01:00	3169	561	3191	7-20 19:00	15.11	40.22
	南县	36.35	38.50	39.16	7-21 09:00	5245	546	5387	7-20 21:00	26.75	81.85
	注滋口	34.95	37.00	37.30	7-24 09:00	5682	522	8450	7-20 23:00	41.34	121.79
澧水洪道	石龟山	40.82	44.20	42.56	7-20 21:00	12231	114	12285	7-20 17:00	55.20	148.10
	西河		40.00	40.18	7-21 07:00	11794		12183	7-20 19:00	54.67	147.82
沅江	桃源		47.80	40.80	7-16 22:00	13550		14800	7-16 07:00	67.10	136.74
	常德	40.68	45.80	38.86	7-22 04:00	8172	61	13984	7-16 16:00	65.86	138.03
	牛鼻滩	38.63	40.80	38.80	7-22 14:00	7297		13517	7-17 19:00	62.41	135.90
	周文庙	37.06	40.50	38.40	7-23 02:00	6486	267	13307	7-17 18:00	59.55	134.08
东南洞庭湖	南嘴	36.05	38.10	38.54	7-23 04:00	10391	543	11775	7-21 19:00	62.06	209.41
	小河嘴	35.72	38.30	38.42	7-23 15:00	14997	552	20942	7-21 11:00	105.46	315.00
	沙湾		39.50	38.56	7-23 04:00					0.00	0.00

续表

水系	站名	设计水位（吴淞，m）	堤顶高程（吴淞，m）	洪峰水位（吴淞，m）	洪峰水位时间（月-日 时:分）	洪峰水位对应流量（m³/s）	超保时间（h）	最大流量（m³/s）	最大流量时间（月-日 时:分）	最大7d洪量（亿 m³）	最大30d洪量（亿 m³）
	沅江	35.28	39.00	37.87	7-24 07:00		534			0.00	0.00
	杨柳潭	35.10	37.50	37.76	7-24 07:00		537			0.00	0.00
	沙头	36.57	38.30	37.84	7-24 08:00	1144	203	5335	7-18 15:00	17.55	37.06
	杨堤	35.30	38.00	37.56	7-24 08:00	482	504	1784	7-18 15:00	6.21	15.65
	甘溪港	35.37	38.40	37.85	7-24 08:00	-344	526	817	7-18 15:00	1.83	2.30
东南	湘阴	35.41	37.20	37.82	7-24 08:00	1705	516	4458	6-29 14:00	21.69	70.42
洞庭湖	营田	35.05	37.80	37.79	7-24 07:00		542			0.00	0.00
	东南湖	35.37	37.30	38.11	7-24 07:00		544			0.00	0.00
	草尾	35.62	37.80	38.02	7-23 18:00	3214	536	3953	7-21 14:00	20.69	67.52
	鹿角	35.00	37.00	37.57	7-24 08:00		528			0.00	0.00
	岳阳	34.82	36.70	37.50	7-24 09:00		536			0.00	0.00
	城陵矶（七里山）	34.55	37.00	37.48	7-24 09:00	32439	553	34183	7-26 02:00	199.62	740.22
湘江	湘潭		44.24	38.14	7-24 09:00	2230		4490	6-28 07:00	21.05	60.12
	长沙	39.00	42.00	38.08	7-24 11:00	2726		5471	7-31 09:00	25.08	74.01
	濠河口	35.41	37.50	37.84	7-24 08:00	3206	517	6478	7-31 10:00	29.33	85.76
资江	桃江		45.30	39.34	7-18 09:00	6334		6480	7-18 07:00	20.79	36.68
	益阳	38.32	41.30	37.90	7-24 10:00	784		6254	7-18 15:00	19.77	35.90
澧水	石门		62.40	57.44	8-16 07:00	6050		6050	8-16 07:00	22.68	42.99
	津市	44.01	46.80	43.79	7-20 13:00	5448		6341	8-16 19:00	26.29	52.71

莲花塘34.4m时间（月-日 时:分）	涨水段	落水段
	7-20 04:00	8-12 12:00
对应螺山流量（m³/s）	66800	62340

（2）工况 2：上游水库调蓄、蓄洪垸不启用

①荆江洪水传播

图 7.3-2 给出了上游水库调蓄、蓄洪垸不启用工况（工况 2）条件下，荆江、城陵矶螺山河段、洞庭湖"四水"尾闾的水位流量过程。在工况 2 条件下，枝城站最大 30d 洪量为 1478.63 亿 m^3。枝城站流量超过 56700m^3/s，超出时间 16.6d。

1870 年洪水、工况 2 条件下枝城站洪峰特征及三口分流计算成果见表 7.3-4，荆江三口各口门分流量计算成果见表 7.3-5（调弦口设计分洪流量相对较小，计算中未考虑）。

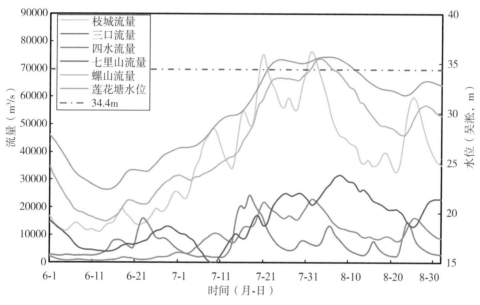

图 7.3-2　荆江及洞庭湖代表性站点水位流量过程（1870 年洪水、工况 2）

表 7.3-4　　　　枝城站洪峰特征及三口分流计算成果（1870 年洪水、工况 2）

序号	峰现时间 （月-日 时：分）	枝城流量 （m^3/s）	相应三口合成流量（m^3/s）	分流比 （%）	相应莲花塘水位（吴淞，m）	相应螺山流量（m^3/s）
1	7-21 09：00	76979	21451	27.87	33.56	58675
2	8-1 12：00	76712	22622	29.49	35.24	70069
3	8-25 07：00	60435	15393	25.47	32.15	50666

表 7.3-5　　　　荆江三口各口门分流量计算成果（1870 年洪水、工况 2）　　　（单位：m^3/s）

序号	三口合成流量	新江口流量	沙道观流量	弥陀寺流量	康家岗流量	管家铺流量
1	21451	7821	3696	2391	920	6623
2	22622	8149	3923	2332	1025	7193
3	15393	5846	2467	2076	518	4486

监利站于 7 月 22 日 4 时、8 月 2 日 15 时出现洪峰,对应洪峰流量为 51754m³/s、52475m³/s。螺山站于 7 月 27 日 5 时、8 月 3 日 8 时出现洪峰,对应洪峰流量为 67129m³/s、73802m³/s。

该工况下,研究区域各站点最高水位、洪峰流量及发生时间等详细信息,见表 7.3-6。

②洞庭湖"四水"洪水传播

洞庭湖"四水"尾闾合成流量于 8 月 5 日 7 时出现洪峰,对应洪峰流量分别为 25624m³/s。城陵矶(七里山)站于 8 月 8 日 7 时出现洪峰,对应洪峰流量为 31957m³/s。

受"三口""四水"洪水共同影响,莲花塘站于 7 月 22 日 10 时至 8 月 11 日 21 时(约 20.5d)水位超过 34.40m,最高水位 35.69m(8 月 5 日 22 时)。

③"三口"河系高洪水位

a."三口五站"

新江口站最高水位为 48.05m(8 月 2 日 11 时),沙道观站最高水位为 47.77m(8 月 2 日 12 时),弥陀寺站最高水位为 46.19m(8 月 2 日 14 时),康家岗站最高水位为 41.06m(8 月 2 日 17 时),管家铺站最高水位为 40.81m(8 月 2 日 17 时)。

b.松虎水系

官垸站最高水位为 42.38m(7 月 22 日 2 时),自治局站最高水位为 41.43m(7 月 22 日 2 时),大湖口站最高水位为 41.92m(8 月 2 日 22 时),安乡站最高水位为 40.02m(7 月 22 日 6 时),肖家湾站最高水位为 37.11m(8 月 6 日 22 时),石龟山站最高水位为 40.2m(7 月 21 日 4 时)。

c.藕池水系

三岔河站最高水位为 37.73m(8 月 3 日 6 时),南县站最高水位为 37.45m(8 月 3 日 4 时),注滋口站最高水位为 35.57m(8 月 6 日 17 时)。

④洞庭湖区高洪水位

东洞庭湖鹿角站最高水位为 35.80m(8 月 6 日 8 时),南洞庭湖营田站最高水位为 36.06m(8 月 6 日 20 时),杨柳潭站最高水位为 36.04m(8 月 6 日 20 时),西洞庭湖南嘴站最高水位为 37.00m(8 月 6 日 22 时),小河嘴站最高水位为 36.86m(8 月 6 日 22 时)。

(3)工况 3:上游水库调蓄、蓄洪垸启用(34.4m 控制水位),1958 年型前期来水

①超额洪量情势

上游水库调蓄、蓄洪垸启用(34.4m 控制水位)工况(工况 3)条件下,1870 年典型洪水分洪计算成果见表 7.3-7。其中,荆江分洪区分洪 46.74 亿 m³,洪湖分洪区分洪 36.40 亿 m³,洞庭湖区蓄洪垸分洪 36.25 亿 m³,城陵矶附近区分洪 72.65 亿 m³,三大垸共双茶垸、钱粮湖垸、大通湖东垸分别分洪 12.62 亿 m³、17.39 亿 m³、6.24 亿 m³。该工况下由于蓄洪垸的启用,莲花塘最高水位 34.42m,小于上游水库调蓄、蓄洪垸不启用工况(工况 2)条件下的 35.69m。

表 7.3-6 研究区域洪水水情计算成果（1870 年洪水，工况 2）

水系	站名	设计水位（吴淞，m）	堤顶高程（吴淞，m）	洪峰水位（吴淞，m）	洪峰水位时间（月-日 时:分）	洪峰水位对应流量（m³/s）	超保时间（h）	最大流量（m³/s）	最大流量时间（月-日 时:分）	最大 7d 洪量（亿 m³）	最大 30d 洪量（亿 m³）
长江	宜昌	55.73		55.64	7-21 09:00	75125		75800	7-21 07:00	385.52	1422.39
	枝城	51.75	51.80	51.35	8-2 01:00	76155		76979	7-21 09:00	411.13	1478.63
	沙市	45.00	46.50	46.31	8-2 10:00	61599	224	61660	8-2 05:00	336.28	1230.55
	新厂	40.38	41.40	42.29	8-2 14:00	61463		61541	8-2 10:00	335.96	1229.05
	石首	40.38	41.40	41.48	8-2 15:00	52547	262	52601	8-2 11:00	288.87	1075.52
	监利	37.28	39.23	38.36	8-3 03:00	51695	463	52475	8-2 15:00	288.27	1071.22
	调弦口			40.09	8-2 18:00	52457		52523	8-2 14:00	288.56	1073.01
	莲花塘	34.40	37.00	35.69	8-5 22:00	71002	492	73944	8-3 09:00	433.56	1665.05
	螺山	34.09	37.00	34.91	8-4 14:00	73648	443	73802	8-3 08:00	433.25	1664.20
	汉口	29.50	31.73	30.13	7-24 14:00	78401	288	78401	7-24 14:00	460.48	1834.82
	新江口	45.77	47.30	48.05	8-2 11:00	8115	476	8224	8-1 20:00	43.70	153.01
	沙道观	45.21	46.37	47.77	8-2 12:00	3952	503	3996	8-1 23:00	20.57	67.53
	瓦窑河	41.59	44.00	44.73	8-2 18:00	2713	607	2752	8-2 06:00	14.63	51.09
	官垸	41.87	43.50	42.38	7-22 02:00	3485	143	3670	8-3 02:00	19.36	66.24
松滋河	自治局	40.34	42.30	41.43	7-22 02:00	4867	330	5051	8-3 03:00	26.58	92.34
	大湖口	40.32	42.17	41.92	8-2 22:00	2601	465	2644	8-3 03:00	14.04	51.08
	安乡	39.38	41.50	40.02	7-22 06:00	6995	279	7061	7-22 12:00	37.99	142.73
	肖家湾	36.58	38.80	37.11	8-6 02:00	7875	136	9401	7-22 12:00	50.59	189.90
	汇口	40.88	42.10	40.81	7-22 02:00	−348		1537	8-17 06:00	5.41	10.39

续表

水系	站名	设计水位(吴淞,m)	堤顶高程(吴淞,m)	洪峰水位(吴淞,m)	洪峰水位时间(月-日 时:分)	洪峰水位对应流量(m³/s)	超保时间(h)	最大流量(m³/s)	最大流量时间(月-日 时:分)	最大7d洪量(亿m³)	最大30d洪量(亿m³)
虎渡河	弥陀寺	44.15	45.90	46.19	8-2 14:00	1911	393	2459	7-21 08:00	11.07	38.79
	黄山头闸上	40.18		45.88	8-2 17:00	2558	1150	2568	8-2 11:00	13.68	47.79
	黄山头闸下		41.00	45.87	8-2 17:00	2558		2562	8-2 13:00	13.67	47.78
	董家垱	39.36	40.50	39.82	8-3 01:00	2531	184	2546	8-2 17:00	13.62	47.73
	新开口		40.00	38.66	8-3 06:00	2503		2533	8-2 21:00	13.56	47.69
藕池河	康家岗	39.87	42.00	41.06	8-2 17:00	1114	288	1118	8-2 12:00	5.64	17.54
	管家铺		41.50	40.81	8-2 17:00	7752	395	7758	8-2 14:00	41.28	138.49
	官垱	38.84	40.30	39.70	8-2 22:00	1107	203	1110	8-2 17:00	5.64	17.52
	三岔河	36.05	39.40	37.73	8-3 06:00	671	527	679	8-2 20:00	3.49	11.13
	梅田湖	38.04	39.70	38.71	8-3 02:00	2336	185	2355	8-2 17:00	12.24	39.95
	鲇鱼须	37.58	39.90	39.14	8-2 21:00	1805	471	1808	8-2 17:00	9.32	29.36
	南县	36.35	38.50	37.45	8-3 04:00	3547	409	3566	8-2 19:00	19.63	69.03
	注滋口	34.95	37.00	35.57	8-6 17:00	3875	389	5390	8-4 06:00	28.84	98.17
澧水洪道	石龟山	40.82	44.20	40.20	7-21 04:00	7330		7555	7-20 21:00	38.79	125.48
	西河	40.00	40.00	38.44	8-7 00:00	6880		7514	7-20 21:00	38.53	125.22
沅江	桃源	40.68	47.80	40.80	7-16 22:00	13550		14800	7-16 07:00	67.10	136.74
	常德	38.63	45.80	37.88	7-17 18:00	13549		13984	7-16 16:00	67.13	138.17
	牛鼻滩	37.06	40.80	37.46	8-6 18:00	6980		13543	7-17 19:00	65.26	136.15
	周文庙	36.05	40.50	36.94	8-6 20:00	6907		13673	7-18 13:00	63.67	134.43
东南洞庭湖	南嘴	35.72	38.10	37.00	8-6 22:00	9484	351	10000	7-19 17:00	55.25	194.22
	小河嘴		38.30	36.86	8-6 22:00	13817	473	15125	7-21 22:00	85.49	278.96
	沙湾		39.50	37.02	8-6 22:00					0.00	0.00

续表

水系	站名	设计水位（吴淞，m）	堤顶高程（吴淞，m）	洪峰水位（吴淞，m）	洪峰水位 时间（月-日 时:分）	洪峰水位对应流量（m³/s）	超保时间（h）	最大流量（m³/s）	最大流量 时间（月-日 时:分）	最大7d洪量（亿m³）	最大30d洪量（亿m³）
东南	杨柳潭	35.28	39.00	36.18	8-6 21:00		451			0.00	0.00
	沙头	35.10	37.50	36.04	8-6 20:00		457			0.00	0.00
	杨堤	36.57	38.30	36.13	8-6 21:00	1031		5367	7-18 15:00	17.91	35.57
	甘溪港	35.30	38.00	35.84	8-6 20:00	478	280	1811	7-18 16:00	6.33	15.81
	湘阴	35.37	38.40	36.14	8-6 21:00	-282	436	834	7-18 15:00	2.26	2.72
	营田	35.41	37.20	36.09	8-6 19:00	1440	394	4458	6-29 14:00	21.69	70.42
洞庭湖	东南湖	35.05	37.80	36.06	8-6 20:00		465			0.00	0.00
	小河咀	35.37	37.30	36.40	8-6 20:00		466			0.00	0.00
	草尾	35.62	37.80	36.44	8-6 21:00	2839	353	2932	7-22 08:00	16.29	60.08
	鹿角	35.00	37.00	35.80	8-6 08:00		443			0.00	0.00
	岳阳	34.82	36.70	35.73	8-6 07:00		457			0.00	0.00
	城陵矶（七里山）	34.55	37.00	35.69	8-6 02:00	28135	479	31957	8-8 07:00	180.45	637.26
湘江	湘潭		44.24	36.56	8-5 07:00	2970		4490	6-28 07:00	21.05	60.12
	长沙	39.00	42.00	36.40	8-5 09:00	3584		5341	7-31 09:00	25.08	74.01
	濠河口	35.41	37.50	36.11	8-6 20:00	2533	426	6102	7-31 10:00	27.77	85.76
资江	桃江		45.30	39.33	7-18 09:00	6334		6480	7-18 07:00	20.79	36.68
	益阳	38.32	41.30	36.19	8-6 21:00	749		6279	7-18 15:00	20.51	36.64
澧水	石门		62.40	57.44	8-16 07:00	6050		6050	8-16 07:00	22.68	42.99
	津市	44.01	46.80	41.95	7-19 22:00	6133		6411	7-19 08:00	26.86	52.74

	涨水段	落水段
莲花塘 34.4m 时间（月-日 时:分）	7-22 10:00	8-11 21:00
对应螺山流量（m³/s）	62665	62427

表 7.3-7　　　　　　　　　　蓄洪垸分洪计算成果(1870 年洪水、工况 3)

蓄滞垸	可蓄容量 (亿 m³)	分洪量 (亿 m³)	堤顶高程 (吴淞,m)	超堤高 最大值(m)	超堤高 时间(h)	最大分洪 流量(m³/s)	最大水位 (吴淞,m)
荆江分洪区	54.00	46.74				15000	40.79
涴市扩大区	2.00	0.00				0	
虎西备蓄区	3.80	0.00				0	
人民大垸	11.80	0.00				0	
围堤湖垸	2.22	0.00	41	−4.46	0	0	
六角山垸	1.53	0.00	38.4	−2.49	0	0	
九垸	3.82	0.00	44.3	−3.38	0	0	
西官垸	4.89	0.00	43.5	−2.81	0	0	
安澧垸	9.42	0.00	41.9	−1.59	0	0	
澧南垸	2.21	0.00	48	−4.91	0	0	
安昌垸	7.23	0.00	39.7	−1.13	0	0	
南汉垸	6.15	0.00	38.4	−2.51	0	0	
安化垸	4.72	0.00	39.8	−2.16	0	0	
南鼎垸	2.20	0.00	39	−1.79	0	0	
和康垸	6.16	0.00	38.7	−2.28	0	0	
民主垸	12.18	0.00	38.6	−3.63	0	0	
共双茶垸	16.12	12.62	37.2	−2.06	0	3630	33.45
城西垸	7.92	0.00	38.3	−3.45	0	0	
屈原垸	12.89	0.00	38	−3.52	0	0	
义合垸	0.79	0.00	37.8	−2.80	0	0	
北湖垸	1.91	0.00	37	−2.14	0	0	
集成安合垸	6.26	0.00	38.9	−2.38	0	0	
钱粮湖垸	25.54	17.39	36.5	−1.94	0	5000	33.02
建设垸	3.72	0.00	37.2	−2.63	0	0	
建新垸	2.25	0.00	37.2	−2.64	0	0	
君山垸	4.69	0.00	38.2	−3.74	0	0	
大通湖东垸	12.62	6.24	37	−2.19	0	2190	33.59
江南陆城垸	10.58	0.00	36.8	−2.67	0	0	
洪湖分洪区	180.94	36.40				13000	25.62
荆江河段	71.60	46.74					
洞庭湖区蓄洪垸	168.02	36.25					
城陵矶附近区	348.96	72.65					

②"三口"河系高洪水位

a."三口五站"

工况3下新江口站最高水位为47.25m(7月21日19时),明显小于工况2下的48.05m(降幅0.80m);工况3下沙道观站最高水位为46.87m(7月21日19时),明显小于工况2下的47.77m(降幅0.90m);工况3下弥陀寺站最高水位为45.04m(7月23日15时),明显小于工况2下的46.19m(降幅1.15m);工况3下康家岗站最高水位为40.02m(8月2日9时),明显小于工况2下的41.06m(降幅1.04m);工况3下管家铺站最高水位为39.82m(8月2日9时),明显小于工况2下的40.81m(降幅0.99m)。

b.松虎水系

工况3下官垸站最高水位为41.85m(7月21日18时),明显小于工况2下的42.38m(降幅0.53m);工况3下自治局站最高水位为40.90m(7月21日19时),明显小于工况2下的41.43m(降幅0.54m);工况3下大湖口站最高水位为41.22m(7月22日0时),明显小于工况2下的41.93m(降幅0.70m);工况3下安乡站最高水位为39.55m(7月21日21时),明显小于工况2下的40.02m(降幅0.47m);工况3下肖家湾站最高水位为36.08m(8月7日7时),明显小于工况2下的37.11m(降幅1.03m);工况3下石龟山站最高水位为40.15m(7月20日18时),小于工况2下的40.20m(降幅0.05m)。

c.藕池水系

工况3下三岔河站最高水位为36.68m(7月23日8时),明显小于工况2下的37.73m(降幅1.05m);工况3下南县站最高水位为36.14m(8月3日6时),明显小于工况2下的37.45m(降幅1.31m);工况3下注滋口站最高水位为34.52m(7月23日19时),明显小于工况2下的35.57m(降幅1.05m)。

③洞庭湖区高洪水位

工况3下东洞庭湖鹿角站最高水位为34.54m(8月7日10时),明显小于工况2下的35.80m(降幅1.26m);工况3下南洞庭湖营田站最高水位为34.82m(8月7日10时),明显小于工况2下的36.06m(降幅1.24m);工况3下杨柳潭站最高水位为34.81m(8月7日10时),明显小于工况2下的36.04m(降幅1.23m);工况3下西洞庭湖南嘴站最高水位为35.95m(8月7日7时),明显小于工况2下的37.00m(降幅1.05m);工况3下小河嘴站最高水位为35.75m(8月7日8时),明显小于工况2下的36.86m(降幅1.12m);工况3下沙市站最高水位为45.01m(8月2日5时),明显小于工况2下的46.31m(降幅1.30m)。

研究区域洪水水情计算成果(1870年洪水、工况3)见表7.3-8。

表 7.3-8

研究区域洪水水情计算成果（1870 年洪水，工况 3）

水系	站名	设计水位（吴淞，m）	堤顶高程（吴淞，m）	洪峰水位（吴淞，m）	洪峰水位时间（月-日 时:分）	洪峰水位对应流量（m³/s）	超保时间（h）	最大流量（m³/s）	最大流量时间（月-日 时:分）	最大 7d 洪量（亿 m³）	最大 30d 洪量（亿 m³）
长江	宜昌	55.73		55.54	7-21 08:00	75463		75800	7-21 07:00	385.52	1422.39
	枝城	51.75	51.80	50.86	8-1 16:00	76938		77368	7-21 09:00	411.28	1478.73
	沙市	45.00	46.50	45.01	8-2 05:00	56624	8	57135	7-21 12:00	308.47	1185.27
	新厂		41.40	41.19	8-2 15:00	52455		52808	7-21 11:00	309.05	1183.05
	石首	40.38		40.41	8-2 05:00	45352	42	45649	7-21 19:00	268.58	1041.85
	监利	37.28	39.23	37.50	7-25 06:00	43287	223	45262	8-2 07:00	268.35	1038.19
	调弦口			39.09	7-24 19:00	44039		45334	7-21 18:00	268.46	1039.72
	莲花塘	34.40	37.00	34.41	7-23 14:00	65475	3	70052	8-3 11:00	402.92	1584.82
	螺山	34.09	37.00	33.71	7-22 20:00	61047		69770	8-3 10:00	403.04	1584.01
	汉口	29.50	31.73	29.31	7-22 19:00	72005		75406	7-22 20:00	430.92	1716.31
松滋河	新江口	45.77	47.30	47.25	7-21 19:00	7571	462	7793	8-1 15:00	41.98	149.62
	沙道观	45.21	46.37	46.87	7-21 19:00	3630	489	3723	8-1 17:00	19.47	65.32
	瓦窑河	41.59	44.00	43.60	7-22 00:00	1908	581	2199	7-24 22:00	12.56	46.28
	官垸	41.87	43.50	41.85	7-21 18:00	2808		3111	8-2 11:00	17.32	62.59
	自治局	40.34	42.30	40.90	7-21 19:00	4047	120	4171	7-22 06:00	23.17	86.00
	大湖口	40.32	42.17	41.22	7-22 00:00	2135	324	2218	8-2 14:00	12.61	48.87
	安乡	39.38	41.50	39.55	7-21 21:00	6393	50	6487	7-20 22:00	36.01	137.88
	肖家湾	36.58	38.80	36.08	8-7 07:00	7643		8337	7-22 07:00	47.15	181.58
	汇口	40.88	42.10	40.54	7-20 17:00	1070		1542	8-17 06:00	5.55	10.60

续表

水系	站名	设计水位(吴淞,m)	堤顶高程(吴淞,m)	洪峰水位(吴淞,m)	洪峰水位时间(月-日 时:分)	洪峰水位对应流量(m³/s)	超保时间(h)	最大流量(m³/s)	最大流量时间(月-日 时:分)	最大7d洪量(亿m³)	最大30d洪量(亿m³)
虎渡河	弥陀寺	44.15	45.90	45.04	7-23 15:00	2160	348	2680	8-4 17:00	9.68	30.35
	黄山头闸上			44.23	7-22 04:00	2019		2301	8-4 20:00	11.59	44.21
	黄山头闸下	40.18	41.00	44.23	7-22 04:00	2010	1144	2055	8-5 04:00	11.56	44.13
	董家垱	39.36	40.50	39.07	7-22 06:00	1990		2025	8-5 10:00	11.55	44.09
	新开口		40.00	38.11	7-22 07:00	1985		2009	7-25 12:00	11.59	44.06
	康家岗	39.87	42.00	40.02	8-2 09:00	792	232	792	8-2 09:00	4.62	15.44
	管家铺	39.50	41.50	39.82	8-2 09:00	6084	297	6086	8-2 05:00	35.73	127.52
	官垱	38.84	40.30	38.54	8-2 18:00	784		790	8-2 17:00	4.62	15.43
藕池河	三岔河	36.05	39.40	36.68	7-23 08:00	467	468	483	8-2 17:00	2.81	9.77
	梅田湖	38.04	39.70	37.58	7-23 08:00	1684		1748	8-2 14:00	10.23	35.98
	鲇鱼须	37.58	39.90	38.01	8-2 15:00	1278	384	1281	8-2 20:00	7.45	25.64
	南县	36.35	38.50	36.14	8-3 06:00	3035		3161	7-23 07:00	18.02	65.78
	注滋口	34.95	37.00	34.52	7-23 19:00	3567		5255	7-24 02:00	25.47	91.30
澧水	石龟山	40.82	44.20	40.15	7-20 18:00	7494		7508	7-20 15:00	37.02	118.59
洪道	西河		40.00	38.06	7-20 23:00	7359		7474	7-20 19:00	36.77	118.38
沅江	桃源		47.80	40.80	7-16 22:00	13550		14800	7-16 07:00	67.10	136.74
	常德	40.68	45.80	37.88	7-17 18:00	13549		13984	7-16 16:00	67.18	138.59
	牛鼻滩	38.63	40.80	37.10	7-17 21:00	13467		13543	7-17 19:00	65.42	136.99
	周文庙	37.06	40.50	35.91	7-22 14:00	7750		13673	7-18 13:00	64.01	135.59

续表

水系	站名	设计水位（吴淞,m）	堤顶高程（吴淞,m）	洪峰水位（吴淞,m）	洪峰水位时间（月-日 时:分）	洪峰水位对应流量（m³/s）	超保时间（h）	最大流量（m³/s）	最大流量时间（月-日 时:分）	最大7d洪量（亿 m³）	最大30d洪量（亿 m³）
东南洞庭湖	南嘴	36.05	38.10	35.95	8-7 07:00	8838		10000	7-19 17:00	55.22	188.39
	小河嘴	35.72	38.30	35.75	8-7 08:00	12965	12	14927	7-19 08:00	84.24	269.71
	沙湾		39.50	35.95	8-7 07:00					0.00	0.00
	沅江	35.28	39.00	34.97	8-7 09:00					0.00	0.00
	杨柳潭	35.10	37.50	34.81	8-7 10:00					0.00	0.00
	沙头	36.57	38.30	34.90	8-7 10:00	973		5367	7-18 15:00	17.98	35.04
	杨堤	35.30	38.00	34.60	8-7 11:00	463		1811	7-18 16:00	6.34	15.81
	甘溪港	35.37	38.40	34.91	8-7 10:00	-236		834	7-18 15:00	2.27	2.73
	湘阴	35.41	37.20	34.85	8-7 11:00	1280		4458	6-29 14:00	21.69	70.42
	营田	35.05	37.80	34.82	8-7 10:00					0.00	0.00
	东南湖	35.37	37.30	35.18	8-7 09:00					0.00	0.00
	草尾	35.62	37.80	35.35	8-7 09:00	2613		2840	7-20 08:00	16.04	57.15
	鹿角	35.00	37.00	34.54	8-7 10:00					0.00	0.00
	岳阳	34.82	36.70	34.46	8-7 09:00					0.00	0.00
	城陵矶（七里山）	34.55	37.00	34.40	8-7 10:00	25538		27575	8-11 11:00	158.66	577.76
湘江	湘潭		44.24	35.77	7-31 07:00	4380		4490	6-28 07:00	21.05	60.12
	长沙	39.00	42.00	35.36	7-31 10:00	5307		5356	7-31 13:00	25.08	74.01
	濠河口	35.41	37.50	34.87	8-7 11:00	2115		6398	7-31 11:00	28.78	85.76
资江	桃江		45.30	39.33	7-18 09:00	6334		6480	7-18 07:00	20.79	36.68
	益阳	38.32	41.30	34.96	8-7 11:00	748		6279	7-18 15:00	20.56	36.69
澧水	石门		62.40	57.44	8-16 07:00	6050		6050	8-16 07:00	22.68	42.99
	津市	44.01	46.80	41.95	7-19 22:00	6133		6411	7-19 08:00	26.96	52.80

（4）工况 4：上游水库调蓄、蓄洪垸启用（34.4m 控制水位），1954 年型前期来水

①超额洪量情势

采用 1954 年 6 月 1 日至 7 月 13 日宜昌、洞庭湖"四水"流量过程作为 1870 年该时段的相应控制站的流量边界，7 月 14 日至 8 月 30 日宜昌站采用根据历史水情调查还原的 1870 年流量过程，洞庭湖"四水"仍采用 1958 年实测的流量过程。通过上游水库调蓄、蓄洪垸启用（34.4m 控制水位）工况（工况 4）条件下，1870 年典型洪水各垸分洪计算成果见表 7.3-9。其中，荆江分洪区分洪 48.40 亿 m³，洪湖分洪区分洪 72.66 亿 m³，洞庭湖区蓄洪垸分洪 71.10 亿 m³，实施分洪的蓄洪垸分别为围堤湖垸、西官垸、澧南垸、共双茶垸、钱粮湖垸、建设垸、大通湖东垸、民主垸、城西垸，城陵矶附近区分洪 143.76 亿 m³。该工况下由于蓄洪垸的启用，莲花塘最高水位 34.42m，小于上游水库调蓄、蓄洪垸不启用工况（工况 2）条件下的 35.69m。

表 7.3-9　　　　　　　　蓄洪垸分洪计算成果（1870 年洪水、工况 4）

蓄洪垸	可蓄容量（亿 m³）	分洪量（亿 m³）	堤顶高程（吴淞，m）	超堤高最大值(m)	超堤高时间(h)	最大分洪流量(m³/s)	最大水位（吴淞，m）
荆江分洪区	54.00	48.40				15000	37.97
涴市扩大区	2.00	0.00				0	
虎西备蓄区	3.80	0.00				0	
人民大垸	11.80	0.00				0	
围堤湖垸	2.22	2.12	41	−3.55	0	2378	36.75
六角山垸	1.53	0.00	38.4	−1.95	0	0	
九垸	3.82	0.00	44.3	−2.96	0	0	
西官垸	4.89	3.77	43.5	−2.44	0	1810	39.23
安澧垸	9.42	0.00	41.9	−1.25	0	0	
澧南垸	2.21	1.36	48	−3.37	0	1956	41.71
安昌垸	7.23	0.00	39.7	−0.87	0	0	
南汉垸	6.15	0.00	38.4	−2.06	0	0	
安化垸	4.72	0.00	39.8	−2.08	0	0	
南鼎垸	2.20	0.00	39	−1.63	0	0	
和康垸	6.16	0.00	38.7	−2.09	0	0	
民主垸	12.18	11.09	38.6	−3.41	0	4000	34.26
共双茶垸	16.12	14.98	37.2	−1.79	0	3630	34.06
城西垸	7.92	7.26	38.3	−3.27	0	4702	34.76
屈原垸	12.89	0.00	38	−3.47	0	0	
义合垸	0.79	0.00	37.8	−2.08	0	0	

蓄洪垸	可蓄容量 (亿 m³)	分洪量 (亿 m³)	堤顶高程 (吴淞,m)	超堤高 最大值(m)	超堤高 时间(h)	最大分洪 流量(m³/s)	最大水位 (吴淞,m)
北湖垸	1.91	0.00	37	−1.94	0	0	
集成安合垸	6.26	0.00	38.9	−2.37	0	0	
钱粮湖垸	25.54	20.80	36.5	−1.87	0	5000	33.90
建设垸	3.72	2.72	37.2	−2.56	0	2210	33.81
建新垸	2.25	0.00	37.2	−2.57	0	0	
君山垸	4.69	0.00	38.2	−3.69	0	0	
大通湖东垸	12.62	7.00	37	−2.11	0	2190	33.71
江南陆城垸	10.58	0.00	36.8	−2.66	0	0	
洪湖分洪区	180.94	72.66				13000	27.41
荆江河段	71.60	48.40					
洞庭湖区蓄洪垸	168.02	71.10					
城陵矶附近区	348.96	143.76					

②三口河系高洪水位

a."三口五站"

工况 4 下新江口站最高水位为 47.33m(7 月 21 日 16 时),明显小于工况 2 下的 48.05m(降幅 0.72 m);工况 4 下沙道观站最高水位为 46.97m(7 月 21 日 17 时),明显小于工况 2 下的 47.77m(降幅 0.80m);工况 4 下弥陀寺站最高水位为 45.03m(7 月 31 日 3 时),明显小于工况 2 下的 46.19m(降幅 1.16m);工况 4 下康家岗站最高水位为 40.03m(8 月 2 日 13 时),明显小于工况 2 下的 41.06m(降幅 1.03m);工况 4 下管家铺站最高水位为 39.82m(8 月 2 日 13 时),明显小于工况 2 下的 40.81m(降幅 0.99m)。

b.松虎水系

工况 4 下官垸站最高水位为 42.13m(7 月 20 日 16 时),明显小于工况 2 下的 42.38m(降幅 0.25m);工况 4 下自治局站最高水位为 41.12m(7 月 20 日 17 时),明显小于工况 2 下的 41.43m(降幅 0.31m);工况 4 下大湖口站最高水位为 41.39m(7 月 21 日 18 时),明显小于工况 2 下的 41.92m(降幅 0.53m);工况 4 下安乡站最高水位为 39.87m(7 月 20 日 17 时),明显小于工况 2 下的 40.02m(降幅 0.15 m);工况 4 下肖家湾站最高水位为 36.64m(7 月 19 日 15 时),明显小于工况 2 下的 37.11m(降幅 0.47m);由于 6 月 1 日至 7 月 13 日长江和"四水"来水不同,使得工况 4 蓄洪垸分洪运用条件下,石龟山站最高水位为 40.56m(7 月 19 日 23 时),大于工况 2 下的 40.20m(升高 0.36m)。

研究区域洪水水情计算成果(1870 年洪水、工况 4)见表 7.3-10。

表 7.3-10　　研究区域洪水水情计算成果（1870 年洪水、工况 4）

水系	站名	设计水位（吴淞，m）	堤顶高程（吴淞，m）	洪峰水位（吴淞，m）	洪峰水位 时间（月-日 时：分）	洪峰水位 对应流量（m³/s）	超保时间（h）	最大流量（m³/s）	最大流量 时间（月-日 时：分）	最大 7d 洪量（亿 m³）	最大 30d 洪量（亿 m³）
长江	宜昌	55.73		55.59	7-21 08:00	75463		75800	7-21 07:00	385.52	1422.39
	枝城	51.75	51.80	50.87	7-21 11:00	77142		77413	7-21 09:00	411.28	1479.32
	沙市	45.00	46.50	45.01	7-21 12:00	56829	4	56829	7-21 12:00	308.91	1182.65
	新厂			41.19	8-2 04:00	52500		52576	7-21 02:00	308.95	1184.35
	石首	40.38	41.40	40.41	8-2 09:00	45416	73	45416	8-2 09:00	268.56	1037.26
	监利	37.28	39.23	37.51	7-25 06:00	43290	262	45229	8-2 08:00	268.28	1037.14
	调弦口			39.09	7-24 21:00	43918		45261	8-2 11:00	268.42	1037.13
	莲花塘	34.40	37.00	34.42	7-23 12:00	64172	32	71632	8-2 07:00	414.44	1664.03
	螺山	34.09	37.00	33.69	7-21 16:00	64282		71802	8-3 07:00	414.56	1662.05
	汉口	29.50	31.73	29.14	7-21 18:00	75010		75144	7-21 12:00	440.36	1773.59
松滋河	新江口	45.77	47.30	47.33	7-21 16:00	7598	470	7793	8-1 16:00	41.97	150.78
	沙道观	45.21	46.37	46.97	7-21 17:00	3656	517	3720	8-1 18:00	19.47	66.19
	瓦窑河	41.59	44.00	43.78	7-21 17:00	1865	684	2193	8-5 03:00	12.55	46.81
	官垸	41.87	43.50	42.13	7-20 16:00	2444	62	3112	8-2 14:00	17.31	63.40
	自治局	40.34	42.30	41.12	7-20 17:00	3659	158	4261	7-21 18:00	23.16	87.38
	大湖口	40.32	42.17	41.39	7-21 18:00	2194	372	2218	8-2 14:00	12.60	48.84
	安乡	39.38	41.50	39.87	7-20 17:00	6481	98	6481	7-20 17:00	36.21	138.58
	肖家湾	36.58	38.80	36.64	7-19 15:00	7748	21	8630	7-21 18:00	47.87	183.45
	汇口	40.88	42.10	40.94	7-19 23:00	1283	16	1830	6-26 17:00	5.45	13.83

续表

水系	站名	设计水位（吴淞，m）	堤顶高程（吴淞，m）	洪峰水位（吴淞，m）	洪峰水位时间（月-日 时：分）	洪峰水位对应流量（m³/s）	超保时间（h）	最大流量（m³/s）	最大流量时间（月-日 时：分）	最大7d洪量（亿m³）	最大30d洪量（亿m³）
虎渡河	弥陀寺	44.15	45.90	45.03	7-31 03:00	2118	355	2630	7-31 22:00	9.56	31.99
	黄山头闸上			44.36	7-21 23:00	2042		2116	8-2 10:00	11.53	44.59
	黄山头闸下	40.18	41.00	44.36	7-21 23:00	2020	1355	2065	8-5 04:00	11.57	44.66
	董家垱	39.36	40.50	39.24	7-21 18:00	1998		2021	7-21 21:00	11.61	44.70
	新开口		40.00	38.47	7-20 13:00	1854		2033	7-21 21:00	11.67	44.74
藕池河	康家岗	39.87	42.00	40.03	8-2 13:00	790	247	799	7-21 21:00	4.62	16.18
	管家铺	39.50	41.50	39.82	8-2 13:00	6077	307	6112	7-21 21:00	35.73	130.79
	官垱	38.84	40.30	38.57	7-22 14:00	777		841	7-23 07:00	4.62	16.18
	三岔河	36.05	39.40	36.96	7-22 16:00	403	535	571	7-22 00:00	2.82	9.50
	梅田湖	38.04	39.70	37.66	7-22 14:00	1679		1817	7-21 18:00	10.24	36.95
	鲇鱼须	37.58	39.90	38.02	8-2 11:00	1279	386	1281	7-22 10:00	7.46	26.59
	南县	36.35	38.50	36.16	8-2 22:00	3041		3080	8-2 11:00	17.99	66.11
	注滋口	34.95	37.00	34.60	7-21 08:00	2978		4855	7-21 21:00	25.43	92.71
澧水洪道	石龟山	40.82	44.20	40.56	7-19 23:00	7672		7672	7-19 23:00	38.45	123.98
	西河		40.00	38.53	7-20 00:00	7584		7584	7-20 00:00	38.38	123.87
沅江	桃源		47.80	41.97	7-14 07:00	18810		18810	7-14 07:00	83.76	242.92
	常德	40.68	45.80	38.84	6-29 20:00	16094		16321	6-29 13:00	82.49	243.61
	牛鼻滩	38.63	40.80	37.96	6-30 00:00	15891		16129	7-14 09:00	81.62	241.92
	周文庙	37.06	40.50	36.64	7-19 04:00	11969		16471	7-14 09:00	81.11	239.20

续表

水系	站名	设计水位(吴淞,m)	堤顶高程(吴淞,m)	洪峰水位(吴淞,m)	洪峰水位时间(月-日 时:分)	洪峰水位对应流量(m³/s)	超保时间(h)	最大流量(m³/s)	最大流量时间(月-日 时:分)	最大7d洪量(亿 m³)	最大30d洪量(亿 m³)
东南洞庭湖	南嘴	36.05	38.10	36.50	7-19 14:00	10569	120	11748	7-20 05:00	61.18	214.16
	小河嘴	35.72	38.30	36.26	7-19 10:00	16320	169	16744	7-19 07:00	93.73	308.16
	沙湾		39.50	36.53	7-19 11:00						
	沅江	35.28	39.00	35.20	7-19 20:00						
	杨柳潭	35.10	37.50	35.01	7-19 21:00						
	沙头	36.57	38.30	35.45	7-19 04:00	4699		8037	6-29 12:00	33.59	86.31
	杨堤	35.30	38.00	34.93	7-19 12:00	1282		2223	6-29 12:00	9.27	25.43
	甘溪港	35.37	38.40	35.48	7-19 04:00	656	45	1351	6-29 12:00	5.57	14.54
	湘阴	35.41	37.20	35.04	7-19 22:00	2483		11448	6-30 20:00	56.34	181.82
	营田	35.05	37.80	35.00	7-19 22:00					0.00	0.00
	东南洞庭湖	35.37	37.30	35.40	7-19 20:00		14			0.00	0.00
	草尾	35.62	37.80	35.77	7-19 20:00	3010	35	3011	7-19 10:00	16.99	62.23
	鹿角	35.00	37.00	34.60	7-19 21:00					0.00	0.00
	岳阳	34.82	36.70	34.51	7-19 21:00					0.00	0.00
	城陵矶(七里山)	34.55	37.00	34.45	7-19 13:00	26083		35719	7-1 17:00	199.57	687.84
湘江	湘潭		44.24	39.62	6-30 14:00	18008		18300	6-30 07:00	88.79	264.76
	长沙	39.00	42.00	36.82	7-1 04:00	17528		17856	6-30 13:00	87.33	263.21
	濠河口	35.41	37.50	35.08	7-19 22:00	3588		17393	6-30 23:00	84.91	259.46
资江	桃江		45.30	41.78	6-29 08:00	9727		9840	6-29 07:00	39.94	101.45
	益阳	38.32	41.30	36.36	6-29 13:00	9398		9461	6-29 11:00	39.44	101.03
澧水	石门		62.40	61.14	6-25 08:00	11537		11700	6-25 07:00	24.31	71.21
	津市	44.01	46.80	42.33	7-19 19:00	6227		10587	6-25 22:00	27.37	76.04

c. 藕池水系

工况 4 下三岔河站最高水位为 36.96m(7 月 22 日 16 时),明显小于工况 2 下的 37.73m(降幅 0.77m);工况 4 下南县站最高水位为 36.16m(8 月 2 日 22 时),明显小于工况 2 下的 37.45m(降幅 1.29m);工况 4 下注滋口站最高水位为 34.60m(7 月 21 日 8 时),明显小于工况 2 下的 35.57m(降幅 0.97m)。

③洞庭湖区高洪水位

工况 4 下东洞庭湖鹿角站最高水位为 34.60m(7 月 19 日 21 时),明显小于工况 2 下的 35.80m(降幅 1.20m);工况 4 下南洞庭湖营田站最高水位为 35.00m(7 月 19 日 22 时),明显小于工况 2 下的 36.06m(降幅 1.06m);工况 4 下杨柳潭站最高水位为 35.01m(7 月 19 日 21 时),明显小于工况 2 下的 36.04m(降幅 1.03m);工况 4 下西洞庭湖南嘴站最高水位为 36.50m(7 月 19 日 14 时),明显小于工况 2 下的 37.00m(降幅 0.50m);工况 4 下小河嘴站最高水位为 36.26m(7 月 19 日 10 时),明显小于工况 2 下的 36.86m(降幅 0.60m);工况 4 下沙市站最高水位为 45.01m(7 月 21 日 12 时),明显小于工况 2 下的 46.31m(降幅 1.30m)。

7.3.1.2 主要河道泄流变化

(1)荆江及城陵矶—螺山河段过流流量变化

考虑上游水库群调蓄的来水条件下,蓄洪垸启用与否对于荆江及城陵矶—螺山河段流量具有一定影响。蓄洪垸启用后减小了监利站、螺山站过流流量。

①荆江(沙市站)

相较工况 2,工况 3 条件下河段最大 7d 洪量由 336.28 亿 m³ 减少至 308.47 亿 m³,峰值流量由 61660m³/s 减少至 57135m³/s。

②荆江(监利站)

相较工况 2,工况 3 条件下河段最大 7d 洪量由 288.27 亿 m³ 减少至 268.35 亿 m³,峰值流量由 52475m³/s 减少至 45262m³/s。

③城陵矶—螺山河段(螺山站)

相较工况 2,工况 3 条件下河段最大 7d 洪量由 433.25 亿 m³ 减少至 403.04 亿 m³,峰值流量由 73802m³/s 减少至 69770m³/s。

(2)"三口"河系主要河段过流流量变化

"三口"河系主要河段过流流量同样受到蓄洪垸启用的影响。从总体上来看,蓄洪垸的启用(尤其是工况 3 条件下),各河道过流流量及洪峰流量普遍减小。

①官垸河(官垸站)

相较工况 2,工况 3 条件下河段最大 7d 洪量由 19.36 亿 m³ 减少至 17.32 亿 m³,峰值流量由 3670m³/s 减少至 3111m³/s。

②自治局河（自治局站）

相较工况 2，工况 3 条件下河段最大 7d 洪量由 26.58 亿 m³ 减少至 23.17 亿 m³，峰值流量由 5051m³/s 减少至 4171m³/s。

③大湖口河（大湖口站）

相较工况 2，工况 3 条件下河段最大 7d 洪量由 14.04 亿 m³ 减少至 12.61 亿 m³，峰值流量由 2644m³/s 减少至 2218m³/s。

④松虎洪道（安乡站）

相较工况 2，工况 3 条件下河段最大 7d 洪量由 37.99 亿 m³ 减少至 36.01 亿 m³，峰值流量由 7061m³/s 减少至 6487m³/s。

⑤澧水洪道（石龟山站）

相较工况 2，工况 3 条件下河段最大 7d 洪量由 38.79 亿 m³ 减少至 37.02 亿 m³，峰值流量由 7555m³/s 减少至 7508m³/s。

⑥藕池西支（康家岗站）

相较工况 2，工况 3 条件下河段最大 7d 洪量由 5.64 亿 m³ 减少至 4.62 亿 m³，峰值流量由 1118m³/s 减少至 792m³/s。

⑦藕池东支（管家铺站）

相较工况 2，工况 3 条件下河段最大 7d 洪量由 41.28 亿 m³ 减少至 35.73 亿 m³，峰值流量由 7758m³/s 减少至 6086m³/s。

⑧藕池中西支汇合河段（三岔河站）

相较工况 2，工况 3 条件下河段最大 7d 洪量由 3.49 亿 m³ 减少至 2.81 亿 m³，峰值流量由 679m³/s 减少至 483m³/s。

⑨草尾河（草尾站）

相较工况 2，工况 3 条件下河段最大 7d 洪量由 16.29 亿 m³ 减少至 16.04 亿 m³，峰值流量由 2932m³/s 减少至 2840m³/s。

7.3.1.3 1870 年洪水情势小结

（1）工况 1：上游水库不调蓄、蓄洪垸不启用

若在 2016 年地形条件下遭遇 1870 年典型洪水，洞庭湖区会发生什么样的洪水情势。经数值计算，1870 年洪水枝城最大洪峰流量 111487m³/s，沙市最高水位 49.66m，超堤顶高程 3.16m；相应时间三口合成分流量 35983m³/s（其中新江口 12262m³/s，管家铺 12304m³/s）。洪水造成松虎水系、藕池水系高洪水位大幅超出堤顶高程，其中松滋河新江口水位超高 4.14m，沙道观水位超高 4.89m，虎渡河弥陀寺水位超高 3.70m。松澧地区官垸、自治局、大湖口、安乡、汇口水位分别超出堤顶高程为 1.69m、1.85m、2.57m、0.98m、1.20m，肖家湾水位低于堤顶高程 0.12m；藕池河康家岗水位超高 1.01m，管家铺站水位超高 1.14m，藕池水系区域内官垱、三岔河、梅田湖、鲇鱼须、南县、注滋口水位分别超高 1.46m、0.18m、0.93m、1.15m、0.66m、0.30m。

（2）工况 2：上游水库调蓄、蓄洪垸不启用

1870 年洪水，经上游水库调蓄可大幅缓解洞庭湖区洪水情势，宜昌最大 30d 洪量可削减约 228 亿 m^3。枝城最大洪峰流量下降至 76979m^3/s，沙市最高水位降为 46.31m，低于堤顶高程；相应时间三口合成流量 21451m^3/s（其中新江口 7821m^3/s，管家铺 6623m^3/s）。上游水库调蓄洪水后，松虎水系、藕池水系高洪水位超出堤顶高程幅度下降，其中松滋河新江口站超高 0.75m，沙道观超高 1.40m，虎渡河弥陀寺站超高 0.29m；松澧地区官垸、自治局、大湖口、安乡、汇口和肖家湾最高洪峰水位均未超出堤顶高程；藕池河康家岗水位低于堤顶高程 0.94m、管家铺水位低于 0.69m，藕池水系内官垱、三岔河、梅田湖、鲇鱼须、南县、注滋口最高洪峰水位也均未超出堤顶高程。

（3）工况 3：上游水库调蓄、蓄洪垸启用（34.4m 控制水位），1958 年型前期来水

在上游水库调蓄基础上若同时启用下游蓄洪垸，则 1870 年洪水对荆江河段和洞庭湖区的不利影响进一步减弱。相比工况 2，沙市水位从 46.31m 下降到 45.01m，莲花塘水位从 35.69m 下降到 34.41m，莲花塘水位超 34.4m 的天数减小了 20.4d，松滋河、虎渡河、松澧地区、藕池水系代表站高洪水位较工况 2 进一步下降 0.27～1.65m（石龟山降幅略小，为 0.05m），仅沙道观站最高洪峰水位超过堤顶高程，超高 0.50m。

（4）工况 4：上游水库调蓄、蓄洪垸启用（34.4m 控制水位），1954 年型前期来水

工况 4，考虑最不利的洪水组合：前期 6 月 1 日至 7 月 13 日采用 1954 年典型洪水过程，结合 7 月 14 日至 8 月 12 日三峡初步设计时论证的 1870 年洪水过程，计算结果过表明，荆江河段分洪 48.4 亿 m^3，洪湖分洪区分洪 72.66 亿 m^3，洞庭湖区蓄洪垸分洪 71.10 亿 m^3，城陵矶附近区分洪 143.76 亿 m^3。松滋河、虎渡河、松澧地区和藕池水系代表站高洪水位低于堤顶高程 0.78～3.64m，仅沙道观站最高洪峰水位超过堤顶高程 0.60m。

为了分析、比较洞庭湖高洪水位情势的变化，各工况条件下研究区域洪水情势主要差异总结见表 7.3-11 至表 7.3-13。

表 7.3-11　　　　　　　　　1870 年洪水各工况洪水流量计算成果对比

统计指标	工况 2～工况 1	工况 3～工况 2
枝城最大流量（m^3/s）	−34508	389
枝城最大 7d 洪量（亿 m^3）	−140.73	0.15
枝城最大 30d 洪量（亿 m^3）	−227.87	0.10
枝城流量＞56700m^3/s 天数	−6.3	−0.0
荆江三口最大流量（m^3/s）	−13185	−2961
监利最大流量（m^3/s）	−20547	−7213
城陵矶（七）最大流量（m^3/s）	−2226	−4382
螺山最大流量（m^3/s）	−10728	−4032

表 7.3-12 　　　　1870 年洪水各工况洪水水位计算成果对比

统计指标	工况 2～工况 1	工况 3～工况 2
莲花塘最高水位(m)	−1.81	−1.27
莲花塘水位＞34.4 m 天数	−2.8	−20.4
新江口站最高水位(m)	−3.39	−0.81
沙道观站最高水位(m)	−3.48	−0.91
弥陀寺站最高水位(m)	−3.41	−1.15
康家岗站最高水位(m)	−1.94	−1.04
管家铺站最高水位(m)	−1.83	−0.99
官垸站最高水位(m)	−2.81	−0.53
自治局站最高水位(m)	−2.71	−0.54
大湖口站最高水位(m)	−2.81	−0.70
安乡站最高水位(m)	−2.46	−0.47
肖家湾站最高水位(m)	−1.57	−1.03
石龟山站最高水位(m)	−2.36	−0.05
三岔河站最高水位(m)	−1.85	−1.05
南县站最高水位(m)	−1.71	−1.30
注滋口站最高水位(m)	−1.72	−1.05
鹿角站最高水位(m)	−1.77	−1.27
营田站最高水位(m)	−1.73	−1.25
杨柳潭站最高水位(m)	−1.72	−1.23
南嘴站最高水位(m)	−1.54	−1.05
小河嘴站最高水位(m)	−1.55	−1.12

表 7.3-13 　　　　1870 年洪水各工况洪水分蓄洪计算成果对比

统计指标	工况 3	工况 4
荆江河段分洪量(亿 m³)	46.74	48.40
洪湖分洪区分洪量(亿 m³)	36.40	72.66
洞庭湖区蓄洪垸分洪量(亿 m³)	36.25	71.10
城陵矶附近区分洪量(亿 m³)	72.65	143.76

对比工况 1 与工况 2,长江上游水库群联合防洪调度显著减小了枝城站的洪峰流量及洪量,同时,荆江三口分流流量、三口河系及洞庭湖区水位也明显下降。

工况 3 通过在城陵矶附近区分洪 72.65 亿 m³,相较工况 2 显著减小了三口河系及洞庭湖区高洪水位以及莲花塘水位超出 34.4m 天数。

对比工况 4 和工况 3,城陵矶附近区分洪增加 71.11 亿 m³。

7.3.2　1935 年洪水

在 2016 年地形基础上,考虑 1935 年典型洪水,在长江上游水库群调蓄与否、分蓄洪区启用与否的多种组合条件下,计算分析洞庭湖高洪水位情势及变化、超额洪量情势、主要河道泄流变化等内容。

7.3.2.1　洞庭湖高洪水位情势及变化

(1)工况 1:上游水库不调蓄、蓄洪垸不启用

①荆江洪水传播

图 7.7-3 给出了上游水库不调蓄、蓄洪垸不启用工况(工况 1)条件下,荆江、城陵矶—螺山河段、洞庭湖"四水"尾闾的水位流量过程。工况 1 条件下,枝城站最大 30d 洪量为 887.35亿 m³。枝城站于 7 月 4 日 22 时至 7 月 8 日 13 时(约 3.6d)流量超过 56700m³/s。

枝城站洪峰特征及三口分流计算成果见表 7.3-14,荆江三口各口门分流量计算成果见表 7.3-15(调弦口设计分洪流量相对较小,计算中未考虑)。

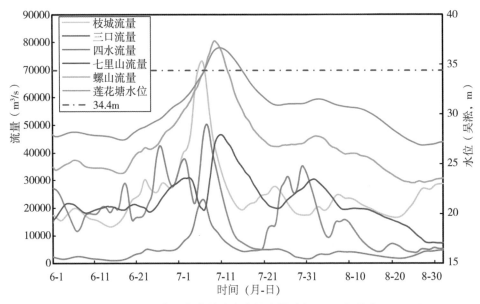

图 7.3-3　荆江及洞庭湖代表性站点水位流量过程(1935 年洪水、工况 1)

表 7.3-14　　　　　　枝城站洪峰特征及三口分流计算成果(1935 年洪水、工况 1)

时间 (月-日　时:分)	枝城流量 (m³/s)	相应三口合成流量(m³/s)	分流比 (%)	相应莲花塘水位(吴淞,m)	相应螺山流量(m³/s)
7-7 08:00	73668	23383	31.74	34.20	69542

表 7.3-15	荆江三口各口门分流量计算成果(1935 年洪水、工况 1)				(单位:m³/s)
三口合成流量	新江口流量	沙道观流量	弥陀寺流量	康家岗流量	管家铺流量
23383	7837	3841	2852	1116	7737

监利站于 7 月 7 日 19 时出现洪峰,对应洪峰流量为 54390m³/s。螺山站于 7 月 9 日 18 时出现洪峰,对应洪峰流量为 80786m³/s。

该工况下,研究区域各站点最高水位、洪峰流量及发生时间等详细信息,见表 7.3-16。

②洞庭"四水"洪水传播

洞庭"四水"尾闾合成流量于 6 月 27 日 7 时、7 月 8 日 6 时、7 月 30 日 7 时出现洪峰,对应洪峰流量分别为 43911m³/s、51700m³/s、36270m³/s。城陵矶(七里山)站于 7 月 4 日 1 时、7 月 11 日 9 时、8 月 2 日 6 时出现洪峰,对应洪峰流量分别为 31504m³/s、46840m³/s、30686m³/s。

受"三口""四水"洪水共同影响,莲花塘站于 7 月 7 日 13 时至 7 月 16 日 9 时(约 8.8d)水位超过 34.40m,最高水位 36.68m(7 月 11 日 4 时)。

③"三口"河系高洪水位

a."三口五站"

新江口站最高水位为 48.23m(7 月 7 日 22 时),沙道观站最高水位为 47.98m(7 月 7 日 22 时),弥陀寺站最高水位为 46.57m(7 月 8 日 0 时),康家岗站最高水位为 41.15m(7 月 8 日 0 时),管家铺站最高水位为 40.89m(7 月 8 日 1 时)。

b. 松虎水系

官垸站最高水位为 46.86m(7 月 8 日 4 时),自治局站最高水位为 44.98m(7 月 8 日 7 时),大湖口站最高水位为 44.84m(7 月 8 日 8 时),安乡站最高水位为 43.51m(7 月 8 日 9 时),肖家湾站最高水位为 39.86m(7 月 9 日 7 时),石龟山站最高水位为 45.39m(7 月 8 日 6 时)。

c. 藕池水系

三岔河站最高水位为 38.97m(7 月 9 日 7 时),南县站最高水位为 37.73m(7 月 10 日 20 时),注滋口站最高水位为 36.79m(7 月 11 日 5 时)。

④洞庭湖区高洪水位

东洞庭湖鹿角站最高水位为 37.02m(7 月 11 日 5 时),南洞庭湖营田站最高水位为 37.49m(7 月 11 日 2 时),杨柳潭站最高水位为 37.49m(7 月 11 日 1 时),西洞庭湖南嘴站最高水位为 39.56m(7 月 9 日 10 时),小河嘴站最高水位为 39.23m(7 月 9 日 16 时)。

表 7.3-16　研究区域洪水情计算成果（1935 年洪水，工况 1）

水系	站名	设计水位（吴淞,m）	堤顶高程（吴淞,m）	洪峰水位（吴淞,m）	洪峰水位时间（月-日 时:分）	洪峰水位对应流量（m³/s）	超保时间（h）	最大流量（m³/s）	最大流量时间（月-日 时:分）	最大7d洪量（亿m³）	最大30d洪量（亿m³）
长江	宜昌	55.73		54.75	7-7 07:00	60500		60500	7-7 07:00	301.08	817.78
	枝城	51.75	51.80	51.14	7-7 09:00	73555		73668	7-7 08:00	348.74	887.35
	沙市	45.00	46.50	46.61	7-7 15:00	64234	87	64460	7-7 11:00	308.88	783.34
	新厂			42.40	7-7 19:00	63879		64124	7-7 15:00	307.35	782.36
	石首	40.38	41.40	41.54	7-7 21:00	54571	98	54822	7-7 16:00	265.99	704.49
	监利	37.28	39.23	38.57	7-8 23:00	46854	168	54390	7-7 19:00	263.04	702.90
	调弦口			40.11	7-8 12:00	51291		54573	7-7 18:00	264.25	703.51
	莲花塘	34.40	37.00	36.68	7-11 04:00	78559	213	81357	7-9 17:00	452.84	1466.05
	螺山	34.09	37.00	35.74	7-11 08:00	78215	171	80786	7-9 18:00	450.81	1464.84
	汉口	29.50	31.73	31.26	7-11 14:00	91321	160	91321	7-11 14:00	514.69	1624.02
	新江口	45.77	47.30	48.23	7-7 22:00	6868	115	7889	7-7 00:00	35.50	82.04
	沙道观	45.21	46.37	47.98	7-7 22:00	3453	119	3841	7-7 09:00	16.31	29.89
	瓦窑河	41.59	44.00	46.52	7-8 04:00	185	156	2131	7-6 15:00	7.51	19.69
	官垸	41.87	43.50	46.86	7-8 04:00	-572	118	2688	7-6 12:00	9.02	21.40
松滋河	自治局	40.34	42.30	44.98	7-8 07:00	5006	141	5047	7-8 02:00	21.96	49.45
	大湖口	40.32	42.17	44.84	7-8 08:00	2556	153	2586	7-8 02:00	11.66	29.84
	安乡	39.38	41.50	43.51	7-8 09:00	12362	155	12479	7-8 04:00	47.20	104.97
	肖家湾	36.58	38.80	39.86	7-9 07:00	13389	189	15492	7-8 07:00	61.74	135.83
	汇口	40.88	42.10	46.00	7-8 05:00	4921	121	4959	7-8 00:00	14.75	29.78

续表

水系	站名	设计水位 (吴淞,m)	堤顶高程 (吴淞,m)	洪峰水位 (吴淞,m)	洪峰水位时间 (月-日 时:分)	洪峰水位对应流量 (m³/s)	超保时间 (h)	最大流量 (m³/s)	最大流量时间 (月-日 时:分)	最大7d洪量 (亿 m³)	最大30d洪量 (亿 m³)
虎渡河	弥陀寺	44.15	45.90	46.57	7-8 00:00	1284	107	3147	7-6 08:00	11.18	19.79
	黄山头闸上			46.39	7-8 04:00	3582		3742	7-7 18:00	16.01	31.31
	黄山头闸下	40.18	41.00	46.38	7-8 04:00	3584	235	3700	7-7 19:00	15.95	31.30
	董家垱	39.36	40.50	42.58	7-8 08:00	3454	158	3556	7-7 23:00	15.76	31.25
	新开口		40.00	41.90	7-8 18:00	3186		3444	-8 03:00	15.57	31.23
	康家岗	39.87	42.00	41.15	7-8 00:00	1124	117	1149	07-7 16:00	4.62	6.68
	管家铺	39.50	41.50	40.89	7-8 01:00	7899	136	7967	7-7 19:00	35.92	71.86
	官垱	38.84	40.30	39.97	7-8 08:00	1042	130	1115	7-7 20:00	4.54	6.67
藕池河	三岔河	36.05	39.40	38.97	7-9 07:00	372	236	633	7-7 19:00	2.41	4.32
	梅田湖	38.04	39.70	39.36	7-9 04:00	1320	151	2254	7-7 14:00	8.56	16.22
	鲇鱼须	37.58	39.90	39.22	7-8 05:00	1910	184	1918	7-8 03:00	8.73	15.27
	南县	36.35	38.50	37.73	7-10 20:00	2515	189	3801	7-8 15:00	18.29	40.31
	注滋口	34.95	37.00	36.79	7-11 05:00	3396	185	5815	7-8 15:00	26.45	55.50
澧水	石龟山	40.82	44.20	45.39	7-8 06:00	21468	116	21563	7-8 03:00	71.98	128.49
洪道	西河		40.00	42.30	7-8 12:00	21026		21397	7-8 05:00	71.55	128.47
沅江	桃源		47.80	44.75	7-3 08:00	24392		24700	7-3 07:00	122.86	342.08
	常德	40.68	45.80	41.89	7-10 10:00	20936	140	23961	7-3 09:00	121.73	339.64
	牛鼻滩	38.63	40.80	41.11	7-10 11:00	20901	328	23495	7-3 12:00	121.02	337.50
	周文庙	37.06	40.50	39.85	7-9 19:00	19320	211	23275	7-3 14:00	120.57	335.73
东南洞庭湖	南嘴	36.05	38.10	39.56	7-9 10:00	20078	213	20299	7-9 03:00	94.43	250.57
	小河嘴	35.72	38.30	39.23	7-9 16:00	29542	223	31150	7-9 00:00	142.89	361.47
	沙湾		39.50	39.66	7-9 11:00					0.00	0.00

续表

水系	站名	设计水位（吴淞，m）	堤顶高程（吴淞，m）	洪峰水位（吴淞，m）	洪峰水位时间（月-日 时:分）	洪峰水位对应流量（m³/s）	超保时间（h）	最大流量（m³/s）	最大流量时间（月-日 时:分）	最大7d洪量（亿m³）	最大30d洪量（亿m³）
	沅江	35.28	39.00	37.68	7-10 22:00		204			0.00	0.00
	杨柳潭	35.10	37.50	37.49	7-11 01:00		205			0.00	0.00
	沙头	36.57	38.30	37.65	7-10 22:00	3496	128	7608	7-25 14:00	23.39	75.74
	杨堤	35.30	38.00	37.29	7-11 01:00	1166	182	2449	7-25 15:00	7.88	24.76
	甘溪港	35.37	38.40	37.67	7-10 22:00	-54	200	1287	7-2513:00	3.40	10.59
东南	湘阴	35.41	37.20	37.51	7-11 02:00	1405	189	9275	6-4 11:00	45.67	169.28
洞庭湖	营田	35.05	37.80	37.49	7-11 02:00		208			0.00	0.00
	东南湖	35.37	37.30	37.87	7-11 00:00		211			0.00	0.00
	草尾	35.62	37.80	38.41	7-9 17:00	5158	206	5335	7-9 02:00	25.50	68.35
	鹿角	35.00	37.00	37.02	7-11 05:00		192			0.00	0.00
	岳阳	34.82	36.70	36.91	7-11 05:00		198			0.00	0.00
	城陵矶（七里山）	34.55	37.00	36.80	7-11 05:00	46744	208	46840	7-11 09:00	254.97	773.93
湘江	湘潭		44.24	37.86	7-11 05:00	2855		14000	6-3 07:00	67.47	244.55
	长沙	39.00	42.00	37.76	7-11 04:00	2851		13737	6-4 07:00	65.90	241.97
	濠河口	35.41	37.50	37.52	7-11 02:00	2812	191	13625	6-4 14:00	64.86	237.56
资江	桃江		45.30	41.47	7-25 09:00	9548		9930	7-25 07:00	27.23	85.13
	益阳	38.32	41.30	37.79	7-10 14:00	3958		9007	7-25 12:00	26.95	83.78
澧水	石门		62.40	69.07	7-7 08:00	30102		30580	7-7 06:00	81.16	143.11
	津市	44.01	46.80	49.78	7-7 22:00	27979	91	28330	7-7 17:00	80.80	143.43

	涨水段	落水段
莲花塘 34.4m 时间（月-日 时:分）	7-7 13:00	7-16 09:00
对应螺山流量（m³/s）	68863	55579

（2）工况 2：上游水库调蓄、蓄洪垸不启用

①荆江洪水传播

图 7.3-4 给出了上游水库调蓄、蓄洪垸不启用工况（工况 2）条件下，荆江、城陵矶—螺山河段、洞庭湖"四水"尾闾的水位流量过程。工况 2 条件下，枝城站最大 30d 洪量为 798.06 亿 m^3。经三峡及上游水库群调蓄后，枝城站洪峰流量为 55279m^3/s，未超过 56700m^3/s。

1935 年洪水、工况 2 条件下枝城站洪峰特征及三口分流计算成果见表 7.3-17，荆江三口各口门分流量计算成果见表 7.3-18（调弦口设计分洪流量相对较小，计算中未考虑）。

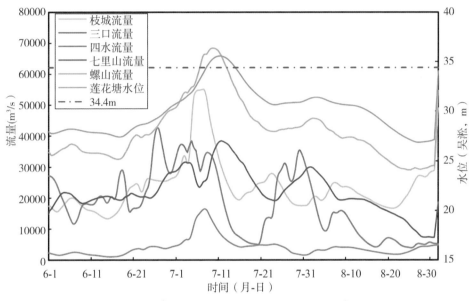

图 7.3-4　荆江及洞庭湖代表性站点水位流量过程（1935 年洪水、工况 2）

表 7.3-17　　　　　　枝城站洪峰特征及三口分流计算成果（1935 年洪水、工况 2）

峰现时间（月-日 时:分）	枝城流量（m^3/s）	相应三口合成流量（m^3/s）	分流比（%）	相应莲花塘水位（吴淞 m）	相应螺山流量（m^3/s）
7-8 07:00	55279	16641	30.10	34.17	66202

表 7.3-18　　　　　荆江三口各口门分流量计算成果（1935 年洪水、工况 2）　　　（单位：m^3/s）

三口合成流量	新江口流量	沙道观流量	弥陀寺流量	康家岗流量	管家铺流量
16641	5798	2625	1734	724	5760

监利站于 7 月 8 日 10 时出现洪峰，对应洪峰流量为 43988m^3/s。螺山站于 7 月 10 日 7 时出现洪峰，对应洪峰流量为 68638m^3/s。

该工况下，研究区域各站点最高水位、洪峰流量及发生时间信息，见表 7.3-19。

表 7.3-19

研究区域洪水水情计算成果（1935 年洪水、工况 2）

水系	站名	设计水位（吴淞,m）	堤顶高程（吴淞,m）	洪峰水位（吴淞,m）	洪峰水位时间（月-日 时:分）	洪峰水位对应流量（m³/s）	超保时间（h）	最大流量（m³/s）	最大流量时间（月-日 时:分）	最大7d洪量（亿m³）	最大30d洪量（亿m³）
长江	宜昌	55.73		52.27	7-8 07:00	44080		48719		235.29	771.88
	枝城	51.75	51.80	49.14	7-8 08:00	55259		55279	7-8 07:00	287.93	798.06
	沙市	45.00	46.50	44.90	7-8 08:00	50936		50986	7-8 03:00	258.79	706.75
	新厂			41.03	7-8 12:00	50772		50875	7-8 08:00	257.14	706.13
	石首	40.38	41.40	40.29	7-8 13:00	44182		44285	7-8 09:00	225.60	642.56
	监利	37.28	39.23	37.64	7-9 00:00	41841	86	43988	7-8 10:00	222.85	646.01
	调弦口			39.17	7-8 19:00	42548		44239	7-8 14:00	223.97	644.05
	莲花塘	34.40	37.00	35.59	7-11 19:00	66497	166	69041	7-9 10:00	400.73	1366.65
	螺山	34.09	37.00	34.69	7-11 18:00	67179	113	68638	7-10 07:00	398.73	1365.48
	汉口	29.50	31.73	30.05	7-12 00:00	80553	103	80553	7-12 00:00	462.96	1525.93
	新江口	45.77	47.30	46.43	7-8 09:00	5808	71	5810	7-8 10:00	28.79	72.52
	沙道观	45.21	46.37	46.10	7-8 09:00	2628	80	2630	7-8 10:00	12.18	23.70
	瓦窑河	41.59	44.00	44.17	7-7 00:00	426	160	1623		8.18	23.78
	官垸	41.87	43.50	44.44	7-6 21:00	−485	116	2282		11.04	27.43
松滋河	自治局	40.34	42.30	42.68	7-7 00:00	3590	136	3598	7-8 03:00	18.27	43.51
	大湖口	40.32	42.17	42.59	7-7 01:00	1890	142	1904	7-8 00:00	9.85	28.08
	安乡	39.38	41.50	41.34	7-7 02:00	8662	153	8718	7-6 23:00	39.23	95.40
	肖家湾	36.58	38.80	38.18	7-10 19:00	7279	184	11150	7-7 05:00	51.78	122.22
	汇口	40.88	42.10	43.62	7-6 21:00	3414	120	3445	7-6 19:00	11.57	26.89

续表

水系	站名	设计水位（吴淞,m）	提顶高程（吴淞,m）	洪峰水位（吴淞,m）	洪峰水位时间（月-日 时:分）	洪峰水位对应流量（m³/s）	超保时间（h）	最大流量（m³/s）	最大流量时间（月-日 时:分）	最大7d洪量（亿m³）	最大30d洪量（亿m³）
虎渡河	弥陀寺	44.15	45.90	44.80	7-8 05:00	1729	68	2083		9.37	26.34
	黄山头闸上			44.19	7-7 16:00	2784		2940		13.39	29.68
	黄山头闸下	40.18	41.00	44.18	7-7 16:00	2785	225	2940		13.37	29.76
	董家垱	39.36	40.50	40.71	7-7 12:00	2765	168	2941		13.27	30.18
	新开口		40.00	39.75	7-7 06:00	2690		2952		13.21	30.49
藕池河	康家岗	39.87	42.00	39.92	7-8 14:00	777	11	777	7-8 14:00	3.28	4.78
	管家铺	39.50	41.50	39.72	7-8 14:00	5893	50	5893	7-8 14:00	27.38	58.77
	官垱	38.84	40.30	38.61	7-8 17:00	748		761	7-8 15:00	3.23	4.78
	三岔河	36.05	39.40	37.63	7-10 22:00	250	201	419	7-8 16:00	1.84	3.38
	梅田湖	38.04	39.70	38.06	7-9 23:00	1140	35	1524	7-8 15:00	6.64	14.03
	鲇鱼须	37.58	39.90	37.99	7-8 19:00	1238	113	1261	7-8 15:00	5.89	11.32
	南县	36.35	38.50	36.72	7-11 11:00	1984	96	2977	7-8 13:00	14.50	34.29
	注滋口	34.95	37.00	35.70	7-11 21:00	2595	129	4119	7-8 13:00	19.98	45.54
澧水	石龟山	40.82	44.20	43.15	7-6 21:00	14280	109	14321	7-6 20:00	57.39	113.70
洪道	西河		40.00	40.37	7-6 23:00	14163		14179	7-6 22:00	56.96	113.79
沅江	桃源	44.74	47.80	44.74	7-3 08:00	24392		24700	7-3 07:00	122.86	342.08
	常德	40.68	45.80	41.16	7-10 13:00	20656	101	23968	7-3 09:00	121.76	339.94
	牛鼻滩	38.63	40.80	40.24	7-10 16:00	20495	304	23539	7-3 12:00	121.12	338.11
	周文庙	37.06	40.50	38.69	7-10 18:00	20925	174	23370	7-3 15:00	120.75	336.55
东南洞庭湖	南嘴	36.05	38.10	38.04	7-10 20:00	14352	210	14378	7-10 08:00	81.98	238.06
	小河嘴	35.72	38.30	37.84	7-10 22:00	22278	216	23107	7-9 11:00	128.65	343.86
	沙湾		39.50	38.12	7-10 20:00					0.00	0.00

续表

水系	站名	设计水位(吴淞,m)	堤顶高程(吴淞,m)	洪峰水位(吴淞,m)	洪峰水位时间(月-日 时:分)	洪峰水位对应流量(m³/s)	超保时间(h)	最大流量(m³/s)	最大流量时间(月-日 时:分)	最大7d洪量(亿m³)	最大30d洪量(亿m³)
	沅江	35.28	39.00	36.51	7-11 14:00		163			0.00	0.00
	杨柳潭	35.10	37.50	36.32	7-11 17:00		162			0.00	0.00
	沙头	36.57	38.30	36.48	7-11 15:00	2725	134	7582	7-25 14:00	23.39	75.10
	杨堤	35.30	38.00	36.13	7-11 17:00	954	161	2461	7-25 15:00	7.92	24.69
	甘溪港	35.37	38.40	36.49	7-11 15:00	-163	141	1292	7-25 13:00	3.43	10.63
东南	湘阴	35.41	37.20	36.34	7-11 18:00	1632	165	9275	6-4 11:00	45.67	169.72
	营田	35.05	37.80	36.32	7-11 18:00		172			0.00	0.00
	东南湖	35.37	37.30	36.71	7-11 16:00		192			0.00	0.00
洞庭湖	草尾	35.62	37.80	37.15	7-11 00:00	3777	142	3875	7-9 16:00	21.94	63.98
	鹿角	35.00	37.00	35.90	7-11 22:00		149			0.00	0.00
	岳阳	34.82	36.70	35.80	7-11 22:00		162			0.00	0.00
	城陵矶(七里山)	34.55	37.00	35.70	7-11 20:00	38221		38653	7-12 04:00	217.73	730.07
湘江	湘潭		44.24	37.38	6-4 07:00	13800		14000	6-3 07:00	67.47	244.55
	长沙	39.00	42.00	36.61	7-11 20:00	2851		13737	6-4 08:00	65.90	242.09
	濠河口	35.41	37.50	36.36	7-11 19:00	2836	142	13624	6-4 14:00	64.86	237.95
资江	桃江	45.30	45.30	41.46	7-25 09:00	9548		9930	7-25 07:00	27.23	85.13
	益阳	38.32	41.30	36.59	7-11 00:00	3318		8991	7-25 12:00	26.97	83.97
澧水	石门		62.40	65.01	7-6 15:00	19400		19400	7-4 16:00	66.06	130.49
	津市	44.01	46.80	46.96	7-6 17:00	19269	75	19269	7-6 17:00	65.32	130.40

	涨水段	落水段
莲花塘34.4m时间(月-日 时:分)	7-8 14:00	7-15 11:00
对应螺山流量(m³/s)	65885	55654

198

②洞庭湖"四水"洪水传播

洞庭湖"四水"尾闾合成流量于6月27日7时、7月4日16时、7月9日7时、7月30日7时出现洪峰,对应洪峰流量分别为44070m³/s、41604m³/s、34760m³/s、36490m³/s。城陵矶(七里山)站于7月3日15时、7月12日4时、8月2日6时出现洪峰,对应洪峰流量分别为31806m³/s、38653m³/s、30201m³/s。

受"三口""四水"洪水共同影响,莲花塘站于7月8日14时至7月15日11时(约6.9d)水位超过34.40m,最高水位35.59m(7月11日19时)。

③"三口"河系高洪水位

a."三口五站"

新江口站最高水位为46.43m(7月8日9时),沙道观站最高水位为46.10m(7月8日9时),弥陀寺站最高水位为44.80m(7月8日5时),康家岗站最高水位为39.92m(7月8日14时),管家铺站最高水位为39.72m(7月8日14时)。

b.松虎水系

官垸站最高水位为44.44m(7月6日21时),自治局站最高水位为42.68m(7月7日0时),大湖口站最高水位为42.59m(7月7日1时),安乡站最高水位为41.34m(7月7日2时),肖家湾站最高水位为38.18m(7月10日19时),石龟山站最高水位为43.15m(7月6日21时)。

c.藕池水系

三岔河站最高水位为37.63m(7月10日22时),南县站最高水位为36.72m(7月11日11时),注滋口站最高水位为35.70m(7月11日21时)。

④洞庭湖区高洪水位

东洞庭湖鹿角站最高水位为35.90m(7月11日22时),南洞庭湖营田站最高水位为36.32m(7月11日18时),杨柳潭站最高水位为36.32m(7月11日17时),西洞庭湖南嘴站最高水位为38.04m(7月10日20时),小河嘴站最高水位为37.84m(7月10日22时)。

(3)工况3:上游水库调蓄、蓄洪垸启用(34.4m控制水位)

①超额洪量情势

上游水库调蓄、蓄洪垸启用(34.4m控制水位)工况(工况3)条件下,1935年典型洪水分洪计算成果见表7.3-20。其中,荆江分洪区分洪0亿m³,洪湖分洪区分洪37.32亿m³,洞庭湖区蓄洪垸分洪39.56亿m³,实施分洪的蓄洪垸分别为九垸、西官垸、安澧垸、澧南垸、共双茶垸、钱粮湖垸,城陵矶附近区分洪76.88亿m³。该工况下由于蓄洪垸的启用,莲花塘最高水位34.41m,小于上游水库调蓄、蓄洪垸不启用工况(工况2)条件下的35.59m。

表 7.3-20   蓄洪垸分洪计算成果(1935 年洪水、工况 3)

蓄洪垸	可蓄容量 (亿 m³)	分洪量 (亿³)	堤顶高程 (吴淞,m)	超堤高 最大值(m)	超堤高 时间(h)	最大分洪 流量(m³/s)	最大水位 (吴淞,m)
荆江分洪区	54.00	0.00				0	
浣市扩大区	2.00	0.00				0	
虎西备蓄区	3.80	0.00				0	
人民大垸	11.80	0.00				0	
围堤湖垸	2.22	0.00	41	−1.69	0	0	
六角山垸	1.53	0.00	38.4	−1.10	0	0	
九垸	3.82	3.82	44.3	−1.11	0	2920	41.38
西官垸	4.89	2.63	43.5	−1.36	0	1810	37.62
安澧垸	9.42	8.65	41.9	−1.71	0	3550	39.22
澧南垸	2.21	2.21	48	1.62	39	2380	44.61
安昌垸	7.23	0.00	39.7	−0.69	0	0	
南汉垸	6.15	0.00	38.4	−1.37	0	0	
安化垸	4.72	0.00	39.8	−2.08	0	0	
南鼎垸	2.20	0.00	39	−1.56	0	0	
和康垸	6.16	0.00	38.7	−1.57	0	0	
民主垸	12.18	0.00	38.6	−3.05	0	0	
共双茶垸	16.12	6.58	37.2	−1.35	0	3630	31.06
城西垸	7.92	0.00	38.3	−2.97	0	0	
屈原垸	12.89	0.00	38	−3.26	0	0	
义合垸	0.79	0.00	37.8	−2.40	0	0	
北湖垸	1.91	0.00	37	−1.65	0	0	
集成安合垸	6.26	0.00	38.9	−2.49	0	0	
钱粮湖垸	25.54	15.66	36.5	−1.66	0	5000	32.12
建设垸	3.72	0.00	37.2	−2.35	0	0	
建新垸	2.25	0.00	37.2	−2.35	0	0	
君山垸	4.69	0.00	38.2	−3.58	0	0	
大通湖东垸	12.62	0.00	37	−1.85	0	0	
江南陆城垸	10.58	0.00	36.8	−2.75	0	0	
洪湖分洪区	180.94	37.32				12000	25.69
荆江河段	71.60	0.00					
洞庭湖区蓄洪垸	168.02	39.56					
城陵矶附近区	348.96	76.88					

②"三口"河系高洪水位

a. "三口五站"

工况3下新江口站最高水位为46.25m(7月8日11时),小于工况2下的46.43m(降幅0.18m);工况3下沙道观站最高水位为45.89m(7月8日11时),小于工况2下的46.10m(降幅0.21m);工况3下弥陀寺站最高水位为44.54m(7月8日8时),小于工况2下的44.80m(降幅0.26m);工况3下康家岗站最高水位为39.81m(7月8日14时),小于工况2下的39.92m(降幅0.11m);工况3下管家铺站最高水位为39.62m(7月8日14时),小于工况2下的39.72m(降幅0.10m)。

b. 松虎水系

工况3下官垸站最高水位为43.30m(7月6日21时),明显小于工况2下的44.44m(降幅1.14m);工况3下自治局站最高水位为40.83m(7月7日19时),明显小于工况2下的42.68m(降幅1.85m);工况3下大湖口站最高水位为41.01m(7月8日17时),明显小于工况2下的42.59m(降幅1.58m);工况3下安乡站最高水位为39.54m(7月9日4时),明显小于工况2下的41.34m(降幅1.80m);工况3下肖家湾站最高水位为37.44m(7月11日2时),明显小于工况2下的38.18m(降幅0.74m);工况3下石龟山站最高水位为42.00m(7月6日21时),明显小于工况2下的43.15m(降幅1.15m)。

c. 藕池水系

工况3下三岔河站最高水位为37.04m(7月9日19时),明显小于工况2下的37.63m(降幅0.59m);工况3下南县站最高水位为36.05m(7月8日22时),明显小于工况2下的36.72m(降幅0.67m);工况3下注滋口站最高水位为34.86m(7月12日11时),明显小于工况2下的35.70m(降幅0.84m)。

③洞庭湖区高洪水位

工况3下东洞庭湖鹿角站最高水位为34.82m(7月11日23时),明显小于工况2下的35.90m(降幅1.08m);工况3下南洞庭湖营田站最高水位为35.31m(7月11日20时),明显小于工况2下的36.32m(降幅1.01m);工况3下杨柳潭站最高水位为35.34m(7月11日18时),明显小于工况2下的36.32m(降幅0.98m);工况3下西洞庭湖南嘴站最高水位为37.33m(7月11日0时),明显小于工况2下的38.04m(降幅0.71m);工况3下小河嘴站最高水位为37.08m(7月10日23时),明显小于工况2下的37.84m(降幅0.76m);工况3下沙市站最高水位为44.81m(7月8日8时),小于工况2下的44.90m(降幅0.09m)。

研究区域洪水水情计算成果(1935年洪水、工况3)见表7.3-21。

表 7.3-21　研究区域洪水水情计算成果（1935 年洪水，工况 3）

水系	站名	设计水位（吴淞，m）	堤顶高程（吴淞，m）	洪峰水位（吴淞，m）	洪峰水位时间（月-日 时:分）	洪峰水位对应流量（m³/s）	超保时间（h）	最大流量（m³/s）	最大流量时间（月-日 时:分）	最大7d洪量（亿m³）	最大30d洪量（亿m³）
长江	宜昌	55.73		52.23	7-8 07:00	44080		44080	7-8 07:00	235.29	727.31
	枝城	51.75	51.80	49.08	7-8 08:00	55238		55258	7-8 07:00	288.07	793.79
	沙市	45.00	46.50	44.81	7-8 08:00	50433		50465	7-8 07:00	257.58	705.87
	新厂	40.38		40.96	7-8 12:00	50284		50357	7-8 09:00	256.16	705.31
	石首	40.38	41.40	40.21	07-8 13:00	43780		43848	7-8 09:00	225.29	643.66
	监利	37.28	39.23	37.53	7-8 23:00	41653	44	43616	7-8 11:00	223.31	642.78
	调弦口			39.08	7-8 19:00	42199		43855	7-8 14:00	224.09	643.10
	莲花塘	34.40	37.00	34.41	7-8 23:00	63875	7	69245	7-9 16:00	394.14	1335.72
	螺山	34.09	37.00	33.47	7-8 22:00	63418		69253	7-9 17:00	392.69	1334.39
	汉口	29.50	31.73	28.62	7-13 15:00	71046		71046	7-13 15:00	420.91	1451.27
松滋河	新江口	45.77	47.30	46.25	7-8 11:00	5893	62	5898	7-8 10:00	29.10	70.90
	沙道观	45.21	46.37	45.89	7-8 11:00	2636	71	2637	7-8 10:00	12.18	23.45
	瓦窑河	41.59	44.00	43.39	7-8 04:00	1549	132	1620	7-8 18:00	7.58	17.99
	官垸	41.87	43.50	43.30	7-6 21:00	634	101	2096	7-9 02:00	9.22	17.51
	自治局	40.34	42.30	40.83	7-7 19:00	3505	118	3902	7-9 02:00	18.56	43.61
	大湖口	40.32	42.17	41.01	7-8 17:00	1913	125	1945	7-8 11:00	9.89	26.91
	安乡	39.38	41.50	39.54	7-9 04:00	5344	100	5728	7-5 20:00	30.75	86.75
	肖家湾	36.58	38.80	37.44	7-11 02:00	6585	120	7435	7-6 20:00	40.72	110.53
	汇口	40.88	42.10	42.07	7-6 20:00	3006	100	3042	7-6 21:00	11.97	27.45

水系	站名	设计水位（吴淞,m）	堤顶高程（吴淞,m）	洪峰水位（吴淞,m）	洪峰水位时间（月-日 时:分）	洪峰水位对应流量（m³/s）	超保时间（h）	最大流量（m³/s）	最大流量时间（月-日 时:分）	最大7d洪量（亿m³）	最大30d洪量（亿m³）
虎渡河	弥陀寺	44.15	45.90	44.54	7-8 08:00	2048	54	2089	7-7 14:00	9.45	20.85
	黄山头闸上		41.00	43.66	7-8 15:00	2945		2952	7-8 11:00	13.79	27.61
	黄山头闸下	40.18	40.50	43.63	7-8 15:00	2948	182	2953	7-8 12:00	13.79	27.62
	董家垱	39.36	40.00	39.68	7-8 22:00	2830	85	2968	7-7 18:00	13.55	27.43
	新开口			38.58	7-11 03:00	1731		2447	7-6 20:00	9.42	23.33
藕池河	康家岗	39.87	42.00	39.81	7-8 14:00	740		743	7-8 13:00	3.18	4.53
	管家铺	39.50	41.50	39.62	7-8 14:00	5690	37	5695	7-8 13:00	26.95	57.09
	官垱	38.84	40.30	38.41	7-8 18:00	726	168	739	7-9 04:00	3.14	4.53
	三岔河	36.05	39.40	37.04	7-9 19:00	351		426	7-8 14:00	1.90	3.32
	梅田湖	38.04	39.70	37.68	7-9 04:00	1419		1556	7-8 13:00	6.91	13.12
	鲇鱼须	37.58	39.90	37.85	7-8 17:00	1188	58	1194	7-8 14:00	5.54	10.59
	南县	36.35	38.50	36.05	7-8 22:00	2856		2978	7-8 23:00	14.28	33.39
	汪瀋口	34.95	37.00	34.86	7-12 11:00	1711		4182	7-8 23:00	19.54	43.89
澧水	石龟山	40.82	44.20	42.00	7-6 21:00	11113	89	11147	7-6 20:00	49.62	104.86
洪道	西河		40.00	39.47	7-6 23:00	11001		11001	7-6 23:00	49.34	104.96
沅江	桃源		47.80	44.74	7-3 08:00	24392		24700	7-3 07:00	122.86	342.08
	常德	40.68	45.80	41.10	7-3 12:00	23780	77	23968	7-3 09:00	121.76	340.29
	牛鼻滩	38.63	40.80	39.88	7-10 15:00	20548	290	23539	7-3 12:00	121.12	338.84
	周文庙	37.06	40.50	38.11	7-10 18:00	20962	129	23370	7-3 15:00	120.75	337.57

续表

水系	站名	设计水位（吴淞，m）	堤顶高程（吴淞，m）	洪峰水位（吴淞，m）	洪峰水位时间（月-日 时:分）	洪峰水位对应流量（m³/s）	超保时间（h）	最大流量（m³/s）	最大流量时间（月-日 时:分）	最大7d洪量（亿m³）	最大30d洪量（亿m³）
东南洞庭湖	南嘴	36.05	38.10	37.33	7-11 00:00	13068	174	13824	7-10 16:00	75.20	229.46
	小河嘴	35.72	38.30	37.08	7-10 23:00	21269	177	21673	7-11 04:00	118.37	332.74
	沙湾		39.50	37.40	7-11 00:00					0.00	0.00
	沅江	35.28	39.00	35.57	7-11 15:00		99			0.00	0.00
	杨柳潭	35.10	37.50	35.34	7-11 18:00		98			0.00	0.00
	沙头	36.57	38.30	35.62	7-9 21:00	4260		7551	7-25 14:00	23.39	74.88
	杨堤	35.30	38.00	35.15	7-11 19:00	955		2471	7-25 15:00	7.96	24.58
	甘溪港	35.37	38.40	35.65	7-9 21:00	534	95	1299	7-25 13:00	3.43	10.63
	湘阴	35.41	37.20	35.34	7-11 20:00	1697		9275	6-4 11:00	45.67	169.72
	营田	35.05	37.80	35.31	7-11 20:00		103			0.00	0.00
	东南湖	35.37	37.30	35.75	7-11 16:00		116			0.00	0.00
	草尾	35.62	37.80	36.40	7-10 23:00	3491	127	3727	7-10 19:00	20.50	61.71
	鹿角	35.00	37.00	34.82	7-11 23:00					0.00	0.00
	岳阳	34.82	36.70	34.71	7-11 22:00					0.00	0.00
	城陵矶（七里山）	34.55	37.00	34.56	7-12 08:00	36664	5	38371	7-12 04:00	204.15	702.44
湘江	湘潭		44.24	37.38	6-4 07:00	13800		14000	6-3 07:00	67.47	244.55
	长沙	39.00	42.00	35.63	7-12 00:00	2865		13737	6-4 08:00	65.90	242.09
	濠河口	35.41	37.50	35.36	7-11 22:00	2791		13624	6-4 14:00	64.86	237.95
资江	桃江		45.30	41.45	7-25 09:00	9548		9930	7-25 07:00	27.23	85.13
	益阳	38.32	41.30	35.93	7-9 16:00	4950		8976	7-25 12:00	26.97	84.21
澧水	石门		62.40	65.00	7-6 15:00	19400		19400	7-4 16:00	66.06	130.49
	津市	44.01	46.80	46.42	7-6 17:00	19160	66	19160	7-6 17:00	63.16	128.18

7.3.2.2 主要河道泄流变化

(1)荆江及城陵矶—螺山河段过流流量变化

考虑上游水库群调蓄的来水条件下,蓄洪垸启用与否对于荆江及城陵矶—螺山河段流量具有一定影响。蓄洪垸的启用对于荆江流量影响较小,略微减小了螺山站最大7d洪量但小幅增加了其洪峰流量。

①荆江(沙市站)

相较工况2,工况3条件下河段最大7d洪量由258.79亿m³减小至257.58亿m³,峰值流量由50986m³/s减小至50465m³/s。

②荆江(监利站)

相较工况2,工况3条件下河段最大7d洪量由222.85亿m³增加至223.31亿m³,峰值流量由43988m³/s减小至43616m³/s。

③城陵矶—螺山河段(螺山站)

相较工况2,工况3条件下河段最大7d洪量由398.73亿m³减小至392.69亿m³,峰值流量由68638m³/s增加至69253m³/s。

(2)"三口"河系主要河段过流流量变化

"三口"河系主要河段过流流量同样受到蓄洪垸启用的影响。从总体上来看,蓄洪垸启用条件下,三口河系主要河段过流流量及洪峰流量有所减少。

①官垸河(官垸站)

相较工况2,工况3条件下河段最大7d洪量由11.04亿m³减小至9.22亿m³,峰值流量由2282m³/s减小至2096m³/s。

②自治局河(自治局站)

相较工况2,工况3条件下河段最大7d洪量由18.27亿m³增加至18.56亿m³,峰值流量由3598m³/s增加至3902m³/s。

③大湖口河(大湖口站)

相较工况2,工况3条件下河段最大7d洪量由9.85亿m³增加至9.89亿m³,峰值流量由1904m³/s增加至1945m³/s。

④松虎洪道(安乡站)

相较工况2,工况3条件下河段最大7d洪量由39.23亿m³减小至30.75亿m³,峰值流量由8718m³/s减小至5728m³/s。

⑤澧水洪道(石龟山站)

相较工况2,工况3条件下河段最大7d洪量由57.39亿m³减小至49.62亿m³,峰值流量由14321m³/s减小至11147m³/s。

⑥藕池西支(康家岗站)

相较工况2,工况3条件下河段最大7d洪量由3.28亿m³减小至3.18亿m³,峰值流量由 777m³/s 减小至 743m³/s。

⑦藕池东支(管家铺站)

相较工况 2,工况 3 条件下河段最大 7d 洪量由 27.38 亿 m³ 减小至 26.95 亿 m³,峰值流量由 5893m³/s 减小至 5695m³/s。

⑧藕池中西支汇合河段(三岔河站)

相较工况 2,工况 3 条件下河段最大 7d 洪量由 1.84 亿 m³ 增加至 1.90 亿 m³,峰值流量由 419m³/s 增加至 426m³/s。

⑨草尾河(草尾站)

相较工况 2,工况 3 条件下河段最大 7d 洪量由 21.94 亿 m³ 减小至 20.50 亿 m³,峰值流量由 3875m³/s 减小至 3727m³/s。

7.3.2.3　1935 洪水情势小结

(1)工况 1:上游水库不调蓄、蓄洪垸不启用

若在 2016 年地形条件下遭遇 1935 年洪水,会导致怎样的洪水情势呢? 1935 年洪水澧水石门站最大洪峰流量 30580m³/s,造成松虎水系、藕池水系、澧水洪道及洞庭湖洪峰水位大幅超出堤顶高程,其中松滋河新江口站超高 0.93m,沙道观超高 1.61m,虎渡河弥陀寺站超高 0.67m。松澧地区官垸、自治局、大湖口、安乡、汇口和肖家湾站洪峰水位分别超出堤顶高程为 3.36m、2.68m、2.67m、2.01m、3.90m 和 1.06m;藕池河康家岗站洪峰水位低于堤顶高程 0.85m,管家铺站低于 0.61m,藕池水系内官垱、三岔河、梅田湖、鲇鱼须、南县、注滋口最高洪峰水位均未超出堤顶高程;澧水洪道石龟山站超高 1.19m;洞庭湖城陵矶(七里山)站低于堤顶高程 0.20m,南嘴站超高 1.46m。

(2)工况 2:上游水库调蓄、蓄洪垸不启用

1935 年洪水经上游水库调蓄,可大幅缓解洞庭湖区洪水灾情,澧水石门站最大洪峰流量下降至 19400m³/s,主要站点最高洪峰水位均有所下降且低于堤顶高程,仅松澧地区官垸、自治局、大湖口、汇口分别超高 0.94m、0.38m、0.42m、1.52m,澧水洪道石龟山低于 1.05m。

(3)工况 3:上游水库调蓄、蓄洪垸启用(34.4m 控制水位)

在上游水库调蓄基础上若同时启用下游蓄洪垸,则 1935 年洪水对洞庭湖区不利影响进一步减弱。松虎水系、藕池水系、澧水洪道、洞庭湖代表站高洪水位进一步下降 0.10～1.85m,且均低于堤顶高程。

各工况条件下研究区域洪水情势主要差异总结见表 7.3-22 至表 7.3-24。

表 7.3-22   1935 年洪水各工况洪水流量计算成果对比

统计指标	工况 2~工况 1	工况 3~工况 2
枝城站最大流量(m^3/s)	−18389	−21
枝城站最大 7d 洪量(亿 m^3)	−60.81	−0.14
枝城站最大 30d 洪量(亿 m^3)	−89.29	−4.27
枝城站流量大于 56700 m^3/s 天数(d)	−3.6	0.0
荆江三口最大流量(m^3/s)	−6715	326
监利站最大流量(m^3/s)	−10402	−372
城陵矶(七里山)站最大流量(m^3/s)	−8619	−282
螺山站最大流量(m^3/s)	−12148	615

表 7.3-23   1935 年洪水各工况洪水水位计算成果对比

统计指标	工况 2~工况 1	工况 3~工况 2
莲花塘站最高水位(m)	−1.09	−1.18
莲花塘水位大于 34.4 m 天数(d)	−1.9	−6.8
新江口站最高水位(m)	−1.80	−0.18
沙道观站最高水位(m)	−1.88	−0.20
弥陀寺站最高水位(m)	−1.77	−0.26
康家岗站最高水位(m)	−1.23	−0.11
管家铺站最高水位(m)	−1.17	−0.10
官垸站最高水位(m)	−2.42	−1.14
自治局站最高水位(m)	−2.29	−1.85
大湖口站最高水位(m)	−2.25	−1.58
安乡站最高水位(m)	−2.17	−1.80
肖家湾站最高水位(m)	−1.69	−0.73
石龟山站最高水位(m)	−2.24	−1.15
三岔河站最高水位(m)	−1.34	−0.59
南县站最高水位(m)	−1.02	−0.66
注滋口站最高水位(m)	−1.09	−0.84
鹿角站最高水位(m)	−1.12	−1.08
营田站最高水位(m)	−1.17	−1.01
杨柳潭站最高水位(m)	−1.17	−0.98
南嘴站最高水位(m)	−1.51	−0.72
小河嘴站最高水位(m)	−1.39	−0.77

表 7.3-24 **1935 年洪水各工况洪水分蓄洪计算成果对比** （单位:亿 m³）

统计指标	工况 2	工况 3
荆江河段分洪量	0.00	0.00
洪湖分洪区分洪量	0.00	37.32
洞庭湖区蓄洪垸分洪量	0.00	39.56
城陵矶附近区分洪量	0.00	76.88

为了分析比较洞庭湖高洪水位情势及变化等内容,对比工况 1 与工况 2,长江上游水库群联合防洪调度显著减小了枝城站的洪峰流量及洪量,同时,荆江三口分流流量、三口河系及洞庭湖区水位也明显下降。工况 3 通过在城陵矶附近区分洪 76.88 亿 m³,相较工况 2 有效降低了莲花塘水位及其超出 34.4m 的天数,并减小了三口河系及洞庭湖区高洪水位。

蓄洪垸的启用对于荆江流量影响较小,略微减小了螺山站最大 7d 洪量但小幅增加了其洪峰流量,三口河系主要河段过流流量及洪峰流量总体有所减少。

7.4 非常洪水灾情评估

7.4.1 分类资产损失率

洪灾损失率的选取是洪灾直接经济损失评估的关键,与洪灾发生区域的淹没等级、财产类别、成灾季节、范围、洪水预见期、抢救时间、抢救措施等有关,通常在洪灾区选择一定数量、一定规模的典型区作调查,或者参照类似区域的损失率关系,并根据受淹区特点,在实地调查的基础上,建立洪灾损失率与淹没深度、时间、流速等因素的相关关系。

收集到的洪灾损失率成果主要如下:

(1)《皂市水库下游淹没损失典型调查报告》和《湖南省洞庭湖区蓄滞洪区分蓄洪损失典型调查报告》损失率成果

该成果中皂市水库下游淹没历时为 1～15d,湖南省洞庭湖区蓄洪垸淹没历时为 75d,淹没平均水深为 4.5m,确定的损失率如下:

①农业损失率

水稻:早稻、晚稻和中稻全部损失,损失率 100%;

苎麻:年产三季,损失两季,损失率 66%;

棉花:全部损失,损失率 100%;

油料:冬春作物,没有损失;

鱼类:分蓄洪水以前主要为幼苗期,成品鱼主要集中出现在下半年,损失率 100%;

蔬菜:按蓄洪期 75d 和蔬菜生长期前后个 1 个月考虑,损失率为 40%;

林业、牧业及农林牧渔服务业:根据各产业成品出现的时间和分蓄洪的相关关系确定分蓄洪损失。成果见表 7.4-1。

表 7.4-1 农业损失率

分类	共双茶垸			西官垸		
	2010年产值（万元）	损失值（万元）	所占比例（%）	2010年产值（万元）	损失值（万元）	所占比例（%）
农业总产值	134030	84920	63.4	26379	19559	74.1
农业	65230	34564	53.0	10458	9945	95
林业	2546	764	30.0	223	70	31.4
牧业	33326	16663	50.0	12305	6153	50
渔业	31561	31562	100.0	1651	1651	100
农林牧渔服务业	1367	1367	100.0	1741	1740	100

②家庭财产损失率

居民上等户房产（框架结构）损失率10%，中等户房产（砖混结构）损失20%，低等户房产（砖木结构等）损失80%。成果见表7.4-2。

表 7.4-2 家庭财产损失率

序号	财产构成	损失率（%）	损失值（万元）
1	房屋	23	342131.07
2	生产生活用具	20	16223.7
3	家庭动产	50	8111.85
4	生活物资	60	25957.92
5	牲畜家禽	40	6489.48

居民住房损失率对应本表第1项；家庭财产损失率对应本表第2、3、4、5项（根据损失值不同，求得平均损失率约为36%）。

③集体财产损失率

工业、交通运输业、邮电通信等不同分项的集体财产损失率为20%～80%。成果见表7.4-3。

表 7.4-3 集体财产损失率

序号	分项	损失率（%）	损失值（万元）
1	工业	30	1350
2	交通运输	30	783
3	邮电通信	30	969
4	商业供销	60	9120
5	公益事业	40	2480

序号	分项	损失率(%)	损失值(万元)
6	公共设施	50	13605
7	畜牧水产设施	80	400
8	农机水利	40	10962
9	林业	20	3000
10	其他	20	5000

工业资产损失率对应本表第 1 项;商业资产损失率对应本表第 2、3、4、5、6、10 项(根据损失值不同,求得平均损失率约为 40%)。

(2)洪湖东分块蓄洪损失率采用成果

湖北省蓄洪区洪湖东分块所采用的洪灾损失率成果如下:

①15d 以内的损失率参考值

本参考损失率,以 5d 的淹没历时为基础。成果见表 7.4-4。

表 7.4-4　　　　　　　　　　　　　　　5d 淹没历时损失率

水深分级(m)	0.05~0.5	0.5~1	1~1.5	1.5~2	2~2.5	2.5~3	3~6	6~9
家庭财产(%)	3	15	22	29	36	42	46	48
居民住房(%)	18	24	37	45	54	64	72	76
农业(%)	3	15	18	22	26	29	30	31
工业资产(%)	3	6	9	12	16	19	20	21
商业资产(%)	4	16	20	25	29	34	36	37
铁路(%)	3	12	17	22	27	32	33	34
一级道路(%)	3	15	20	24	29	34	36	38
二级道路(%)	3	9	15	18	20	22	23	24

②超过 15d 以上的损失率参考值

15d 以上淹没历时损失率见表 7.4-5。

表 7.4-5　　　　　　　　　　　　　15d 以上淹没历时损失率

资产种类	淹没水深(m)					
	0.05~0.5	0.5~1.0	1.0~1.5	1.5~2.5	2.5~5.0	>5.0
室内财产(%)	10	20	35	45	60	70
房屋(%)	9	17	22	40	50	65
农业损失(%)	20	40	50	80	100	100
公路损失(万元/km)	3	10	30	45	80	80

（3）黄河流域典型区域洪灾损失率成果

黄河水利委员会勘测设计规划研究院在黄河下游堤防保护区洪灾损失分析中采用的洪灾损失率成果见表 7.4-6 至表 7.4-8。

表 7.4-6　　　　　　　　　　　　　　农业损失率

| 水深等级(m) | 农业 | | | | | | | | | | | | |
| | 种植业 | | | | 林业 | | | 牧业 | | | | 渔业 | |
	秋粮	棉花	油料	其他	树木林地	苗圃	果园	大牲畜(牛马骡)	生猪	羊	家禽	鱼	虾蟹贝
0~0.5	70	80	80	80	0	20	5	0	0	0	10	50	50
0.5~1	80	90	90	90	0	50	10	0	10	10	30	100	100
1~2	90	100	100	100	5	80	30	10	30	30	60	100	100
2~3	100	100	100	100	10	100	40	30	50	50	100	100	100
>3	100	100	100	100	20	100	50	50	80	80	100	100	100

表 7.4-7　　　　　　　　　　第二、三产业及居民家庭财产损失率

| 水深等级(m) | 工业 | | | | 商业 | | | 行政事业 | | 金融及保险业 | | 农村家庭财产 | | | 城镇家庭财产 | |
	房屋	设备	库存	年增加值	房屋	设备	库存	房屋	其他	房屋	其他	房屋	生产交通工具	其他	房屋	其他
0~0.5	0	0	5	10	0	5	5	0	5	0	0	0	0	10	0	5
0.5~1	5	10	10	15	5	10	15	5	10	5	10	7	11	25	5	15
1~2	10	20	20	25	10	20	30	10	20	10	20	12	21	40	13	30
2~3	15	30	35	25	15	30	45	15	30	15	30	16	30	55	15	40
>3	20	40	50	25	20	40	60	20	30	20	40	25	35	70	20	60

表 7.4-8　　　　　　　　　　　　公共基础设施损失率

| 水深等级(m) | 水利工程 | | | | | 交通 | 能源 | 通信设施 | 城市公共设施 | 交通及运输业 | | 邮电及通信业 | |
	灌溉机井	灌溉机械	水力机电排灌站	渠系建筑物	堤防		电网			房屋	设备	房屋	设备
0~0.5	0	0	10	0	0	0	0	0	5	0	0	0	0
0.5~1	5	5	10	5	5	5	0	10	10	5	5	5	5
1~2	10	10	20	10	10	10	5	20	20	10	10	10	10
2~3	20	20	20	15	15	15	20	30	30	15	20	15	15
>3	30	30	20	25	20	20	30	30	30	20	30	20	30

（4）辽河流域典型区域洪灾损失率成果

辽宁省水科院在辽绕防洪保护区洪灾损失评估中采用的洪灾损失率成果见表7.4-9。

表7.4-9 辽绕防洪保护区洪灾损失率

资产类型	水深等级（m）				
	0～0.5	0.5～1.0	1.0～2.0	2.0～3.0	＞3.0
居民家庭财产（%）	9	19	33	46	58
农业（%）	60	80	90	100	100
林业（%）	2	5	15	30	40
牧业（%）	0	8	25	45	70
渔业（%）	30	60	80	100	100
工业及建筑业（%）	5	10	15	30	40
第三产业（%）	16	21	30	39	43

（5）所采用的洪灾损失率成果

本书以《皂市水库下游淹没损失典型调查报告》和《湖南省洞庭湖区蓄滞洪区分蓄洪损失典型调查报告》中的资料和损失率取值为基础，并参考上述类似区域洪灾损失率，在各成果合理性分析基础上适当调整，提出本书洪灾损失率成果。

由于本书涉及的堤垸共24个，资料收集与处理难度很大，为减小分析难度，根据洞庭湖区洪水及地势特征，洪水淹没历时统一取60d，淹没深水取3～6m。本书分类资产洪灾损失率成果取值见表7.4-10。

表7.4-10 本书分类资产洪灾损失率

序号	资产类别	损失率（%）
居民家庭财产	农村居民家庭财产	30
	城镇居民家庭财产	20
第一产业	种植业	90
	林业	40
	畜牧业	80
	水产养殖业	100
第二产业	固定资产	30
	流动资产	40
	总产值	30
	生产总值	30

序号	资产类别	损失率(%)
第三产业	固定资产	40
	流动资产	40
	营业额	30
	生产总值	30
公共基础设施	交通运输基础设施	25
	邮电通信基础设施	30
	电力及其他能源供应基础设施	30
	农田水利基础设施	20
	环保环卫基础设施	30

7.4.2 评估计算方法

洪灾损失类别分为：城乡居民住房财产损失，城乡工矿、商业企业损失，农林牧渔业损失，铁路交通、供电、通信设施等损失，水利水电等面上工程损失和其他方面的损失等六大类。主要直接经济损失类别的计算方法如下：

(1)城乡居民家庭财产、住房洪涝灾损失计算

城乡居民家庭财产直接损失值可采用式(7-1)计算：

$$R_{家直损} = \sum_{i=1}^{n} R_{家损i} = \sum_{i=1}^{n} \sum_{j=1}^{m} \sum_{k=1}^{1} W_{家产ijk} \eta_{ijk} \tag{7-1}$$

式中，$R_{家直损}$为城乡居民家庭财产洪涝灾直接损失值，元；$R_{家损i}$为各类家庭财产洪灾直接损失值，元；$W_{家产ijk}$为第k级淹没水深下，第i类第j种家庭财产灾前价值，元；η_{ijk}为第k级淹没水深下，第i类第j种财产洪灾损失率，%；n为财产类别数；m为各类财产种类数；l为淹没水深等级数。

考虑到城乡居民家庭财产种类的差别，按城市(镇)与乡村分别计算居民家庭财产损失值，然后累加。

城乡居民住房损失计算方法公式与城乡居民家庭财产的方法公式相同。

(2)工商企业洪涝灾损失估算

①工商企业资产损失估算

计算工商企业各类财产损失时，需分别考虑固定资产(厂房、办公、营业用房，生产设备、运输工具等)与流动资产(原材料、成品、半成品及库存物资等)，其计算公式如式(7-2)：

$$R_{财} = R_1 + R_2 = \sum_{i=1}^{n} R_{1i} + \sum_{i=1}^{n} R_{2i} = \sum_{i=1}^{n} \sum_{j=1}^{m} \sum_{k=1}^{l} W_{ijk} \eta_{ijk} + \sum_{i=1}^{n} \sum_{j=1}^{m} \sum_{k=1}^{l} B_{ijk} B_{ijk} \tag{7-2}$$

式中，$R_财$ 为工商企业洪涝灾财产总损失值，元；R_1 为企业洪涝灾固定资产损失值，元；R_2 企业洪涝灾流动资产损失值，元；R_{1i} 为第 i 类企业固定资产损失，元，R_{2i} 为第 i 类企业流动资产损失，元；W_{ij} 为第 k 级淹没水深下，第 i 类企业，第 j 种固定资产值，元；η_{ijk} 为第 k 级淹没水深下，第 i 类企业第 j 种固定资产洪灾损失率，%；B_{ijk} 为第 k 级淹没水深下，第 i 类企业第 j 种流动资产值，元；β_{ijk} 为第 k 级淹没水深下，第 i 类企业第 j 种资产洪涝灾损失率，%；n 企业类别数；m 为第 i 类企业财产种类数；l 为淹没水深等级数。

②工商企业停产损失估算

企业的产值和主营收入损失是指因企业停产停工引起的损失，产值损失主要根据淹没历时、受淹企业分布、企业产值或主营收入统计数据确定。首先从统计年鉴资料推算受影响企业单位时间（时、日）的产值或主营收入，再依据淹没历时确定企业停产停业时间后，进一步推求企业的产值损失。

（3）农作物损失估算

$$R_{ad} = \sum_{i=1}^{n}\sum_{j=1}^{m}W_{ij}\eta_{ij} \tag{7-3}$$

式中，R_{ad} 为农业直接经济损失，元；η_{ij} 为第 j 级淹没水深下，第 i 类农作物洪涝灾损失率；W_{ij} 为第 j 级淹没水深范围内，第 i 类农作物正常年产值，元；n 为农作物种类数；m 为淹没水深等级数。

（4）道路交通等损失估算

根据不同等级道路的受淹长度与单位长度的修复费用进行计算。

（5）总经济损失计算

各类财产损失值的计算方法如上所述，各行政区的总损失包括家庭财产、家庭住房、工商企业、农业、基础设施等，各行政区损失累加得出受影响区域的经济总损失，如式（7-4）。

$$D = \sum_{i=1}^{n}R_i = \sum_{i=1}^{n}\sum_{j=1}^{m}R_{ij} \tag{7-4}$$

式中，R_i 为第 i 个行政分区的各类损失总值，元；R_{ij} 为第 i 个行政分区内第 j 类损失值，元；n 为行政分区数；m 为损失种类数。

7.4.3　灾情评估结果

根据前述各堤垸分类资产灾前价值及损失率成果，分析计算得到各堤垸蓄洪损失成果见表 7.4-11，并根据各蓄洪垸蓄洪量可得各蓄洪垸万立方米蓄水损失，以此作为各蓄洪垸蓄洪后计算分洪损失的依据。

表7.4-11　　　　　　　　　堤垸蓄洪直接经济损失成果

（单位：万元）

堤垸名	第一产业损失	第二产业损失	第三产业损失	基础设施损失	居民家庭财产损失	全垸总资产	全垸总产出	全垸总蓄洪损失	万立方米蓄水损失
安昌垸	70039	10966	7534	32274	111453	608765	138320	232265	3.21
安化垸	51868	1612	6975	24160	77641	445749	81952	162256	3.44
安澧垸	81069	9077	13515	39590	114328	677410	170007	257579	2.73
城西垸	89728	21800	27050	19431	112602	601662	231698	270611	3.42
大通湖东垸	159771	27916	3144	40257	207101	1025524	392138	438189	3.47
共双茶垸	180127	41563	18347	57054	251782	1330190	466397	548872	3.40
和康垸	57083	2920	4694	16784	84326	419821	99028	165807	2.69
集成安合垸	87387	27315	20633	21042	105623	553861	272822	262000	3.33
建设垸	74733	39202	30272	20713	88048	499844	388586	252968	3.76
建新垸	33947	12143	14224	10385	18180	165591	115719	88878	3.35
江南陆城垸	111702	70500	34073	48711	137039	946214	379032	402024	3.80
九垸	35395	3003	4693	6814	26041	138220	63103	75946	2.29
君山垸	73769	140053	75421	58169	145500	1298610	1121050	492912	10.51
澧南垸	21760	0	0	5614	0	31466	24178	27374	1.24
六角山垸	13652	0	645	3090	28519	114449	16269	45906	3.01
民主垸	156133	12174	937	35290	199521	1073785	217923	404055	3.32
南鼎垸	27288	689	6106	7235	41704	195997	57837	83022	3.77
南汉垸	57951	12306	32196	14743	107762	556638	206732	224957	3.66
钱粮湖垸	293587	61744	47293	121967	393669	2377742	547207	918260	3.60
北湖垸	29395	4000	2715	5145	43150	200920	50761	84405	4.42
屈原垸	131179	22750	51068	70351	148171	1176902	294586	423520	3.29
围堤湖垸	21967	1720	0	3705	0	21900	30408	27392	1.23
西官垸	38362	0	0	12754	0	71903	42624	51116	1.05
义合垸	11130	2142	2560	2839	24377	108840	21219	43048	5.45

7.4.4　蓄洪垸淹没情势

7.4.4.1　1954 年典型洪水的淹没情势

在 2016 年地形上,模拟 1954 年典型洪水,采用 1954 年三峡及上游水库群调度后的宜昌流量过程、洞庭湖"四水"的流量过程以及汉口水位流量关系作为边界条件,分别按照莲花塘水位 34.4m 及 34.9m 作为控制条件。计算结果表明,莲花塘 34.4m 控制,城陵矶附近区超额洪量为 203.70 亿 m³,洞庭蓄洪垸分洪 100.01 亿 m³,考虑到三大垸及三小垸的蓄洪容积仅有 76.6 亿 m³,需运用其他垸进行分洪。其中,三大垸共双茶垸、钱粮湖垸、大通湖东垸分洪量分别为 16.12 亿 m³、24.85 亿 m³、12.62 亿 m³,相应蓄洪损失为 54.81 亿元、89.46亿元、43.44 亿元。三峡水库调度后 1954 年洪水莲花塘 34.4m 水位控制洞庭湖蓄洪垸蓄洪损失见图 7.4-1。

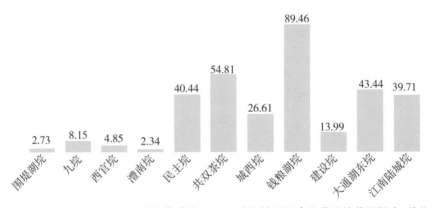

图 7.4-1　三峡水库调度后 1954 年洪水莲花塘 34.4m 水位控制洞庭湖蓄洪垸蓄洪损失(单位:亿元)

以莲花塘 34.9m 为控制水位,洞庭湖区超额洪量为 65.28 亿 m³,考虑到三大垸的蓄洪容积仅为 54.28 亿 m³,因此需启用西官垸和城西垸。其中:共双茶垸、钱粮湖垸、大通湖东垸分别为 16.12 亿 m³、25.54 亿 m³、12.62 亿 m³,相应蓄洪损失为 54.81 亿元、91.94 亿元、43.79 亿元。三峡水库调度后 1954 年洪水莲花塘 34.9m 水位控制洞庭湖蓄洪垸蓄洪损失见图 7.4-2。

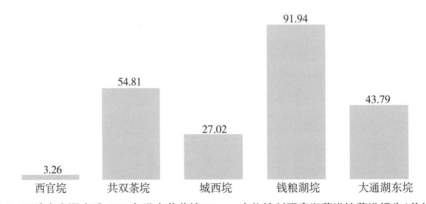

图 7.4-2　三峡水库调度后 1954 年洪水莲花塘 34.9m 水位控制洞庭湖蓄洪垸蓄洪损失(单位:亿元)

7.4.4.2 1998 年典型洪水的淹没情势

在 2016 年地形上,模拟 1998 年典型洪水,采用 1998 年三峡及上游水库群调度后的宜昌流量过程、洞庭湖"四水"的流量过程以及汉口水位流量关系作为边界条件,按照莲花塘水位 34.4m 作为控制条件。计算结果表明,莲花塘 34.4m 控制洞庭湖区没有超额洪量,洞庭湖区各垸未分洪。

7.4.4.3 1870 年典型洪水的淹没情势

在 2016 年地形上,模拟 1870 年典型洪水,采用 1870 年三峡及上游水库群调度后的宜昌流量过程、洞庭湖"四水"的流量过程以及汉口水位流量关系作为边界条件(6 月 1 日至 7 月 13 日采用 1954 年宜昌、洞庭湖"四水"流量过程),按照莲花塘 34.4m 水位控制蓄洪垸分洪。计算结果表明,莲花塘 34.4m 控制,城陵矶附近区超额洪量 147.76 亿 m³,洞庭蓄洪垸分洪量为 71.10 亿 m³,启用了三大垸、三小垸和重要蓄洪垸民主垸、城西垸。其中,三大垸共双茶垸、钱粮湖垸、大通湖东垸分别为 14.98 亿 m³、20.80 亿 m³、7.00 亿 m³,相应蓄洪损失为 50.93 亿元、74.88 亿元、24.29 亿元。三峡水库调度后 1890 年洪水莲花塘 34.4 水位控制 24 垸蓄洪损失见图 7.4-3。

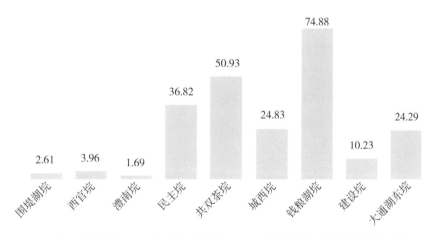

图 7.4-3 三峡水库调度后 1870 年洪水莲花塘 34.4m 水位控制 24 垸蓄洪损失(单位:亿元)

7.4.4.4 1935 年典型洪水的淹没情势

在 2016 年地形上,模拟 1935 年典型洪水,采用 1935 年三峡及上游水库群调度后的宜昌流量过程、洞庭湖"四水"的流量过程以及汉口水位流量关系作为边界条件,按照莲花塘 34.4m 水位控制蓄洪垸分洪。计算结果表明,莲花塘 34.4m 水位控制,城陵矶附近区分洪量 76.88 亿 m³,洞庭蓄洪垸分洪量 39.55 亿 m³,由于澧水大水,启用了松澧地区蓄洪垸九垸、西官垸、安澧垸、澧南垸和南洞庭区共双茶垸、东洞庭区钱粮湖垸。三峡水库调度后 1935 年洪水莲花塘 34.4m 水位控制 24 垸蓄洪损失见图 7.4-4。

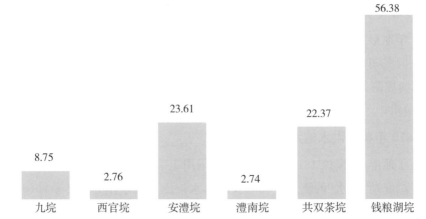

图 7.4-4　三峡水库调度后 1935 年洪水莲花塘 34.4m 水位控制 24 垸蓄洪损失（单位：亿元）

7.5　螺山水位—流量数值模拟分析

7.5.1　相同螺山流量下水位的变化

螺山站水位—流量相关性较强，主要受到城陵矶—汉口河段冲淤和汉口水位顶托的影响。依据 1991—2019 年实测水文资料，按照三峡水库建成运用和金沙江梯级水库运用前后划分三个时段，即 1991—2002 年、2003—2012 年和 2013—2019 年来分析相同流量下螺山水位的变化。不同时段螺山站水位流量关系散点图见图 7.5-1，不同时段螺山站各流量级下水位箱型图见图 7.5-2。

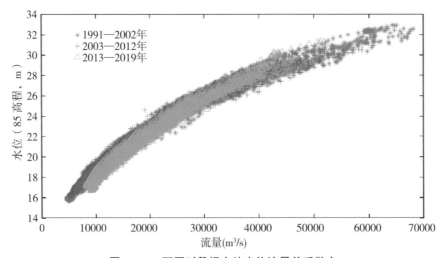

图 7.5-1　不同时段螺山站水位流量关系散点

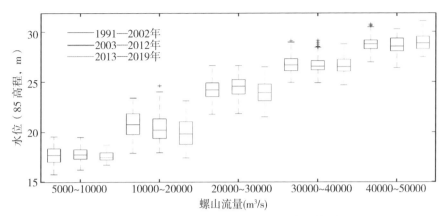

图 7.5-2 不同时段螺山站各流量级下水位箱型图

据实测资料统计分析,在 $5000\sim10000\text{m}^3/\text{s}$、$10000\sim20000\text{m}^3/\text{s}$、$20000\sim30000\text{m}^3/\text{s}$、$30000\sim40000\text{m}^3/\text{s}$ 及 $40000\sim50000\text{m}^3/\text{s}$ 流量级下,2003—2012 年相较 1991—2002 年螺山站水位中位数分别改变了 0.04m、−0.54m、0.39m、−0.14m、−0.21m;2013—2019 年相较 2003—2012 年螺山站水位中位数分别改变了 −0.24m、−0.40m、−0.65m、−0.03m、0.32m;2013—2019 年相较 1991—2002 年螺山站水位中位数分别改变了 −0.20m、−0.94m、−0.26m、−0.17m、0.11m。综合上述,三峡水库运行后较运行前螺山流量大于 $40000\text{m}^3/\text{s}$ 时,螺山水位上升 0.20m 左右。

值得注意的是,上述成果包含了洪水涨落、下游水位顶托下的实测螺山同流量下水位的变化,而非螺山水位流量关系。

7.5.2 汉口水位对螺山水位的影响

汉口水位与螺山水位之间的相关关系分析:依据 1992—2002 年、2003—2012 年和 2013—2018 年实测水文资料,分析汉口水位与螺山水位的影响(图 7.5-3)。

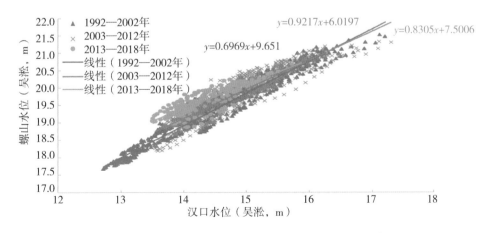

图 7.5-3 汉口水位与螺山水位关系(螺山流量≤10000m³/s)

在螺山流量小于10000m³/s范围内,1992—2002年和2003—2012年两个时段汉口站与螺山站水位关系变化相对较小,至2013—2018年,相同汉口水位下螺山水位较前两个时段略微升高,与1992—2002年和2003—2012年相比,升高幅度分别在0.50m和0.30m以内,这主要是在枯季三峡水库增加下泄流量的效果,但随着汉口水位的升高,差距逐渐减小。

螺山流量在30000~40000m³/s时,三个时段汉口站与螺山站水位关系变化相对较小(图7.5-4)。在汉口水位低于23m时,2013—2018年对应的螺山水位略微降低,幅度在0.2m以内。但随着汉口水位的升高,三个时段汉口站与螺山站水位越来越接近。

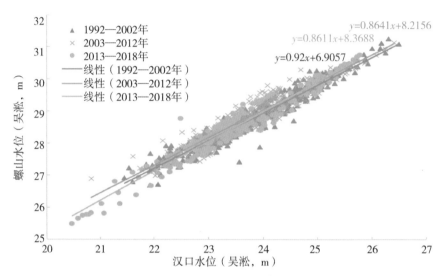

图 7.5-4　汉口水位与螺山水位关系(30000 m³/s≤螺山流量≤40000m³/s)

螺山流量在40000~50000m³/s时,从图7.5-5趋势线上看,在汉口水位27m以下时,建库后对应的螺山水位都略有升高,其中2003—2012年升高幅度相对显著;当汉口水位高于27m,2013—2018年对应的螺山水位略微降低,降低幅度为0.10~0.14m。

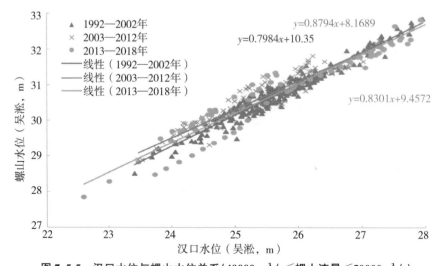

图 7.5-5　汉口水位与螺山水位关系(40000 m³/s≤螺山流量≤50000m³/s)

长江上游梯级水库运用后,螺山流量大于 $50000m^3/s$ 的情况出现概率减小,1992—2002年对应螺山水位在 $30.79\sim34.54m$,2003—2012 年对应螺山水位波动范围缩小为 $31.31\sim32.54m$,2013—2018 年点据相对分散,波动范围在 $29.58\sim33.35m$。从图 7.5-6 中可知,从变化趋势来看,汉口水位在 $25.5\sim27.0m$,2003—2012 年对应的螺山水位相比于建库前有明显抬升,升高幅度基本在 $0.20\sim0.40m$。至 2013—2018 年,相同汉口水位对应的螺山水位较建库前总体为降低,降低幅度在 $0.10\sim0.30m$,考虑到 2013 年以后螺山流量大于 $50000m^3/s$ 的点数较少,结合螺山流量在 $40000\sim50000m^3/s$ 螺山水位变化趋势,所以当汉口水位大于 27m 时,汉口水位变化对应螺山水位较建库前总体为降低幅度应小于在 $0.10m\sim0.14m$。另外,从三个时段趋势线系数变化来看,1992—2002 年、2003—2012 年和2012—2018 年斜率分别为 0.93、0.91 和 0.90,即汉口水位每抬升 1m,螺山水位升高幅度在 $0.93\sim0.90m$,三个时段总体相差不大。

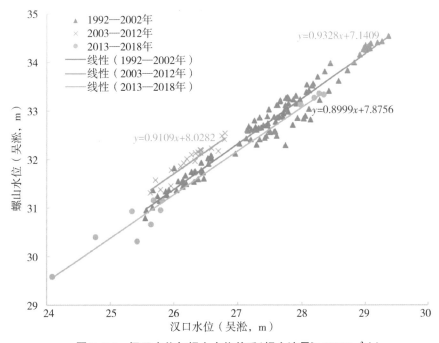

图 7.5-6 汉口水位与螺山水位关系(螺山流量≥60000m³/s)

7.5.3 汉口螺山水位计算的合理性

综合上述,采用实测资料分析的汉口、螺山水位流量变化结果,2013—2018 年较三峡水库运行前,汉口水位变化对螺山水位变化的幅度为:当汉口水位大于 27m 时,降低幅度小为 $0.10\sim0.14m$,相应螺山流量减少 $2000m^3/s$ 左右。再结合 2018 年长江水利委员会水文局提供的螺山水位流量关系见表 7.5-1。从表 7.5-1 分析可以得出,莲花塘水位 34.4m 时,对应螺山流量为 $63000m^3/s$ 左右,这与上述的分析成果是一致的。再对比分析标准洪水与非

常洪水工况 1 条件下,计算得出螺山水位流量关系成果见表 7.5-2。从表 7.5-2 中的结果可以看出,相应莲花塘 34.4m 水位,洪水上涨时段的螺山流量为 66000m³/s,落水段螺山流量 58800m³/s,平均下泄流量为 62400m³/s。所以计算成果的螺山流量与水位对应关系与水文局提供的螺山水位流量关系成果是吻合的。

表 7.5-1　　　　　　　　　　　　　　螺山水位流量关系

螺山流量(m³/s)	螺山水位(吴淞,m)	1000m³/s 流量水位增幅(m)
10000	20.52	
20000	24.38	0.39
30000	27.22	0.28
40000	29.61	0.24
50000	31.43	0.18
60000	32.97	0.15
65000	33.70	0.07

表 7.5-2　　　　　　　三峡水库不调蓄蓄洪垸不分洪条件下螺山水位流量关系

典型年	涨水段					落水段				
	莲花塘 34.4m 时 (月-日)	宜昌流量 (m³/s)	螺山流量 (m³/s)	螺山水位 (吴淞,m)	汉口水位 (吴淞,m)	莲花塘 34.4m 时 (月-日)	宜昌流量 (m³/s)	螺山流量 (m³/s)	螺山水位 (吴淞,m)	汉口水位 (吴淞,m)
1870	7-20	104500	71800	33.52	28.60	8-12	38653	62340	33.54	28.78
1935	7-7	57250	68863	33.54	28.18	7-16	18791	55579	33.40	28.85
1954	7-25	45750	61881	33.52	28.69	8-18	45350	59556	33.60	28.90
1996	7-19	32350	64472	32.83	27.86	7-25	40366	62029	33.15	28.14
1998	7-24	50550	63176	33.23	28.08	9-5	34183	54720	33.51	28.25

分析对比模型计算的螺山水位与上述由实则资料得出涨落平均的计算关系式 $Z_{螺山} = 0.8999 Z_{汉口} + 7.8756$ 得出的螺山水位,因此在两种方法计算值进行比较时,需要将模型计算的涨落时段值平均(表 7.5-3)。从表 7.5-3 中螺山水位模型计算与关系式推算比较值误差小于 0.25m,考虑到 2013 年以后螺山流量大于 50000m³/s 的数据点较少,由汉口水位推算螺山水位关系式的代表性不够,只能反映螺山水位随汉口水位变化而变化的趋势,也说明了模型计算成果的合理性。

表 7.5-3　模型计算与关系式推出螺山水位对比

典型年	涨水段				落水段				涨落时段模型计算平均值与关系式计算螺山水位误差(m)
	莲花塘34.4m时间(月-日)	模型计算螺山水位(吴淞,m)	关系推出螺山水位(吴淞,m)	汉口水位(吴淞,m)	莲花塘34.4m时间(月-日)	模型计算螺山水位(吴淞,m)	关系推出螺山水位(吴淞,m)	汉口水位(吴淞,m)	
1870	7-2	33.52	33.61	28.6	8-12	33.54	33.77	28.78	0.16
1935	7-7	33.54	33.23	28.18	7-16	33.4	33.84	28.85	0.07
1954	7-25	33.52	33.69	28.69	8-18	33.6	33.88	28.9	0.23
1996	7-19	32.83	32.95	27.86	7-25	33.15	33.20	28.14	0.08
1998	7-24	33.23	33.14	28.08	9-5	33.51	33.30	28.25	−0.15

综上所述,通过螺山的流量与水位计算成果与长江水利委员会水文局提出的水位流量关系和汉口水位对螺山水位影响分析成果综合比较来看,模型采用汉口的水位流量关系边界计算模式是合理的。

7.6　超标准对策分析

三峡工程运用后,大大改善了荆江防洪形势,同时也减少了城陵矶附近区超额洪量,减小蓄洪垸运用的概率,有利于改善洞庭湖区的防洪形势。但由于长期以来湖区泥沙淤积严重,防汛堤线长,且三峡工程运用后湖区洪水来量仍大于其调蓄及泄洪能力等问题存在,湖区的防洪安全的确保仍然要依靠堤防、洪道整治、蓄洪垸、水库、平垸行洪退田还湖等工程措施与非工程措施相结合的综合防洪体系。

7.6.1　洞庭湖区防洪标准

根据《长江流域防洪规划》,洞庭湖区总体的洪水防御对象为1954年洪水,在发生1954年洪水时,保证重点保护地区的防洪安全。湘江、资江、沅江、澧水总体防洪标准为20年一遇,其中地级城市防洪标准为50年一遇,县级城市防洪标准为20年一遇。长株潭城市圈城市防洪标准根据经济社会发展水平可适当提高。根据三峡工程建成后的洞庭湖区防洪形势,湖区防洪体系的总体布局为:合理加高加固堤防,继续建设蓄洪垸,加强湖区洪道整治,建设支流水库,完善城市防洪工程体系,逐步完善防洪非工程措施。

7.6.2　非常洪水对策

洞庭湖区防洪坚持"蓄泄兼筹,以泄为主""江湖两利、上下游协调",统筹安排洪水治理措施。遭遇标准内洪水和非常洪水对策如下:

(1)标准洪水对策分析

根据7.2节标准洪水(1954年、1996年、1998年)数值模拟成果,遭遇全流域标准洪水,特别是1954年型洪水,在长江上游水库群联合防洪调度的基础上,城陵矶附近区分洪203.70亿m³,实施分蓄洪的洞庭湖蓄洪垸有围堤湖垸、九垸、西官垸、澧南垸、民主垸、共双茶垸、城西垸、钱粮湖垸、建设垸、大通湖东垸、江南陆城垸等11个分洪垸。松虎水系超设计水位0.05~1.11m;南嘴、小河嘴站超1.49m、1.51m,但低于堤顶高程0.56m、1.07m;洞庭湖区个别站水位超0.19~0.33m。在长江上游水库群联合防洪调度后,1954年型洪水,分洪量200亿m³左右,1998年型洪水,已不存在超额洪量。因此,遭遇标准洪水,在长江上游水库群调度后,城陵矶附近区分洪量将大大减少,可以适量减少蓄洪垸的启用个数,加强三大垸、三小垸和民主垸、城西垸等蓄洪垸建设,以应对标准洪水安全度汛。

为了更好有效地运用洞庭湖区重要蓄洪垸、一般蓄洪垸等11个蓄洪垸,发挥其蓄洪效果,提出科学分洪方案:首先控制"四水"入湖流量,按"四水"尾闾站点澧水津市44.01m、沅江常德40.68m、桃江益阳38.32m、湘江长沙39.00m控制,若超过控制水位,则澧水启用澧南垸、西官垸,沅江启用围堤湖垸,资江启用民主垸,湘水启用城西垸;若莲花塘水位超过控制水位34.4m,在洪湖对等分洪的基础上,依次启用洞庭湖附近重要蓄洪垸(共双茶垸、钱粮湖垸、大通湖东垸)和"四水"尾闾重要蓄洪垸围堤湖垸、澧南垸、西官垸,若莲花塘水位继续上涨,则依次启用湖区沿岸重要蓄洪垸民主垸、城西垸,湖区沿岸一般蓄洪垸屈原农场、建设垸、建新垸,长江沿岸江南陆城垸,最后启用湖区蓄洪保留区义合垸、北湖垸、六角山垸。

(2)非常洪水对策分析

根据7.3节非常洪水(1870年洪水)数值模拟成果,在长江上游乌东德、白鹤滩、溪洛渡、向家坝、三峡等水库群拦蓄洪量227.8亿m³、宜昌洪峰流量由105000m³/s削减到75800m³/s的基础上,荆江河段为控制沙市站水位45.0m,保证荆江大堤安全,需启用荆江分洪区分泄洪水48.4亿m³,沙市站最大流量达56829m³/s,三口洪道最大分流量20130m³/s,三口洪道30d分泄洪量入洞庭湖达392亿m³。为控制莲花塘站水位34.4m,启用围堤湖垸、西官垸、澧南垸、共双茶垸、钱粮湖垸、建设垸、大通湖东垸、民主垸、城西垸等洞庭湖蓄洪垸和洪湖东分洪区和洪湖中分洪区,城陵矶附近区总计分洪147.76亿m³,其中,洞庭湖蓄洪垸分洪71.10亿m³,洪湖东、中分块分洪76.66亿m³。松虎水系各站最高水位,新江口站47.33m、沙道观站46.97m、弥陀寺站45.03m、官垸站42.13m、自治局站41.13m、大湖口站41.39m、安乡站39.97m、肖家湾站36.64m;藕池水系各站最高水位,康家岗站10.03m、管家铺站39.82m、南县站36.16m。在城陵矶附近区蓄洪垸启用的情况下,莲花塘站水位控制在34.4m,但松虎水系各站最高水位仍超设计水位0.06~2.19m,南嘴、小河嘴站超设计水位0.45m、0.54m,超过设计水位1.0m以上的有新江口、沙道观、瓦窑河、大湖口。由此可见,遭遇长江上游型非常洪水(1870年),由于三口进洪量大,松虎水系入湖、湖区洪水入江不畅,使得在采取分洪措施的情况下,松虎水系、目平湖水位仍超设计水位,而东洞庭、南洞庭洪水位仍低于设计水位。因此,需降低松虎水系水位,使得松虎水系洪水尽快通过南嘴、小河嘴进入南洞庭、东洞庭,进而汇入长江。为此,需在蓄洪垸分洪的基础上,可采取工程措施,疏挖七里湖,增加七里湖调蓄洪水作用;疏挖草尾河、小河嘴河段,增大南嘴与小河嘴过流能力,以降低松虎水系水位。

为了更有效地运用洞庭湖区各重要蓄洪垸、一般蓄洪垸等 11 个蓄洪垸,发挥其蓄洪效果,提出科学分洪方案:遭遇长江上游型非常洪水。蓄洪垸分洪措施为:在与洪湖蓄洪区对等分洪的基础上,首先需启用"四口"河系沿岸重要蓄洪垸(西官垸)和洞庭湖附近重要蓄洪垸(共双茶垸、钱粮湖垸、大通湖东垸),若不能控制莲花塘水位上涨,则需继续启用"四口"河系沿岸一般蓄洪垸(九垸)和洞庭湖附近重要蓄洪垸(民主垸、城西垸)、一般蓄洪垸(屈原垸、江南陆城),并利用湖区堤防超高,适当抬高莲花塘站水位至 34.9m,增大湖区排泄洪水能力。

根据 7.3 节非常洪水(1935 年洪水)数值模拟成果,长江来水经过长江上游水库群联合调度后,洪峰流量由 60500m³/s 削减到 44080m³/s,长江来水大大减少。"四水"来水流急峰高,澧水石门站最大洪峰流量达 30580m³/s,沅江桃源站最大洪峰流量达 24700m³/s,但持续时间较短,洪水量相对有限,在城陵矶附近区分洪 76.88 亿 m³ 的基础上,松虎水系仍超设计水位 0.16～1.8m、藕池水系超设计水位 0.12～0.27m、澧水洪道超设计水位 1.18～2.41m、洞庭湖水位超 0.24～1.36m。由此可见,遭遇洞庭湖区型非常洪水,"四口"河系、洞庭湖区水位将大范围超设计水位,而在控制莲花塘水位不超过 34.4m 的情况下,城陵矶附近区分洪量只有 76.88 亿 m³,只需启用尾闾河道相邻蓄洪垸和湖区三大垸。由于高洪水位持续时间较短,各站平均超保时间约 100h,因此,在蓄洪垸分洪的基础上,需开展相关河道整治和堤防安全建设,提高堤防防洪标准,充分发挥堤防的泄洪作用。

遭遇洞庭湖区型非常洪水,蓄洪垸分洪措施为:根据"四水"来水情况,首先启用"四水"尾闾河道相邻重要蓄洪垸,削减"四水"进入湖区流量,其中澧水洪水启用澧南垸、西官垸,沅江洪水启用围堤湖垸,资江洪水启用民主垸,湘江洪水启用城西垸;莲花塘水位有进一步上涨趋势,则启用湖区附近重要蓄洪垸共双茶垸、钱粮湖垸、大通湖东垸。

7.7　小结

本章针对 1954 年、1996 年、1998 年标准洪水,以及 1870 年、1935 年非常洪水开展了数值模拟,计算考虑了上游水库是否蓄水、下游蓄洪垸是否启用等多工工况条件。计算结果表明,以三峡水库为中心的上游水库群联合运用后,同时开启荆江分洪区和中下游分蓄洪垸,在遭遇 1870 年、1935 年、1954 年、1996 年和 1998 年典型洪水下,不仅能够确保荆江大堤的安全,还能确保城陵矶防洪控制水位不超过 34.4m。

(1)标准洪水

对于 1996 年洪水,长江上游来水较小,只需启用钱粮湖垸和洪湖东分块,城陵矶附近区分洪 30.85 亿 m³,则有效降低了莲花塘的洪峰水位控制在 34.4m 左右,相应降低了东洞庭湖和南洞庭湖的高洪水位。

对于 1998 年洪水,不考虑上游水库群调度,启用洞庭湖分蓄洪垸,则通过城陵矶附近区分洪 114.05 亿 m³,可降低莲花塘洪峰水位 1.34m,控制在 34.41m 以下,并显著降低洞庭湖代表站高洪水位。若经长江上游水库群联合防洪调度后,枝城站洪峰流量及洪量显著减小,同时荆江三口分流量、三口河系及洞庭湖区水位也明显下降,莲花塘水位不超过 34.4m,无需开启洞庭湖区蓄洪垸。

对于 1954 年洪水,经长江上游水库群联合防洪调度后,枝城站洪峰流量显著减小,同时荆江三口分流量、三口河系及洞庭湖区水位也明显下降。若在上游水库群调度基础上启用蓄洪垸,按照莲花塘水位 34.4m 控制分洪时城陵矶附近区分洪 203.70 亿 m³,莲花塘洪峰水位不超出 34.4m,三口河系及洞庭湖区水位也明显下降;若按照莲花塘水位 34.9m 控制分洪时城陵矶附近区分洪 130.50 亿 m³,三口河系及洞庭湖区水位同样有所下降。

(2)1870 年非常洪水

若在 2016 年地形条件下遭遇 1870 年典型洪水,上游水库不调蓄、蓄洪垸不启用会造成三口河系及洞庭湖水位大幅超出堤顶高程。枝城最大洪峰流量 111487m³/s,沙市最高水位 49.66m,超堤顶高程 3.16m,相应三口分流量 35983 m³/s。洪水造成松虎水系、藕池水系高洪水位大幅超出堤顶高程,其中松滋河新江口站超高 4.14m,沙道观超高 4.89m,虎渡河弥陀寺站超高 3.7m。松澧地区官垸、自治局、大湖口、安乡、汇口站超高 0.98~2.57m;藕池河康家岗站超高 1.01m、管家铺站超高 1.14m,藕池水系区域内官垱、三岔河、梅田湖、鲇鱼须、南县、注滋口站超高 0.30~1.46m。

1870 年洪水,经上游水库调蓄,即便不启用蓄洪垸,也可大幅度缓解荆江河段和洞庭湖区洪水情势。宜昌站最大 30d 洪量可削减约 228 亿 m³,枝城站最大洪峰流量下降至 76979m³/s,沙市最高水位降为 46.31m,低于堤顶高程;相应三口合成流量 21451m³/s。松虎水系、藕池水系高洪水位超出堤顶高程幅度下降,其中松滋河新江口站超高 0.75m,沙道观站超高 1.40m,虎渡河弥陀寺站超高 0.29m;松澧地区官垸、自治局、大湖口、安乡、汇口和肖家湾站最高洪峰水位均未超出堤顶高程;藕池水系内康家岗、管家铺、官垱、三岔河、梅田湖、鲇鱼须、南县、注滋口站最高洪峰水位均未超出堤顶高程。

在上游水库群调蓄基础上,结合荆江分洪区、涴市扩大区和虎西备蓄区和洞庭湖蓄洪垸运用,荆江河段分洪 46.74 亿 m³,能够将沙市水位从 46.31m 降到 45.00m,同时对洞庭湖区不利影响进一步减弱。城陵矶附近区分洪 72.65 亿 m³。其中,洪湖分洪区分洪 36.40 亿 m³,洞庭湖三大垸分洪 36.25 亿 m³。莲花塘水位从 35.69m 降到 34.40m,松滋河、虎渡河、松澧地区、藕池水系代表站洪峰水位进一步下降 0.47~1.30m(石龟山降幅很小为 0.05m),除沙道观站洪峰水位超过堤顶高程 0.50m 外,其他主要站点洪峰水位低于堤顶高程。

(3)1935 年非常洪水

若在 2016 年地形条件下遭遇 1935 年典型洪水,上游水库不调蓄、蓄洪垸不启用会造成三口河系及洞庭湖水位大幅超出堤顶高程。澧水石门站最大洪峰流量 30580m³/s,松虎水系、藕池水系、澧水洪道及洞庭湖高洪水位大幅超出堤顶高程,其中松滋河新江口站超高 0.93m,沙道观超高 1.61m,虎渡河弥陀寺站超高 0.67m。松澧地区官垸、自治局、大湖口、安乡、汇口和肖家湾站超出堤顶高程 1.06~3.36m;藕池水系内康家岗、管家铺、官垱、三岔河、梅田湖、鲇鱼须、南县、注滋口站最高洪峰水位均未超出堤顶高程;澧水洪道石龟山站超高 1.19m;洞庭湖南嘴、小河嘴分别超高 1.46m、0.93m,东南湖、草尾、鹿角、岳阳站超高 0.02~0.61m,营田、城陵矶(七里山)站未超过堤顶高程。

1935 年洪水经上游水库调蓄,可大幅缓解洞庭湖区洪水灾情。澧水石门站最大洪峰流量下降至 19400m³/s,松滋河、虎渡河、松澧地区、藕池水系、洞庭湖主要站点最高洪峰水位下降 0.73~2.42m,仅仅有松滋河官垸、自治局、大湖口、汇口、虎渡河董家垱、澧水洪道西河等少部分站点的洪峰水位略高于堤顶高程。

在上游水库调蓄基础上,若同时启用下游蓄洪垸,则 1935 年洪水对洞庭湖区不利影响进一步减弱。莲花塘站水位超 34.4m 天数进一步减小 6.8d,松虎水系、藕池水系、澧水洪道、洞庭湖代表站高洪水位进一步下降 0.10~1.85m,且均低于堤顶高程。

(4)非常洪水对策措施

针对标准内洪水,在长江上游水库群调度后,城陵矶附近区分洪量将大大减少,可以适量减少蓄洪垸的启用个数,加强三大垸、三小垸和民主垸、城西垸等蓄洪垸建设,以应对标准洪水安全度汛。

针对非常洪水(1870 年),由于三口进洪量大,松虎水系入湖、湖区洪水入江不畅,使得在采取分洪措施的情况下,松虎水系、目平湖水位仍超设计水位,而东洞庭、南洞庭洪水位仍低于设计水位。因此,在蓄洪垸分洪的基础上,可采取河道整治工程措施,疏挖七里湖,增加七里湖调蓄洪水作用;疏挖草尾河、小河嘴河段,增大南嘴与小河嘴过流能力,以降低松虎水系水位。

针对洞庭湖区型非常洪水(1935 年),洞庭湖松澧地区水位大范围超设计水位,即使在控制莲花塘站水位不超过 34.4m 的情况下,城陵矶附近区分洪量 76.88 亿 m³,需启用尾闾河道相邻蓄洪垸和湖区三大垸。考虑到高洪水位持续时间较短,在蓄洪垸分洪的基础上,开展相关河道整治和堤防安全建设,提高堤防防洪标准,充分发挥堤防的泄洪作用。

第8章　洞庭湖蓄洪垸分洪可视化数字平台

洞庭湖区蓄洪垸分洪运用可视化平台基于 Web Server 技术实施,其中,电子地图引擎采用 Nglobe,采用数据库进行数据存储;系统在客户端三维平台上实现浏览、查询、模拟计算、预报调度、方案管理以及用户管理等功能,动态模拟展示水位和流量变化过程。洞庭湖区蓄洪垸分洪运用可视化平台能够进行实时洪水预报、模拟调度工况计算、洪水演练计算、历史洪水仿真等,为非常洪水蓄洪减灾方案的调度模拟提供试验手段。

8.1　系统开发技术

系统采用三层架构,即用户界面层、应用服务层、数据层,各层之间保持独立。用户界面层利用地理信息技术,在流域场景上进行各项功能操作,数据层利用数据库技术,进行系统各项数据存储,应用服务层利用信息服务数据接口进行各层通信。开发人员可以对各层进行同步开发,便于各层开发人员的分工与协作,且易于抽象提取通用、公共的业务逻辑,便于系统的实施、扩展和维护。

8.1.1　地理信息系统技术

系统采用先进的 Nglobe 开发平台,通过对长江流域洞庭湖区重点水文站、报汛站、一二级支流、水库、湖泊、堤防、蓄洪垸、地区界等矢量数据进行收集与整理,运用 GIS 技术对矢量数据进行空间分析并发布,把 GIS 技术与 Web Server 结构的软件系统有机地结合起来,采用三维 GIS 数据与虚拟仿真技术,在三维场景中表现出长江中游宏观上的水位流量的变化,展现计算结果的三维动态演进动画,包括各种洪水预报方案、模拟调度方案和历史洪水的演进动画,实现用户在线查询系统模型计算的各重点报汛站的预报结果,并对模型计算的方案进行模拟演进演示,方便用户在 GIS 与系统之间的交互查询。对防洪调度成果进行三维展示,直观地展现长江中游地形、地貌、水系分布、河流形态、防洪工程等防洪信息。

8.1.2　数据库技术

长江中游地域范围广,水文测站多,河道、湖泊、蓄洪垸分布复杂,每次输出的方案数据量较大,一次方案计算生成的存储数据量更是达到了海量数据的级别,这对数据的存取性能、安全、完整性提出更高的要求。在数据库结构设计方面,充分考虑数据量大的特点,对于长序列的方案数据的保存采取一种方案一个表的方式,以减少多种海量数据的方案存放在一张表时,带来的数据存取性能低下的问题;在数据库保存方面,采用优化的 SQL 并借助于关系数据库的 SQLDR 工具对数据进行直接存储,提高数据存储速度;在数据库代码设计方面,借助于 HIBERNATE 的二级缓存技术,对经常需要提取而又不经常更新的数据进行缓存处理,并实时对缓存中的数据与数据库中的数据进行同步,在保证查询性能的同时保证数据的实时性、准确性。

8.1.3 功能需求

基于水动力学开发的洞庭湖区蓄洪减灾模拟模型,利用基于长期总结的长江中游地区洪水调度预案,形成洪水调度机制和防汛预案集,通过系统集成,开发洞庭湖区蓄洪垸分洪运用可视化平台。洞庭湖区蓄洪垸分洪运用可视化平台具备如下功能:

1)能完整地完成各类防汛信息的处理和分类存储。

2)改善防洪调度分析计算手段,增强防洪调度方案的科学性、严密性和可操作性。能够进行历史与实时洪水情势的比较分析以及蓄洪垸分洪运用时机及空间分布的分洪效果对比分析。

3)快速实现长江中游洪水的调度计算,提供各主要站点的水位—流量计算过程和各河段的超额洪量变化过程。

4)通过人机对话,选取设置蓄洪垸及分洪时机,评价分洪效果。

5)实现分洪调度和分蓄洪过程的动态显示。

6)与地理信息系统有机结合,为防汛管理和决策实施提供基于空间分布的实时水情数据展示。

8.2 总体设计

8.2.1 开发设计原则

为使本系统可持续开发利用,除系统核心数学模型的不断改进完善外,采用基于 Web Server 架构技术实施系统的开发,系统可在不同平台、不同操作系统下方便、快捷地部署,用户在客户端安装三维场景软件,便可安全、快速地通过网络访问系统,在服务端系统采用三层架构,即业务服务层、表现层和数据访问层,各层之间保持独立,开发人员可以对各层进行同步开发,便于各层开发人员的分工与协作。同时易于抽象提取通用、公共的业务逻辑,对以后系统的实施、扩展、维护奠定基础。对系统集成各部分的设计制定了如下的开发设计原则:

（1）信息集成性

将地理信息与河道水情、蓄洪垸工情有机结合，以图形及表格的方式展现水情信息。

（2）安全性和可靠性

系统采用了分级用户管理机制，依相应级别设置权限，防止数据流失和越权更改。系统采用高稳定性软件环境，开发过程实时软件工程质量管理，进行了考虑完善及严格的测试。

（3）先进性

系统采用了先进的数据库平台，先进的 GIS 平台、Web 应用服务器平台、Web 应用开发技术及三维显示技术，保持系统与行业引进技术同步。

（4）操作的方便性和灵活性

系统支持鼠标和键盘操作，大部分功能只需利用鼠标操作即可完成，必要的数据输入等功能用鼠标与键盘结合的方式实现，常用功能设计有快捷键。

（5）系统的扩展性

系统设计使用了目前流行的开发工具、软硬件环境、先进的程序设计方法和数据库结构，以及弹性的系统架构，为系统延拓和其他系统调用提供预留模块接口，以满足系统的逐步完善要求。

8.2.2　系统总体架构

洞庭湖区蓄洪垸分洪运用可视化平台涉及许多复杂内容，既包括核心的洞庭湖区洪水调度模型及其实时应用问题，也涉及水文预报信息的实时采集、传输、甄别与整理问题，还关系到整个系统的运行环境问题等。

该系统以 Nglobe 为展现软件，洪水数值模拟技术为核心，有机融合数值模拟、网络技术、数据库技术与 GIS 技术，以基于 GIS 和 Web 的综合信息服务系统为表现，洪水预报调度模型为后台支持，是一个简单、易用、高效为防洪业务服务的专业支持软件。

根据系统逻辑结构，结合洪水预报调度发展趋势，以及国家防汛指挥系统技术标准体系要求，本系统采用三层架构（图 8.2-1），即用户界面层、应用服务层和数据层，各层之间保持独立，开发人员可以对各层进行同步开发，便于各层开发人员的分工与协作。同时易于抽象提取通用、公共的业务逻辑以及易于系统的实施、扩展、维护。

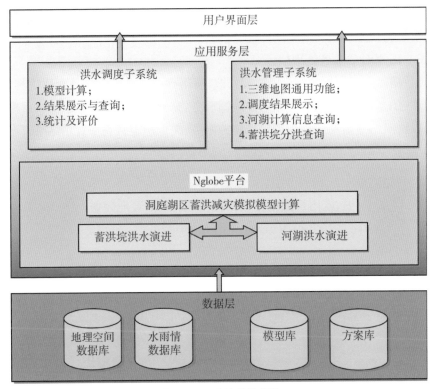

图 8.2-1　系统整体架构

（1）用户界面层

直接展示给用户的各个界面,界面展示查询信息结果,同时提供界面给用户输入信息,界面设计将结合人机界面设计的一般原则,提供明确、方便的界面供用户进行交互。用户界面层负责以下事情:

1)管理用户的请求,做出相应的响应;

2)提供一个 Controller 控制管理工具,调用后台业务模块等;

3)处理异常;

4)为显示提供一个模型;

5)UI 验证;

6)本系统的界面层采用的是基于 MVC 框架的 Struts 技术。

（2）应用服务层

应用服务层将对界面展示和用户提交请求提供服务,根据系统功能设计,应用层又在内部划分为模型计算层和基于 GIS 平台的业务处理层。应用服务层具有的特征:完备、简单;以接口的形式定义;不与任何底层数据访问技术耦合;进行事务管理;便于测试;本系统的应用服务层采用的是 Spring 轻量级容器。

a.模型计算层

提供各个模型的调用方式和数据组织,系统从数据库中读取相关内容触发模型开始计算。计算结果以文件形式输出并存储入数据库。计算模型包括降雨径流模型、洪水预报调度模型、水量平衡校正模块和精度评价模块。

b. 基于 GIS 平台的业务处理层

包括对数据库进行数据的查询、添加、修改,将得到的信息交互给界面层进行展示,采用基于 WebGIS 的 Nglobe 产品建立相应的地图服务,充分结合地理信息系统展示模型的计算结果,还可以从 GIS 平台层取得地图操作相关服务,在地图上直观地展示结果。

（3）数据层

由系统运行所需的各类数据构成,向数据访问层提供查询结果。数据层包括空间数据、社会经济数据、工情数据、水雨情数据、历史洪水数据、防汛管理数据、模型计算专用数据等。数据层采用的持久策略是基于 O/R mapper 的 hibernate。

8.2.3　运行平台

根据目前软硬件设置发展现状及防汛调度需求,以及结合本领域未来发展趋势,本系统运行平台选择见表 8.2-1。

表 8.2-1　　　　　　　　　　　　运行环境

服务器端运行环境	
操作系统	简体中文 Windows 2016 Server
Web 服务器	IIS
GIS 平台	Nglobe
数据库平台	Oracle11
客户端运行环境	
操作系统	简体中文 Windows 7/10/11

8.2.4　系统运行流程

系统运行流程设计,采用适应网络应用的多用户分别控制的操作为设计思想。洪水预报调度计算过程为单线程,地图浏览、数据查询访问为多线程。

系统运行流程见图 8.2-2。

8.3　系统组成

为实现平台系统功能,洞庭湖区蓄洪垸分洪运用可视化平台由三层结构组成,即用户界面层、应用服务层和数据层。数据层主要由水雨情预报数据库、水雨情实测数据库、业务数据库（主要包括系统预报调度数据库及其相关分析计算数据库）、历史数据库、防洪工程数据库、地图数据库和用户管理数据库组成;应用服务层主要由洪水预报调度模型、信息查询模块和分析计算评价模块组成;用户界面层主要由系统登录、工具栏、水情缩略图和系统界面菜单组成（图 8.3-1）。

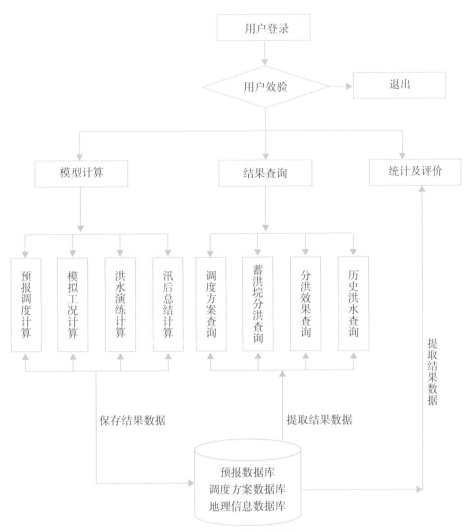

图 8.2-2　系统运行流程

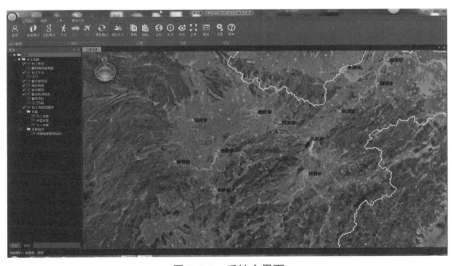

图 8.3-1　系统主界面

8.3.1 用户界面层

（1）系统登录

通过点击链接，即可进入本系统，点击左上角登录，可输入登录用户信息，获得计算功能。

（2）系统界面菜单

为了方便用户使用，系统的设计了简单直观的下拉式的界面菜单，按照功能划分界面菜单设置了 5 个功能下拉式菜单，即区间洪水预报功能、洪水演练功能、实时洪水预报调度功能、历史洪水功能、数字模拟成果管理功能、蓄洪垸设置功能等菜单（图 8.3-2）。

图 8.3-2　功能菜单界面

8.3.2 数据层

（1）水雨情数据库

采用水利部统一表结构的水雨情数据库，具体包括河道湖泊水情、蓄洪垸水情。水雨情数据库的主要功能是及时全面反映系统防汛情势。

（2）业务数据库

业务数据库主要包括系统预报调度数据库及其相关分析计算数据库，保存预测结果，保存调度方案、分蓄洪垸防洪方案。

（3）历史数据库

历史数据库包括：存放边界站和系统内主要控制站的逐日实测水位—流量过程，标准洪水、非常洪水的调度方案结果（包括调度方案、分洪效果等）。

（4）地图数据库

采用 Nglobe 进行地图文件存储、管理，为用户提供地图服务，采用 1：25 万或者更高精度的矢量地图，将 1：25 万或者更高精度的 DEM 数据与预测、实测水情数据库相关联，进行空间分布展示，其中，实测与预测以不同颜色显示。

（5）用户管理数据库

以上除地图数据库、业务数据库和用户管理数据库是完全在本地进行管理和维护外，其他数据库有的是由其他相关部门提供，通过 JDBC 引擎进行连接访问各种数据库。

8.3.3 应用服务层

应用服务层主要为三个功能模块,即平台计算模块、信息查询模块和统计分析模块。模型计算模块提供各种方案计算的人机交互输入接口,包括方案设置(计算时间范围、蓄洪垸运用条件)、模型后台计算、计算方案结果存储等。信息查询模块主要进行实测水情查询、方案计算结果站点、蓄洪垸水情查询。统计评价模块主要进行的预报结果的精度评价和分洪方案效果评价。

8.3.3.1 平台计算模块

平台计算模块封装了洞庭湖蓄洪减灾预报调度数学模型。该模型是洞庭湖区蓄洪垸分洪运用可视化平台的核心,也是洞庭湖区蓄洪减灾研究的主要工具。在用户界面下,通过Web服务将数据库与模型计算模块连接在一起,由数据库提供计算模块所需要的水文边界条件,模块计算的结果保存在数据库中,具体内容概述如下:

在服务器端收到客户端的计算请求后,通过JSP从数据库中提取相关的数据,在模型计算数据目录中生成相应的文件,同时Web容器启用一个独立的JAVA进程加载外部程序调用计算模型,提交参数进行计算并生成计算结果文件,JSP程序读取结果文件保存到服务器的数据库中。服务器可以同时对应多个客户端的计算请求,运行多个进程。数值计算主要分为预报计算和调度方案计算,预报计算的结果保存到数据库的预报表中,调度方案计算结果保存到数据库的方案表中供查询。

平台计算模块主要包括区间洪水预报计算、实时洪水预报调度计算、未来典型时段预报计算、模拟调度工况计算、洪水演练计算、汛后总结计算、历史洪水计算等(图8.3-3)。

图8.3-3 模型计算模块菜单

(1)区间洪水预报计算

利用实测及预测降雨量数据,通过调用降雨径流模型,进行区间流域汇流流量预报,为洞庭湖蓄洪减灾数学模型提供区间旁侧入流过程(图8.3-4)。

水文预报计算利用实测及预测降雨量数据，通过调用降雨径流模型，进行区间流域出口流量预报，为水动力学模型计算提供旁侧入流。

图 8.3-4　区间洪水预报计算界面

（2）实时洪水预报调度计算

实时洪水预报调度计算是根据当日和前两天实测水情信息，利用边界控制站的流量预报值，对未来 7d 长江干流和洞庭湖区水情进行预报计算，并根据预报水位是否超过防洪控制水位，确定分洪方案的计算（图 8.3-5）。

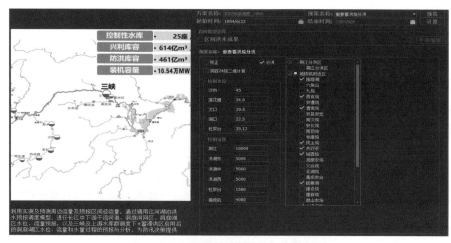

利用实测及预测周边流量及预报区间径流量，通过调用江河湖泊水文预报调度模型，进行长江中下游干流河道、洞庭湖网区、洞庭湖区水位、流量预报，以及三峡及上游水库群调度平+蓄滞洪区启用后的洞庭湖区水位、流量和水量过程的预报与分析，为防汛决策提供

图 8.3-5　实时洪水预报调度计算界面

（3）未来典型时段预报计算

在当前洪水环境下，未来几天可能发生类似某历史洪水，则系统提供这种功能，可以在当前环境下引用历史相似洪水水文数据进行预报调度计算，其目的是为未来可能发生与历史相似洪水情景做好防汛预案工作（图 8.3-6）。

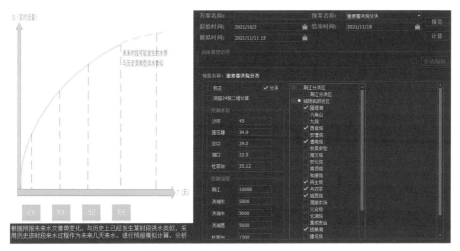

图 8.3-6 未来典型时段预报计算

在图 8.3-6 页面相似年份框中的输入或选择历史相似洪水过程,即可引用历史年份洪水进行计算。

(4)模拟调度工况计算

在实时洪水预报调度过程中,开展不同调度工况的模拟计算,分析不同调度工况下对水情变化的影响,为调度决策提供不同方案数据支撑(图 8.3-7)。

图 8.3-7 模拟调度工况计算界面

(5)洪水演练计算

系统平台提供了洪水演练分析计算功能,该功能可以设定在不同的三峡水库调度方案,开启不同蓄洪垸分洪组合,洞庭湖防洪情势变化进行模拟分析(图 8.3-8)。

洞庭湖区非常洪水蓄洪减灾 对策研究

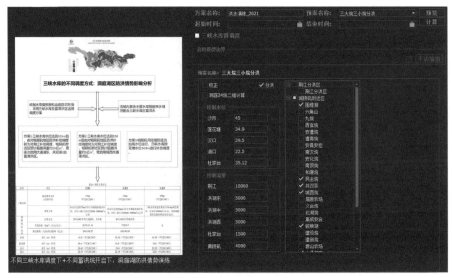

图 8.3-8　洪水演练计算界面

（6）汛后总结计算

为了总结当年防汛工作，评估防汛各种方案的效果，系统提供总结当年防汛调度方案、评价防汛调度方案后效的计算功能。即对当年汛期不同分洪方案进行计算分析，计算各种预设分洪方案条件下，当年汛期水文情势的变化，对比总结不同分洪调度方案对当年水情的影响（图 8.3-9）。

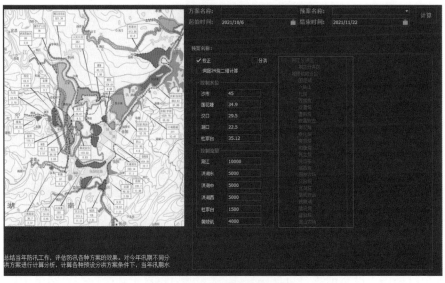

图 8.3-9　汛后总结计算界面

（7）历史洪水计算

为了类比当年洪水情势与历史洪水情势，系统提供了历史典型洪水过程、特征值查询和历史洪水调度方案的计算功能,为实时洪水调度方案的确定提供决策依据(图 8.3-10)。即在不同分洪方案条件下,进行历史洪水计算分析,研究在分洪预案条件下水文情势的变化。

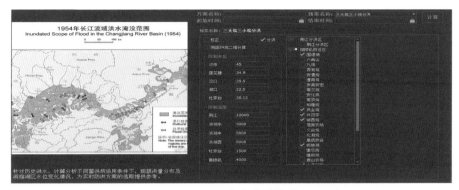

图 8.3-10　历史洪水计算界面

8.3.3.2　信息查询模块

按照功能分为预报信息查询、调度方案查询和地图交互查询。从表现形式上来分主要有过程线、数据表和洪水演进动画三种查询方式。对所有调度方案进行计算后,结果将保存在业务数据库中。

(1)地图交互查询

在主页面点击"实时预警"按钮,激活鼠标的长江中游实时信息显示功能,将鼠标移动到相应水文站,则以浮动窗口形式显示当前实测水位、流量及预报的水位、流量信息(图 8.3-11)。

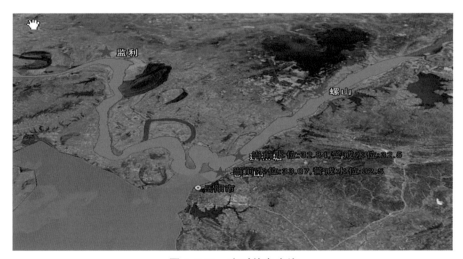

图 8.3-11　实时信息查询

(2)预报调度结果的表现方式

①过程线

在预报信息查询、调度方案查询中,绘出实测水位、实测流量、预报水位、预报流量的过程线,鼠标在曲线图上移动时,鼠标旁自动浮现其对应位置的时间、流量、水位信息,鼠标左键在曲线图上滚动,可以放大缩小显示该时间段的信息(图 8.3-12)。

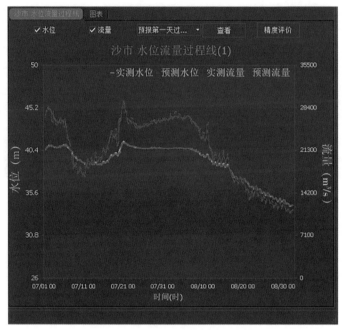

图 8.3-12　调度计算结果过程线

②数据表

以数据表的方式列出水文站相应时间段的实测水位、实测流量、预测水位、预测流量的值,对水位流量过程有量化的评价(表 8.3-13)。

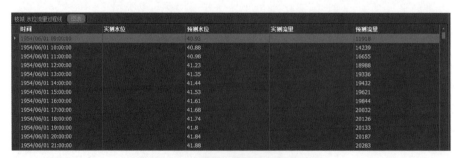

图 8.3-13　调度计算结果数据表查询

8.4　统计及分析模块

按功能分为计算精度评价和调度方案综合分析。

(1)计算精度评价

2017 年长江干流主要站点计算精度评价见 8.4-1,结果以表格形式输出。

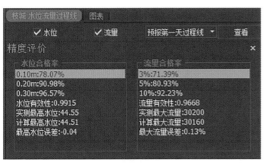
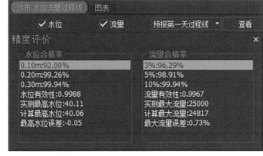

(a)　　　　　　　　　　　　　　　　(b)

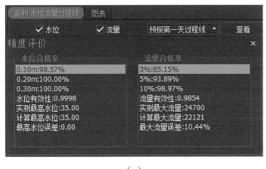
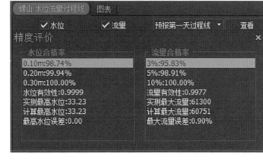

(c)　　　　　　　　　　　　　　　　(d)

图 8.4-1　2017 年长江干流主要站点计算精度评价表

（2）调度方案综合分析

在调度方案比较的基础上，采用评价分析方法对不同分洪方案的各个指标进行量化统计，从而实现不同方案优化评选和比较。表现形式主要为表格统计。展示不同的数据内容，使评价结果得到直观的展示（图 8.4-2）。

典型年	起始时间	起始水位（莲花塘/m）	宜昌（亿m³）	螺山（亿m³）	汉口（亿m³）	宜汉区（亿m³）
1954年	7月22日	33.31	1386	1837	2041	719

图 8.4-2　1954 年洪水情势分析

8.5　三维功能

8.5.1　场景浏览

场景浏览主要包括操作三维场景需要的功能，具有放大、缩小、平移、旋转、居中、调整视角倾角等功能。用三维场景中控制面板操作或鼠标左键控制移动、中键控制放大缩小、右键控制选择和倾角（图 8.5-1）。

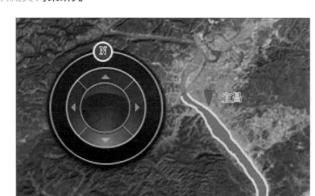

图 8.5-1　三维场景控制面板

8.5.2　飞行控制

主要是对飞行浏览进行设置,在工具栏中提供相应按钮,缺省状态下能够通过键盘进行飞行浏览(图 8.5-2 至图 8.5-4)。步骤如下:

1)"编辑"菜单中,选择"折线"或"曲线",在地图中画出飞行路线,并保存;

2)选择飞行路线,选择"工具"菜单中点击功能菜单"飞行",即可按照设置的路线以飞机视角进行飞行。

图 8.5-2　飞行路线设置

图 8.5-3　飞行路线选择

图 8.5-4　沿设置飞行路线视角飞行

8.5.3　空间信息查询

工具栏中提供按钮选择查询地理位置信息,鼠标移动时在窗口下方信息提示栏显示鼠标位置的地形的高程、位置坐标(图8.5-5)。

8.5.4　图层控制

在三维场景中,主要在制作场景的过程中对所有的要素进行分层管理,图层控制主要提供类似二维GIS里的功能,可以控制三维场景中某一层的要素信息是否显示(图8.5-6)。

图8.5-5　位置高程信息显示

图8.5-6　要素图层显示控制

8.5.5　专业功能

洞庭湖区蓄洪垸分洪运用可视化平台主要展现实时预报调度方案、未来典型时段预报计算、模拟调度工况计算、洪水演练计算、历史洪水的三维动态洪水演进时空分布。河流三维动态洪水演进时空分布数据流程见图8.5-7。

(1)河流演进

河流的三维动态洪水演进时空分布是三维子系统最重要的模块。该模块能够在卫星影像与1:25万DEM叠加的三维环境背景下,很好地展现河水的动态变化过程,从全局的角度观察洪水的变化,给人形象直观的感觉。

在河流演进展示前,首先需要选择方案,再根据方案从数据库中读取相关数据进行河流演示。

河流演进主要模拟模型计算出的河道和湖泊水位、流量信息。系统提供演进参数设置窗口,从而在三维场景中用不同的颜色来展示河道水位、流量变化和湖泊水位、流速流向变化(图8.5-8、图8.5-9)。

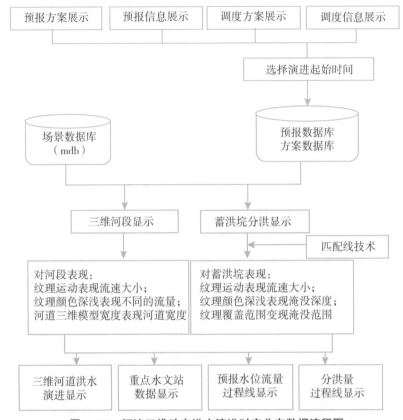

图 8.5-7　河流三维动态洪水演进时空分布数据流程图

图 8.5-8　河道水位流量演示

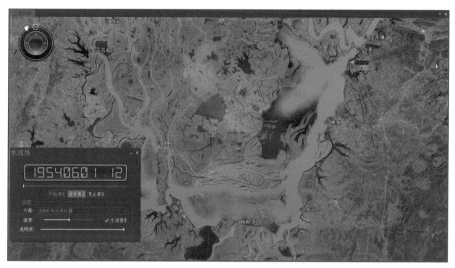

图 8.5-9　湖泊水流演进演示

通过河道水情演进工具栏(图 8.5-10)进行水流演进控制,在该工具栏,选择河道演进方案,点击开始演进按钮,场景中的河段开始动画展示河道水情信息,根据数据库中的河道水位、流量信息,用流动快慢来展示河道水流情况。通过点击暂停演进按钮来暂停当前河道演进,通过点击结束演进按钮来结束当前演进。当前时间将动态地显示当前流场分布。在河流演进过程中,各河道断面的水位或流量信息将显示在测站信息列表框中。

图 8.5-10　河道水情演进工具栏

(2)水情信息查询

点击信息查询工具,然后在三维场景中移动鼠标到所要查询河道断面上,则其相关水位、流量信息将显示于鼠标浮动窗口上;如果查询对象为蓄洪垸,则该蓄洪垸内各处当前淹没水深将自动显示于鼠标浮动窗口上(图 8.5-11、图 8.5-12)。

图 8.5-11 洞庭湖水情信息

图 8.5-12 蓄洪垸分洪信息

8.6 小结

采用 Web Server 技术,以 Nglobe 为电子地图引擎,以 Oracle 为后台数据库,以洞庭湖蓄洪减灾预报调度数学模型为核心,建立了洞庭湖区蓄洪垸分洪运用可视化平台。系统在客户端三维平台上实现了浏览、查询、模拟计算、预报调度、方案管理以及用户管理、动态模拟展示水位和流量变化过程等功能。平台计算模块主要包括区间洪水预报计算、实时洪水预报调度、洪水演练、汛后总结、历史洪水计算功能。平台查询模块分为预报信息查询、调度方案查询和地图交互查询等功能。

第9章　进展与展望

在长江中游江河湖泊洪水演进整体模型的框架下,建立了洞庭湖蓄洪垸防洪减灾二维数学模型,针对洞庭湖区非常洪水,在江湖关系新格局的基础上分析了洞庭湖 24 个蓄洪垸的蓄洪量,评估了洞庭湖防洪情势,量化了蓄洪垸运用方式及分蓄洪后垸内洪水时空分布及蓄洪损失,得出了非常洪水在现状地形上荆江、洞庭湖区及其 24 个蓄洪垸的洪水演进路线、高洪水位、超额洪量的时空分布。具体研究主要进展如下:

(1)数值模拟技术的进展

采用一维河网和二维湖泊混合的整体数学模型,数值模拟以三峡水库为中心的上游水库群调控后进出长江中游水量时空分布的宏观把握,蓄洪垸分洪时机与调控方式等局部精细模拟相结合的建模与研究思路。针对宜昌—汉口,包括整个洞庭湖区,汉江中下游和注入长江干流的重要支流,基于一维显隐结合的分块三级河网算法、二维有限控制体积法,及其与堰流河段方程耦合隐式算法,建立了长江中游的洪水演进的数学模型。其中,将蓄洪垸 0 维模型发展成二维洪水演进模型,并按照蓄洪垸与江河湖泊地理位置关系,建立蓄洪垸口门与河道断面、湖泊单元之间一一对应关系。以人机交互方式实现了对蓄洪垸运用的控制分蓄方案的设置(包括启用蓄洪垸的选择、分洪方式、分洪口门溃决历时、口门宽度等参数)。实现了河道、湖泊与蓄洪垸洪水水量吐纳交替及其水位变化过程的数值模拟。

此外,还建立了以上述模型为核心的数值可视化平台。基于 Nglobe 电子地图引擎、Oracle 数据库为后台数据库、洞庭湖非常洪水蓄洪减灾模型为计算核心,建立了洞庭湖区蓄洪垸分洪运用可视化平台,实现了在 Nglobe 客户端三维平台上浏览、查询、模拟计算、预报调度、方案管理以及用户管理等功能,动态模拟展示河道内水位、流量变化过程和湖泊、蓄洪垸内水位、水深和流场变化情况。

(2)非常洪水特征

历数 19 世纪以来几次大洪水,长江上游来水以 1870 年洪水为最大,宜昌站 7 月 20 日最大流量达到 105000m³/s,最大 30d 洪量 1650 亿 m³,冲开了荆江右岸松滋口。1954 年洪水属于全流域性洪水,也是长江中游最大型洪水。属于"四水""三口"遭遇型,且"三口"来水占比较大,多次暴雨过程形成的暴雨群降雨导致长江流域、洞庭湖流域、鄱阳湖流域等水位全面抬升,城陵矶(七里山)水位受长江下游高水位持续顶托,城陵矶(七里山)站出现历史上最高水位 34.55m。1935 年洪水具有典型的区域性特征,洪水主要发生区域为长江中游宜昌以下河段,遭遇洞庭湖澧水大洪水形成很高的洪峰。1998 年的长江洪水是 20 世纪以来仅次于 1954 年的全流域性大洪水,"四水"、湖区与长江洪水遭遇,造成了城陵矶(七里山)站连续出现 5 次洪峰,8 月 20 日城陵矶(七里山)站洪峰水位 35.94m,莲花塘站洪峰水位 35.80m,创历史最高纪录。

(3)非常洪水调蓄方案及其效果

针对以 1870 年型长江来水为主的非常洪水,在以三峡水库为中心的上游水库群联合调度下,结合荆江分洪区、涴市扩大区和虎西备蓄区和洞庭湖蓄洪垸运用,荆江河段分洪 46.74 亿 m³,能够控制沙市水位从 46.31m 降到 45.00m,同时对洞庭湖区不利影响进一步减弱。城陵矶附近区分洪 72.65 亿 m³。其中,洪湖分洪区分洪 36.40 亿 m³,洞庭湖区三大垸分洪 36.25 亿 m³。莲花塘站水位不超过 34.40m,松滋河、虎渡河、松澧地区、藕池水系代表站洪峰水位进一步下降 1.30～0.47m(石龟山站降幅很小为 0.05m),除沙道观站洪峰水位超过堤顶高程 0.50m 外,其他主要站点洪峰水位低于堤顶高程。

(4)防洪蓄洪新格局

在 2016 年河道地形上,在长江上游水库群联合防洪调度下:遭遇 1954 年洪水,枝城站的洪峰流量减小至 56700m³/s,按照莲花塘站水位 34.4m 控制分洪,城陵矶附近区分洪 203.70 亿 m³,其中洞庭湖区蓄洪垸分洪 100.01 亿 m³ 左右,显著减小了"三口"河系及洞庭湖区高洪水位;遭遇 1935 年洪水,枝城站的洪峰流量减小至 56700m³/s,按照莲花塘水位 34.4m 控制分洪,城陵矶附近区分洪 76.88 亿 m³,其中洞庭湖区蓄洪垸 24 垸分洪 39.56 亿 m³ 左右,显著减小了"三口"河系及洞庭湖区高洪水位;遭遇 1870 年洪水,枝城站的洪峰流量减小至 80000m³/s 以下,按照沙市站水位 45.0m、莲花塘站水位 34.4m 控制分洪,荆江河段分洪 48.4 亿 m³,洪湖分洪区分洪 72.66 亿 m³,洞庭湖区蓄洪垸分洪 71.10 亿 m³,城陵矶附近区分洪 143.76 亿 m³。以上方案均可显著减小了"三口"河系及洞庭湖区高洪水位。

(5)防洪新格局整治方案

针对非常洪水存在的严重问题:(1870 年)由于"三口"进洪量大,松虎水系入湖、湖区洪水入江不畅,使得在采取分洪措施的情况下,松虎水系、目平湖水位仍超堤防设计水位。而东洞庭湖、南洞庭湖洪水位仍低于堤防设计水位。因此,在蓄洪垸分洪的基础上,应采取河道整治工程措施,疏挖七里湖,增加七里湖调蓄洪水作用;疏挖草尾河、小河嘴河段,增大南嘴与小河嘴过流能力,以降低松虎水系水位。针对洞庭湖区型非常洪水(1935 年),洞庭湖松澧地区水位大范围超设计水位,即使在控制莲花塘水位不超过 34.4m 的情况下,城陵矶附近区分洪量 76.88 亿 m³,需启用尾闾河道相邻蓄洪垸和湖区三大垸。考虑到高洪水位持续时间较短,在蓄洪垸分洪的基础上,开展相关河道整治和堤防安全建设,提高堤防防洪标准,充分发挥堤防的泄洪作用。遭遇 1954 年标准洪水,当上游水库群调蓄,蓄洪垸不启用,莲花塘站最高水位可达 36.25m;当上游水库群调蓄、莲花塘按照 34.9m 控制,城陵矶附近区分洪 130.50 亿 m³，洞庭湖区启用三大垸、两小垸 5 个重要蓄洪垸，分别为西官垸、共双茶垸、城西垸、钱粮湖垸、大通湖东垸。当上游水库调蓄、莲花塘按 34.4m 控制，城陵矶附近区分洪 203.70 亿 m³，洞庭湖区需增加启用 7 个蓄洪垸，分别为围堤湖垸、九垸、澧南垸、民主垸、城西垸、建设垸、江南陆城垸。经过长江上游水库群调度后的 1998 年洪水，莲花塘水位未超过 34.4m。

在江湖关系新格局下，洞庭湖区防洪情势发生了局部变化。在研究分析城陵矶等关键节点洪峰水位、洪量等关键参数，上游调蓄与下游分蓄关键措施运用的基础上，模拟分析蓄洪垸启用顺序和数量对洪水的蓄洪效果，提出了非常洪水减灾对策，调度可视化数字平台为减灾方案的运用决策提供了快速和直观的参考，具有十分重要的现实意义。

(6)展望

近年来，在长江上游水库群联合蓄洪调度下，莲花塘水位频繁逼近 34.4m，如 2020 年前 3 次编号洪水发生主要在两湖，第四、五次洪水发生在长江上游。当第二次编号洪水发生时，三峡水库对城陵矶补偿调度，库区水位达 164.58m，此时莲花塘站水位达 34.39m；当第三次编号洪水发生时，三峡入库流量 60000m³/s 削减到 38000m³/s 的情况下，莲花塘水位仍达 34.59m。若第四、五编号洪水发生时，再遭遇洞庭湖区的大洪水，则洞庭湖区防洪情势将十分严峻。因此，制定洞庭湖区防洪对策时，不仅要应对全流域的大洪水，更要关注洞庭湖区局部短历时强降雨带来的局部大洪水。为此加强洞庭湖区三大垸、三小垸的防洪工程建设，以及防汛感知网、水利信息网和洪水预报与调度可视化系统的建设是十分必要的。

随着 5G 时代的到来，水利要紧跟时代步伐，积极融入新的发展模式。为保障洞庭湖水安全、促进人水和谐，利用先进信息技术与智能决策控制技术，构建天空地一体化的水利感知网，完善互联高速可靠的水利信息网，将江河湖泊蓄洪垸、防洪基础设施体系、洪水调度管理体系深度融合，实现洞庭湖区防洪、生态保护、环境提升与工程安全等多种功能高效统筹，向着实现湖南水利现代智慧水利迈进。

参考文献

[1] 施勇,栾震宇,胡四一. 长江中下游水沙数值模拟[J].水科学进展,2005,16(6).

[2] 施勇,胡四一. 感潮河网区水沙运动的数值模拟[J]. 水科学进展,2001,12(4).

[3] 施勇,胡四一. 无结构网格上平面二维水沙模拟的有限体积法[J].水科学进展,2002,13(4).

[4] 李炜.水力计算手册[M].北京,中国水利水电出版社,2006.

[5] 张二骏,张东生,李挺,河网非恒定流三级联合算法[J]. 河海大学学报(自然科学版),1982(1).

[6] 武汉水利电力学院河流动力学及河道整治教研组.河流动力学[M].北京:中国工业出版社,1961.

[7] 日本土木学会. 水力公式集[M].北京:人民铁道出版社,1977.

[8] 钱宁. 泥沙运动力学[M].北京:科学出版社,2003.

[9] 长江水利委员会水文局. 1954年长江的洪水[M].武汉:长江出版社,2004.

[10] 水利部水文局,等. 1998年长江暴雨洪水[M].北京:中国水利水电出版社,2002.

[11] 李跃龙. 洞庭湖志[M].长沙:湖南人民出版社,2013.

[12] 庹瑞锐. 三峡工程运营后对洞庭湖水环境影响及其治理对策研究[D].长沙:湖南农业大学,2011.

[13] 苏晓洲,周楠."长江之肾"遭遇"结石"之痛[J].瞭望,2020(48):3.

[14] 袁雅鸣,沈浒英,万汉生. 1998年长江洪水的气候背景及天气特征分析[J].人民长江,1999,30(2):3.

[15] 季学武. 1998年长江洪水及水文监测预报[M].北京:中国水利水电出版社,2000.

[16] 张勇慧,王光越. 1996年长江中下游洪水分析[J].水利水电快报,1997,18(20):3.

[17] 杨文发,龚旭珍,李春龙,等. 1996年7月13—18日致洪暴雨分析[J].水利水电快报,1997,18(19):15-16,27.

[18] 鞠笑生. 1954年,1991年长江流域洪涝对比[J].灾害学,1993,8(2):6.

[19] 陈海龙. 长江1954年5月至9月暴雨初步分析[J].人民长江,1956(8):16.

[20] 陈金荣,黄忠恕. 长江流域 1954 年特大暴雨洪水[J]. 水文,1986(1):17,58-64.

[21] 张纯瑞. 长江 1935 年 7 月上旬洪水简介[J]. 水文,1983(3):51-54.

[22] 肖绍华,杨玉荣. 长江 1870 年历史洪水分析[J]. 水文,1982(2):41,48-53.

[23] 杨玉荣. 长江 1870 年洪水[J]. 中国水利,1992(4):3.

[24] 赵毅如,张有芷,周良芳. 1870 年 7 月长江上游特大暴雨分析[J]. 水文,1983(1):53-58.

[25] 邓磊. "快""实""新""导"高效有序应对超历史暴雨洪涝灾害[J]. 中国减灾,2017(9):2.

[26] 湖南省历史考古研究所. 湖南自然灾害年表[M]. 长沙:湖南人民出版社,1961.

[27] 汤喜春. 从洞庭湖区 1954 年、1998 年、2002 年大洪水谈湖南未来防洪减灾策略[J]. 湖南水利水电,2004(6):8-10.

[28] 王真真,石玮. 洞庭湖的大洪水年与大洪灾年[J]. 武汉大学学报(工学版),1995(1):28-33.

[29] 孙继昌,王章立. 洞庭湖"96·7"洪水成因及防洪对策[J]. 水利水电技术,1997(2):51-54.

[30] 吴道喜. 长江中游洪灾成因及防治策略研究[D]. 武汉:武汉大学,2005.

[31] 胡人朝. 长江上游历史洪水发生规律的探索[J]. 农业考古,1989(2):255-261.

[32] 胡龙成. 历史上的长江洪灾[J]. 大自然,1995(5).

[33] 徐元德. 1935 年水旱灾害与救济[D].合肥:安徽大学,2011.

[34] 汪子龙. 南京国民政府时期湖南疫病流行研究[D].长沙:湖南科技大学,2011.

[35] 杨鹏程. 清朝后期湖南水灾研究[J]. 湖南工程学院学报(社会科学版),2004,14(3):36-39.

[36] 郑利民,常辉. 民国后期湖南水灾对当时社会的影响[J]. 湘潭师范学院学报(社会科学版),2003(3):136-139.

[37] 杨鹏程. 古代湖南水灾研究[J]. 湘潭大学学报(哲学社会科学版),2003,27(1):109-113.

[38] 彭先国. 湖南近代水灾研究[J]. 求索,2000(4):109-114.

[39] 彭会兰. 湖南水灾及其治理[J]. 湖南水利水电,1998(6):28-30.

[40] 本刊资料室. 中国历年水灾[J]. 城市规划通讯,1994(13):8.

[41] 欧阳楚豪. 二十四年湖南之水灾与梅雨[J]. 气象杂志,1936(3):25-36.

[42] 谢炼. 为湖南 12 个洪涝灾害典型年做"总结"[J]. 中国减灾,2002(3):34-35.

[43] 段德寅,汪扩军,陆魁东. 近 40 年湖南洪涝灾害的演变趋势及其成因[J]. 气象,

1999,25(6):42-46.

[44] 曾杭. 非一致性洪水分析计算及对水利工程防洪影响研究[D]. 天津:天津大学,2015.

[45] 孙海燕. 湘江流域水灾特征分析[J]. 武陵学刊,1996(3):44-49.

[46] 冯利华,陈雄. 1954 年长江巨洪中物理因子的叠加作用[J]. 地理科学,2004(6):753-756.

[47] 晁淑懿,李月安,等. 1998 年与 1954 年夏季大尺度环流特征的对比分析[J]. 气象,2000,26(1):38-42.

[48] 何林福,李翠娥,等. 洞庭湖区 1996 年与 1954 年特大洪涝灾害比较研究[J]. 热带地理,1998,18(2):122-127.

[49] 湖南省洞庭湖水利事务中心. 洞庭湖水利简介[R]. 2021.

[50] 长江水利委员会水文局,长江水利委员会江务局. 长江防汛水情手册[R]. 2000.

[51] 湖南省洞庭湖水利工程管理局. 湖南省洞庭湖区堤垸图集[M]. 长沙:湖南地图出版社,2004.

[52] 长江水利委员会. 洞庭湖区综合规划[R]. 2016.

[53] 国家统计局. 湖南省统计年鉴(2021)[M]. 北京:中国统计出版社,2021.

[54] 赵毅如,张有芷,周良芳. 1870 年 7 月长江上游特大暴雨分析[J]. 水文,1983(1):51-56.

[55] 肖绍华,杨玉荣. 长江 1870 年历史洪水分析[J]. 水文,1982(2):45-50,38.

[56] 张纯瑞. 长江 1935 年 7 月上旬洪水简介[J]. 水文,1983(3):49-52.

[57] 徐高洪,边玮,肖天国,等. 澧水流域"35·7"暴雨洪水分析[J]. 水利水电快报,2002,23(3):23-24.

[58] 荆州市长江河道管理局. 荆江堤防志[M]. 北京:中国水利水电出版社,2012.

[59] 李侃. 民国时期岳阳地区的洪涝灾害研究[D]. 长沙:湖南科技大学,2013.

[60] 付莉莎. 民国时期益阳地区水灾研究[D]. 长沙:湖南科技大学,2014.

[61] 易海琼. 民国时期常德地区水灾研究[D]. 长沙:湖南科技大学,2014.

[62] 陈金荣,黄忠恕. 长江流域 1954 年特大暴雨洪水[J]. 水文,1986(1):56-62,15.

[63] 陈海龙. 长江 1954 年 5 月至 9 月暴雨初步分析[J]. 人民长江,1956(8):8-23.

[64] 鞠笑生. 1954 年、1991 年长江流域洪涝对比[J]. 灾害学,1993(2):68-73.

[65] 长江水利委员会水文局. 1954 年长江的洪水[M]. 武汉:长江出版社,2004.

[66] 汤喜春. 从洞庭湖区 1954 年、1998 年、2002 年大洪水谈湖南未来防洪减灾策略[J]. 湖南水利水电,2004(6):8-10.

[67] 湖南省防汛抗旱指挥部办公室. 湖南省 1996 年防汛工作总结[R]. 1996.

［68］周自江,宋连春,李小泉. 1998 年长江流域特大洪水的降水分析[J]. 应用气象学报,
　　　2000,11(3):287-296.

［69］水利部长江水利委员会水文局.1998 年长江洪水及水文监测预报[M].北京:中国水利
　　　水电出版社,2000.